WENBEN WAJUE YU
PYTHON SHIJIAN

文本挖掘与Python实践

刘金花／著

项目策划：李思莹
责任编辑：胡晓燕
责任校对：周维彬
封面设计：墨创文化
责任印制：王　炜

图书在版编目（CIP）数据

文本挖掘与Python实践 / 刘金花著．— 成都：四川大学出版社，2021.5
ISBN 978-7-5690-4538-3

Ⅰ．①文… Ⅱ．①刘… Ⅲ．①软件工具—程序设计 Ⅳ．①TP311.561

中国版本图书馆CIP数据核字（2021）第070651号

书名　文本挖掘与Python实践

著　者	刘金花
出　版	四川大学出版社
地　址	成都市一环路南一段24号（610065）
发　行	四川大学出版社
书　号	ISBN 978-7-5690-4538-3
印前制作	四川胜翔数码印务设计有限公司
印　刷	成都市新都华兴印务有限公司
成品尺寸	185mm×260mm
印　张	13.25
字　数	320千字
版　次	2021年8月第1版
印　次	2021年8月第1次印刷
定　价	68.00元

◆ 读者邮购本书，请与本社发行科联系。
电话：(028)85408408/(028)85401670/
(028)86408023　邮政编码：610065
◆ 本社图书如有印装质量问题，请寄回出版社调换。
◆ 网址：http://press.scu.edu.cn

四川大学出版社
微信公众号

前　言

面对海量的数据信息，数据挖掘和机器学习成为分析数据的主要手段。这些数据大多以自然语言文本的形式存在，充斥各行各业（教育、电商、金融、生物医药等领域），并且悄无声息地改变着我们的生活方式。这些非结构化的文本数据隐含着巨大的信息，而利用自然语言处理技术和文本挖掘技术进行的信息发现得到了广泛应用。

文本挖掘与分析是一门综合性的技术，涉及数据挖掘、机器学习、自然语言处理等统计学方法，可以把非结构化数据进行整合从而化为结构化数据，从原本被认为难以量化的海量文本中抽取出大量有价值的、有意义的数据或信息。虽然当下涉及数据挖掘和机器学习的相关书籍较多，但是关于文本挖掘与分析的书籍还较少，本书既涉及相关理论的详细推理和介绍，也通过案例对当前流行的 Python 工具包的使用进行了详细讲解。另外，本书不仅介绍了基于传统的机器学习方法的文本挖掘与分析的相关技术，还较全面地介绍了最前沿的基于深度学习方法的相关技术和方法，这是本书的一大特色。

本书从文本数据具有的特点以及文本挖掘具有的价值和意义开始，讲解了文本数据的获取和预处理的方法（包括中英文的文本预处理），给出了文本向量化表示方法。本书从统计机器学习方法和深度神经网络两个角度，介绍了包括向量空间模型以及词、句子和文档级的分布式表示；针对文本分类问题，介绍了传统文本分类方法、深度神经网络分类方法（多层感知机文本分类、卷积神经网络文本分类和循环神经网络文本分类）和文本分类的评价指标；针对文本聚类，包括文档相似度度量方法，介绍了基于划分、层次、密度的基础性聚类算法，以及谱聚类等高级聚类方法和文本聚类的评价指标；在理论学习的基础上，介绍了文本主题的挖掘技术，包括潜在语义分析、非负矩阵分解、概率潜在语义分析和潜在狄利克雷分布等；最后从文本内容、主题和基于时间信息三个方面介绍了文本数据可视化的方法与工具。本书不仅对文本挖掘的相关理论模型进行了详细的推理和全面介绍，而且在每个算法模型之后都会给出实例，在理论与实践之间做了很好的平衡与衔接。

近年来，由于文本挖掘在各行各业的渗入，必然需要处理大规模真实数据的专业人员，希望本书能给从事文本挖掘与分析的读者提供帮助。

著　者

2021 年 7 月 1 日

目 录

1　概述

2003 年，加利福尼亚大学伯克利分校的研究人员做了一项研究，发现“报纸每年发表 25 TB 的内容，杂志发表 10 TB 的内容……办公文档包含 195 TB 的内容。据估计，每年发送的电子邮件总数达 6100 亿封，包含 11000 TB 信息”，除此之外，还有博客文章、论坛帖子、科技文献以及政府文件等数据信息。在过去的这十几年里，信息呈现出爆炸式增长。在这些数量巨大的信息中，文本是人类最自然的编码方式，是人们最常见到的信息类型，也是最具表达力的信息形式。

本书主要介绍了从文本数据中挖掘知识的相关方法和技术，并结合目前主流的 Python 语言工具包进行各种方法和算法模型的实践。将理论与实践相结合，以求更好地助力读者掌握文本挖掘与分析的相关知识。

1.1　文本数据

1.1.1　概念

文本数据是指不能参与算术运算的任意字符，也称为字符型数据，如英文字母、汉字、不作为数值使用的数字（以单引号开头）和其他可输入的字符。

根据存储方式的不同，一般可将数据划分为结构化数据、非结构化数据和半结构化数据。所谓结构化数据，是指高度组织和整齐格式化的数据，是可以用表格和电子表格存储的数据类型，如数字、符号等属于结构化数据。与结构化数据相对的即为非结构化数据，非结构化数据是多种信息的无结构混合，通常无法直接知道其内部结构，只有经过识别、有条理的存储分析后才能体现其价值。如图片、声音、视频等，都属于非结构化数据。在理想条件下，所有的非结构化数据都可以进行结构化处理，但实际上，有些类型的非结构化数据很难进行结构化处理，比如不包含结构化字段的纯文本（如文章摘要）就很难切分和分类。介于结构化数据和非结构化数据两者之间的数据称为半结构化数据，大多数文本既包含标题、作者、分类等结构化字段，又包含非结构化的文字内容，这类文本均属于半结构化数据，即半结构化文本数据。

1.1.2 特点

1. 半结构化

正如前文描述的半结构化文本数据，其中非结构化的数据占绝大多数。在利用计算机进行信息处理时，文本数据半结构化的特点阻碍了传统数据分析方法的直接应用。对于文本数据结构化处理的有关方法以及文本数据的表示形式，成为近年来学术界关注的一大焦点。

2. 数据量大

随着网络信息技术的飞速发展，数据获取、传输、存储的速度大幅增长。借助网络在线平台进行信息沟通和交流已经成为人们学习、生活的日常，如网络评论（书评、影评、商品评论、物流评论……）、问题讨论、情感交流等，使得文本数据呈现出高速发展的态势。对这样基数大和具有高维特征的文本进行预处理、编码、挖掘等的工作量是非常庞大的，需要采用自动化、智能化的方法对这些数据进行分析处理，以提高分析效率。

3. 高维稀疏性

将文本数据经过结构化处理后得到的文本向量都会面临维度过高和稀疏的问题。其维数一般都高达数千甚至上万，如果不进行处理，会导致文本挖掘算法的计算量巨大，资源消耗大，同时严重影响相关挖掘算法的准确性。因此，需要经过特征选择、特征提取等一系列操作对其进行降维处理。

4. 蕴含语义、情感

文本是语言的书面表达形式，其蕴含了不同语言环境下复杂的语义关系，如一词多义、多词一义，在时间和空间上的上下文相关等。此外，文本内容除用于传递所表达的基本信息外，还不可避免地会隐含表述者的态度或情感等。

1.2 文本挖掘与分析

文本数据是人类通过交流而产生的，所以它们通常含有丰富的语义内容，并且通常包含有价值的知识、信息等。文本数据提供了很多机会让我们发掘应用中的有用知识，特别是关于人类意见和偏好的知识，而这些知识常常隐藏在文本数据中。例如，产品评论、论坛讨论和各种社交媒体等内容蕴含了使用者或客户的意见。

1.2.1 概述

文本挖掘与分析就是从文本数据中获取有用的信息以辅助用户做进一步的分析或优化决策。所谓挖掘通常带有“发现、寻找、归纳、提炼”的含义。既然需要去发现和提炼，那么所要寻找的内容往往都不是显而易见的，而是隐藏或藏匿在文本之中，或者是人无法在大范围内发现和归纳出来的。比如，刚刚接手某领域的研究人员，想从大量的科技文献中找到最近几年的研究主题、研究热点和主流技术等；医生想从大量的病例资料中发现某些疾病的发病规律或用药规律等。

文本挖掘是一个多学科混杂的领域，涵盖了多种技术，包括数据挖掘技术、信息抽取、信息检索、机器学习、自然语言处理、计算语言学、统计数据分析、线性几何、概率论，甚至还有图论。文本挖掘的步骤与其他挖掘工作相似，主要如下：

（1）数据收集。

文本数据的获取是文本挖掘的第一步，即根据具体任务来确定所需要的数据，并且根据数据的来源和途径来制定获取方式。很多数据都需要从网络进行爬取，即通过观察、分析网站信息，确定需要抓取的字段和内容，然后编写程序进行爬取，并将爬取的数据进行保存。

（2）数据预处理。

在获得数据后，可以先对数据进行人工分析，然后对数据进行清洗，去除一些噪声和无意义数据，避免对后续任务造成大的干扰。接下来就是文本数据的预处理。为了以向量化表示文档，必须要对文本进行分词处理，分词后还需要剔除一些无用的停用词。

（3）文本表示。

文本表示就是将文本进行向量化表示。最简单的文本表示方法是向量空间模型。另外，有人提出了分布式的文本表示模型，如神经网络语言模型、Word2vec、fastText、GloVe 等。此外，还有各种句子向量模型、文档向量模型等。一个好的文本表示方法对后续模型的搭建和知识的发现有很大帮助。

（4）模型搭建。

模型搭建是文本挖掘任务中的主要部分，根据实际的任务情况，可将文本挖掘的基础模型分为文本分类、文本聚类和主题模型三种。

文本分类是将给定的文本划分到事先规定的文本类型中。例如，“新浪网”首页的内容类别包括新闻、财经、体育、娱乐、汽车、博客等，如何将一篇文章或图书自动划分到所属类别，就需要进行文本分类。再如，如何将一个产品的评论自动划分为好评和差评，这些都是文本分类的主要任务。

文本聚类是将给定的文本集合划分到不同的类别中。通常从不同的角度可以聚类出不同的结果，如根据文本内容可将其聚类成新闻类、娱乐类、财经类或体育类等。而根据作者的情感倾向性可将其聚类为褒贬两类。文本聚类和文本分类的主要区别：分类任务事先知道文本的类别和标签，而聚类任务事先不知道文本的类别和标签。

主题模型是用来在一系列文档中发现抽象主题的一种统计模型。一般情况下，每篇文章都有一个或几个主题，而主题可以用一组词汇表示，这些词汇之间有较强的相关性，且其概念和语义基本一致。我们可以认为每个词汇都通过一定的概率与某个主题相关联，而主题模型就是试图用数学框架来体现文档的这种特点。它会自动分析和统计文档内的词汇，根据统计的信息来断定当前文档含有哪些主题，以及每个主题所占的比例。

（5）可视化。

当我们从文本中挖掘与分析相关信息时，图表方式能更好地助力知识的发现。也就是说，可视化是数据内在价值的最终呈现手段，它利用各类图表将杂乱的数据有逻辑地展现出来，使用户发现问题、找到内在规律，以进一步指导优化决策的制定。

1.2.2 价值及意义

文本挖掘与分析被应用于各种领域，而且在各个领域发挥重要的作用。在商业实践中，通过挖掘和分析客户及竞争对手的相关文本数据，可以提高企业自身的竞争力。例如，企业可以从客户关系数据、社交媒体、电子商务平台等渠道获取相关文本数据，挖掘隐含在文本数据背后的商业信息，进而进行产品分析、客户关系管理、客户流失预测、企业的风险和机会分析，总结产品的优缺点、把握客户的情感和需求、了解舆论的导向，为商业决策、行业趋势研究等提供有力支持。

在欺诈识别中，比如健康险投诉事件，使用文本挖掘技术可以解析出客户的评论和理由，进而识别出欺诈模式，标记出风险的高低。

在安全监控领域，很多文本数据分析软件包都被设计用于监测和分析纯文本数据，比如互联网新闻、博客等，当中也会涉及情感分析、文本加密或解密技术等。将这些技术用于追踪跨境的有组织犯罪，可以提高在跨境执法方面的组织效率；用于分析罪犯（或犯罪嫌疑人）的真实供述，可以研发出预测模型以区分谎言和实话，与测谎仪等其他测谎技术相比，其可以有效避免过多中介物的干扰；用于监控情感信息，可以识别消极情感信息的突然增加。

除此之外，文本挖掘在生物医学、化学、金融市场、社会科学等领域也有广泛应用。

1.2.3 发展趋势

文本挖掘与分析的应用领域非常广泛，综合来讲，在未来有以下发展趋势：

（1）大数据环境下，信息密度低是一个共性问题，从海量的文本数据中过滤掉无用信息并快速提取所需要素一直以来都是研究的热点。目前，虽然在文本数据结构化处理方面已经取得了一定进展，但是信息要素的提取仍然是一个研究热点和难点。

（2）目前，有关文本数据分析的研究都是围绕一种语言展开的，其中针对英文的研究相对完善，但是随着机器翻译和机器学习等技术的不断发展，不同语言之间的差异已经逐渐得到弥补，这为文本挖掘与分析在多种语言上的发展提供了支持。

（3）“情感引导决策”理念长期深入人心，除了从文本数据中提取情感状态外，将情感倾向进行向量化处理或成为未来的研究热点。在广告、新闻传媒、市场营销、代理机构等应用领域，“情感引导决策”理念的发展也将更加成熟。

（4）依赖网络进行信息沟通的过程中，利用表情符号来直观表达个人的情感是一种趋势。目前，针对如何对表情符号进行识别、划分，从而得到更加有价值的情感信息，已经有一部分学者开启了研究。

1.3 小结

本章主要就文本挖掘中涉及的概念、文本数据的特点、文本挖掘的主要步骤做了介绍。另外，还阐述了文本挖掘的价值体现和未来的发展趋势。本书不仅对相关的理论和模型进行了详细介绍，还会在后面的章节给出相关 Python 工具包的使用。

2 数据获取及预处理

就像我们在做美食之前需要准备食材一样，在做文本挖掘与分析之前，首先需要准备好数据。在网络大数据时代，海量文本、图像、音视频等数据都可以很容易地获得。但是，直接从网络上获得的数据往往存在不规范的情况，甚至含有大量噪声，这就需要我们对数据进行相关的清洗和预处理。本章主要介绍数据的获取方法和途径，还有数据预处理的相关技术。除此之外，还简要介绍了分词中使用的 N 元语法模型，为后续章节的开展做准备。

2.1 数据获取

文本数据的来源主要有三种：一是从公开的文本数据库下载所需的数据；二是日常业务等留存在本地的文本资料，如金融领域的专有数据、医院等医疗机构的内部数据和企业政府等部门的文件等；三是根据实际需求从网络爬取相关的文本数据。在实际应用中，需要三种来源的数据相互配合使用。一般情况下，留存本地的文本资料普通用户很难获取到，有时甚至具有保密性。本节主要对公开数据源和网络爬取数据进行相关介绍。

2.1.1 公开数据源

公开的文本数据资源很多，范围广泛、内容丰富，可以满足不同的文本信息处理和挖掘的需求。下面列举一些较为常用的公开的文本数据资源，其中大部分是可以免费使用的。

1. NLTK 数据集

NLTK（Natural Language Toolkit）作为世界知名的自然语言处理工具平台，不仅打造了一系列可用的文本处理工具，而且提供了许多用于工具学习与文本数据分析的样例数据集，包括 WordNet、布朗语料库（Brown Corpus）、路透社语料库（The Reuters-21578 benchmark corpus）、古腾堡项目电子文本档案节选（Project Gutenberg Selections）等近百份精品素材。另外，这些素材除可以通过浏览网站进行下载（http://www.nltk.org/nltk_data/）外，还可以利用 NLTK 中的 download 函数直接下载，这为初学者学习文本挖掘提供了很大的便利。

2. 20 Newsgroups 数据集

20 Newsgroups 数据集整合了来自 20 个不同网络新闻组的约 20000 个新闻文档，并被广泛应用于如今学术界流行的机器学习、文本聚类或分类研究中。这份数据集可以通过浏览网站下载（http://www.qwone.com/~jason/20Newsgroups/），还可以利用 Python 中的 sklearn 库直接导入。sklearn 库提供了该数据的接口 sklearn.datasets.fetch_20newsgroups。下面简单介绍 sklearn 库如何导入并使用该数据集。这里主要用到了 fetch_20newsgroups()类，下面是该类的参数说明。

```
fetch_20newsgroups(data_home = None,  #文件下载的路径
                   subset = 'train',  #需要加载哪一部分数据集 train 还是 test
                   categories = None,  #选取数据集中的类别[类别列表],默认 20 类
                   shuffle = True,  #将数据集随机排序
                   random_state = 42,  #随机数生成器
                   remove = (),  #('headers','footers','quotes')去除部分文本
                   download_if_missing = True  #如果没有下载过,重新下载
                   )
```

参数 categories 是指数据集的类别，默认情况是提取所有类别，也可以通过类别列表来指定某类。通过 target_names 属性可以查看各个类别的名称。了解了该类的相关参数后，接下来就进行数据集的导入。下面的代码是导入训练集，并打印查看训练集的类别名称。导入的过程需要一些时间，因为要先从网站上下载该数据集。

```
from sklearn.datasets import fetch_20newsgroups
from pprint import pprint
newsgroups_train = fetch_20newsgroups(subset = 'train')
pprint(list(newsgroups_train.target_names))
```

3. 搜狗实验室

搜狗实验室是由搜狗团队组建的中文信息处理数据提供和评测的平台（http://www.sogou.com/labs/），该平台免费共享了多个大小不同版本的互联网语料与评测数据集，其中包含了 2012 年以来搜狐以及其他多家新闻站点的近 20 个栏目的分类新闻数据，还积累了基于互联网语料环境的互联网词库和中文词语搭配库。

4. 数据堂

数据堂（http://www.datatang.com/）通过获取线下大数据、行业大数据以及政府大数据，整合了涵盖科技、信用、交通、医疗、卫生、通信等数十个领域的大规模数据，为客户提供专业数据采集处理、共享交易及数据云服务。数据堂将所有数据分为语音识别、健康医疗、交通地理、电子商务、社交网络、图像识别、统计年鉴、研发数据共八个类别，每个类别下都有文本形式的数据，部分数据免费下载。

5. NLPIR 语料库

自然语言处理与信息检索共享平台（Natural Language Processing & Information

Retrieval Sharing Platform，NLPIR）提供了较为丰富的中文语料资源，包括微博语料、中文新闻分类语料、中文情感挖掘语料等。

6. UCI 机器学习数据库

UCI 机器学习数据库是加州大学欧文分校（University of California，Irvine）提出的用于机器学习的数据库（https://archive.ics.uci.edu/ml/index.php），目前维护了 557 个数据集，包含文本、图像和音视频等多种类型的数据集，广泛应用于当前流行的机器学习和数据挖掘的研究工作，其数目还在不断增加。

这里只列举一些，还有很多其他的公开数据源，有兴趣的读者可以到网上搜索下载。这些公开数据源中的数据是经过清洗和整理的，大都比较规范，用户可以直接下载使用。使用过程中要遵循一定的使用规范，数据集只能用作学术研究而不可用于商业活动等。

2.1.2 网络数据抓取

在做文本挖掘和信息处理时，大多数情况下数据不是公开的，需要我们自行从网站上获取。比如分析某一社交网站上关于最近某一热门话题的评论文本，或者分析某电商平台上某一类商品的顾客评价文本，这些文本数据都存储在网页上，并没有现成的数据资源。通过人工获取的方式费时费力，必然不可行，这就要借助网络数据抓取技术来获取所需数据。

1. 爬虫原理及步骤

网络数据抓取是利用网络爬虫技术获取所需数据的一种方式。严格来讲，网络爬虫是指按照一定的规则自动抓取互联网信息的程序或者脚本，可以实现对网络内容的自动浏览，对于能够访问的页面内容均可自动采集，进而获得所需数据资料。简单来讲，爬虫本质上就是模仿浏览器来打开网页。典型的以网络爬虫技术获取数据的过程包括如下三个步骤：

（1）获取网页：爬虫首先要做的工作就是获取网页的源代码。爬虫先向网站服务器发送一个请求，返回的响应体便是网页源代码。Python 中提供了许多库（如 urllib、requests）来实现 HTTP 请求操作，请求和响应都可以用类库提供的数据结构来表示，得到响应后会获得网页的源代码。

（2）提取信息：获取网页源代码后，接下来就是分析网页源代码，从中提取想要的数据。采用正则表达式提取是一个万能的方法，但是构造正则表达式比较复杂且容易出错。网页的结构遵循一定的规则，还有一些根据网页节点属性、CSS 选择器或 XPath 来提取网页信息的库，如 BeautifulSoup、pyquery、lxml 等。通过使用这些库，我们可以高效、快速地从中提取网页信息，如节点的属性、文本值等。提取信息是爬虫非常重要的部分，它可以使杂乱的数据变得条理清晰，以便我们进行后续处理和数据分析。

（3）保存数据：提取的数据或信息一般需要保存到某处以便后续使用。保存形式有多种，如可以简单保存为 TXT 文本或 JSON 文本；也可以保存到数据库，如 MySQL 和 MongoDB 等。

2. HTTP

超文本传输协议（Hyper Text Transfer Protocol，HTTP）是互联网上最广泛使用的一种网络协议。设计 HTTP 最初的目的是提供一种发布和接收 HTML 页面的方法。通过 HTTP 或者 HTTPS 请求的资源由统一资源标识符（Uniform Resource Identifiers，URI）来标识。

HTTP 是一个客户端和服务器端请求和应答的标准（TCP）。通过使用网页浏览器、网络爬虫或其他工具，客户端发起一个 HTTP 请求到服务器上的指定端口（默认端口为 80），我们称这个客户端为用户代理程序（user agent）。应答的服务器上存储着一些资源，比如 HTML 文件和图像，我们称这个应答服务器为源服务器（origin server）。

下面用 Chorme 浏览器打开豆瓣网来查看我们需要用到的 HTTP 的相关信息。在浏览器地址栏中输入“https://book. douban. com/”，然后敲回车键打开网页。按下 F12 键，点击 Network，再找到并点击 Headers，就进入了如图 2−1 所示的界面。

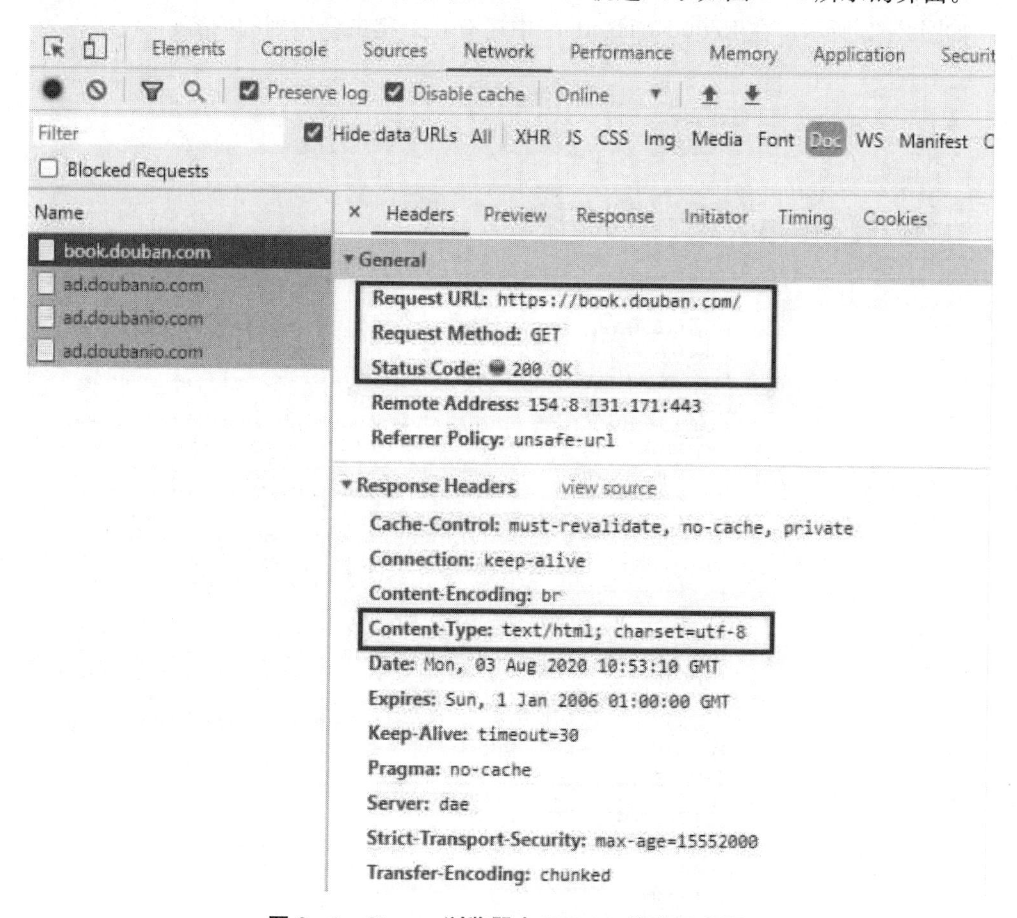

图 2−1　Chrome 浏览器中 Network 信息示意图

每个 HTTP 请求和响应都遵循相同的格式，一个 HTTP 包含 Headers 和 Body 两部分，其中 Body 就是网页源代码。而在 Network 中看到的 Headers 里需要我们重点关注的内容如下。

Request URL：https://book.douban.com/，这是对应 HTTP 协议中的统一资源定位符，就是我们打开的网址。

Request Method：GET，这是 HTTP 的请求方式。HTTP 常用的请求方式有两种：GET 和 POST。GET 是向指定的资源发出“显示”请求。简单来讲，通过在浏览器中输入网址来访问资源都是 GET 请求方式。POST 是向指定资源提交数据，请求服务器进行处理（例如提交表单、携带用户数据或者上传文件）。数据被包含在请求文本中。这个请求可能会创建新的资源或修改现有资源，或二者皆有。

Status Code：200 OK，这是 HTTP 响应的状态码。200 OK 表示成功响应。失败的响应有 404 Not Found（网页不存在）、500 Internal Server Erro（服务器内部出错）、403 Forbidden（服务器收到请求但拒绝提供服务）等。

Content-Type 指示响应的内容，“text/html; charset=utf-8”表示响应的类型是 HTML 文本，并且编码是 UTF-8；“image/jpeg”表示响应类型是 JPEG 格式的图片。

如图 2-2 所示，在 Request Headers 中还有几个爬虫会用到的内容：

图 2-2 Request Headers 示例

Cookie：指某些网站为了辨别用户身份而储存在用户本地终端（Client Side）上的数据（通常经过加密）。例如，当用户通过用户名和密码登录某网站后，就会给该用户分配一个 Cookie，在以后的一段时间内，每次打开该网站都不需要重新登录，这是因为浏览器每次访问该网站都会把之前存储的 Cookie 带上。

Referer：指示通过哪个页面跳转到当前页面，即当前页面的上一页面。

User-Agent：指示用户请求工具或代理器。（这里用的是 Google 浏览器，所以显示的是 Chrome）

3. 网页解析器

网页解析器，简单地说就是用来解析 HTML 网页的工具。准确地说，它是一个 HTML 网页信息提取工具，即从网页中解析出“我们需要的有价值的数据”或者“新的 URL 链接”的工具。常见的 Python 网页解析工具有：re 模块（正则表达式）、Python 自带的 HTMLParser 模块、第三方库 BeautifulSoup 以及 lxml 库。

正则表达式为字符串的模糊解析模式。而 BeautifulSoup、HTMLParser 和 lxml 这三种均为结构化解析模式，它们都以 DOM 树结构为标准，进行标签结构信息的提取。DOM 树的树形标签结构如图 2-3 所示。所谓结构化解析，就是网页解析器将下载的整个 HTML 文档当成一个 Document 对象，然后再利用其上下结构的标签形式，对这个对象上下级的标签进行遍历和信息提取操作。

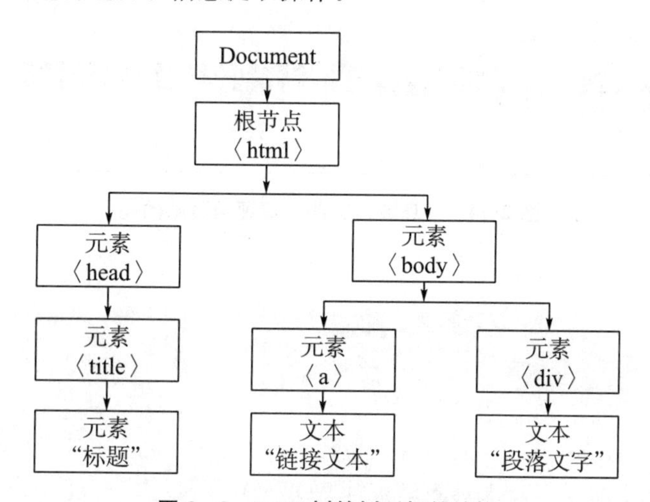

图 2-3 DOM 树的树形标签结构

（1）正则表达式。

正则表达式本身是一种小型的、高度专业化的编程语言，采用字符串式的模糊匹配模式。在 Python 中通过内嵌集成 re 模块，可以直接调用来实现正则匹配。re 库中的几个主要功能函数见表 2-1。

表 2−1　re 库中的主要功能函数

函数	说明
re. compile(pattern, flags=0)	编译正则表达式模式，返回一个对象的模式。将常用的正则表达式编译成正则表达式对象可以提高效率
re. match(pattern, string, flags=0)	从一个字符的开始位置起匹配正则表达式，返回 match 对象
re. search(pattern, string, flags=0)	在一个字符串中搜索匹配正则表达式的第一位置，返回 match 对象
re. findall(pattern, string, flags=0)	搜索字符串，以列表类型返回全部能匹配的子串
re. finditer(pattern, string, flags=0)	搜索字符串，返回一个匹配结果的迭代类型，每个迭代元素是 match 对象

下面通过爬取豆瓣网上 2019 年热度书——《鸟瞰古文明》的短评为例，来介绍 re 库的使用。先通过 Google 浏览器进入网址“https://book. douban. com/subject/34617780/comments/”，然后在网页空白处右击鼠标选择“查看网页源代码”，即看到如图 2−4 所示的 HTML 页面。我们观察到短评都在标签<span class="short">...</span>之间。使用正则表达式就可以爬取到短评内容。

```
                    <a href="https://www.douban.com/people/hinabook/">后浪</a>
                        <span class="user-stars allstar50 rating" title="力荐"></span>
                    <span>2019-09-26</span>
                </span>
            </h3>
            <p class="comment-content">

                <span class="short">这款秋冬配色的新书跟这个秋天有没有很搭~130幅城市复原图，还原一个可以被触碰到的古地中海。所有伟大的城市，都是在信念与梦想中建构而成。它们并不只辉煌于历史，其光芒也照耀了后世前进之路。</span>
            </p>
        </div>
    </li>
```

图 2−4　《鸟瞰古文明》短评网页源代码

代码如下：

```
import requests
import re

url = "https://book.douban.com/subject/34617780/comments/"
user_agent = "Mozilla/5.0 (Windows NT 10.0; WOW64)"
headers = {'User-Agent': user_agent}
r = requests.get(url, headers = headers)
html = r.text        #获得 html 网页文本内容
regx = '<span class = " short"> (.*?) </span> '      #正则表达式
pattern = re.compile(regx, re.S)
items = re.findall(pattern, html)
i = 0
for item in items:
    i += 1
    print(i, item)
```

运行结果如下：

```
1 初拿到这本书是台版，一眼便喜欢上了。因为太喜欢，所以从这本书开始做封面就开始跟，换了好多版设
2 请再来一本《鸟瞰中世纪》
3 没想到看这本画册会莫名地生出感动，想了想原因大概两点：第一，每个或大或小或核心或边陲城市里最
4 这款秋冬配色的新书跟这个秋天有没有很搭~130幅城市复原图，还原一个可以被触碰到的古地中海。所
5 精美得让人不忍直视，特别适合有些许强迫倾向的经营策略类游戏玩家，当巴比伦、庞贝、迦太基、巴
6 一定有一些马，想要回到古代
7 一本拥有了就很快乐的书。
8 我最希望的是这本书能够把真实的原址鸟揽图照片印出来，再把真实的照片，即使是废墟，遗址放上来。
9 评论里说买到胶装的……买的是盗版吗？我的一滴胶都没有，完全可以平摊啊。
10 建筑师作者手绘的遗址赏心悦目，一种在考古和诗之间游离的真实
```

（2）BeautifulSoup。

BeautifulSoup是用Python写的HTML/XML解析器，可以很好地处理不规范标记并生成剖析树。它提供简单又常用的导航，搜索以及修改剖析树的操作，可以大大节省编程时间。BeautifulSoup解析网页的流程一般分为三步：①创建BeautifulSoup对象。注意在建立对象时可以指定解析器类型，可以使用Python内置的HTML解析器html.parser，也可以使用lxml解析器。②使用BeautifulSoup对象的操作方法find_all与find进行解读搜索。③利用DOM结构标签特性，进行更为详细的节点信息提取。下面的代码还是抓取《鸟瞰古文明》的短评，并且使用BeautifulSoup进行网页解析：

```
import requests
from bs4 import BeautifulSoup

rl = "https://book.douban.com/subject/34617780/comments/"
user_agent = "Mozilla/5.0 (Windows NT 10.0; WOW64)"
headers = {'User-Agent': user_agent}
r = requests.get(url, headers = headers)
html = r.text
soup = BeautifulSoup(html, 'html.parser')
print(soup.prettify())
comment_list = (soup.find_all('span', class_ = 'short'))
i = 0
for s in comment_list:
    i += 1
    print(i, s.text)
```

代码的运行结果跟re正则解析得到的是一样的。代码中的prettify()方法是将BeautifulSoup的文档树格式化后以Unicode编码输出，每个HTML/XML标签都单独占一行，方便人查看网页源代码信息。find_all('span', class_ = 'short')方法是查找所有的class属性值为'short'的span标签节点，返回的是一种可迭代的列表类型。需要特别注意的是，class是Python的保留关键字，所以使用特别关键字参数class_代替。其实也可以用字典进行attrs参数传递，如find_all('span', attrs={'class':'short'})。

BeautifulSoup 常用的搜索函数见表 2-2。

表 2-2　BeautifulSoup 常用的搜索函数

函数	说明
find(name, attrs, recursive, text, **wargs)	可以基于不同的参数进行筛选处理。查找标签用 name 参数，查找标签的属性用 attrs 参数，查找具体的文本或者正则表达式匹配用 text 参数，另外，也可以传递函数给 find()，但函数必须返回 True 或 False。recursive 参数用来控制是否递归查找该对象的所有后代
find _ all (name, attrs, recursive, text, limit, **kwargs)	参数 limit 用来限制找到相匹配的结果数目，其他参数的含义与 find 函数中的一样

表 2-2 中列出的这两种搜索函数的区别是，find _ all()返回全部相匹配的标签，而 find()返回最近的一个标签。另外，根据表 2-2 的说明可以发现这两种方法也可以跟 re 正则解析结合起来使用。

(3) lxml。

lxml 解析网页是基于 C 语言开发的 libxml2 与 libxslt 库。使用 lxml 库解析 HTML 非常简单，速度快，兼容性也非常好，大部分网站上的网页都可以正确解析。而且 lxml 使用的是非常方便的 XPath 语法进行元素查询，还支持 XPath 1.0 函数，因此 lxml 是一款比较流行的解析器。XPath 使用路径表达式在网页源代码中选取节点，它是沿着路径来选取的。表 2-3 给出了 XPath 路径表达式及其描述。

表 2-3　XPath 路径表达式及其描述

表达式	描述
Nodename	选取此节点的所有子节点
/	从根节点选取
//	从匹配选择的当前节点选择文档中的节点，而不考虑它们的位置
.	选取当前节点
..	选取当前节点的父节点
@	选取属性

下面的代码还是爬取《鸟瞰古文明》的短评，不过使用 lxml 进行网页解析，运行结果跟前两次一样：

```
import requests
from lxml import etree

url = "https://book.douban.com/subject/34617780/comments/"
user_agent = "Mozilla/5.0 (Windows NT 10.0; WOW64)"
headers = {'User-Agent': user_agent}
r = requests.get(url, headers = headers)
html = etree.HTML(r.text)

nodes = html.xpath('//*[@id="comments"]/ul/li')
i = 0
for elem in nodes:
    i += 1
    comment = elem.xpath('./div[2]/p/span')
    print(i, comment[0].text)
```

需要注意的是，使用 lxml 时需要先用 html = etree.HTML(r.text)将文本解析为 lxml 的格式，然后才可以用 XPath 读取里面的内容。从代码上来看，利用 XPath 解析好像比较麻烦，主要是因为 XPath 路径自己写起来比较费劲，如代码 nodes = html.xpath('//*[@id="comments"]/ul/li')，其中括号里的内容就是 XPath 路径。然而，Chrome 浏览器的“检查”功能提供了很好的查找 XPath 路径的工具，下面简单介绍一下：

一是使用 Chrome 浏览器打开页面代码 URL 指示的网页，在该网页任意位置右击，在弹出的快捷菜单中单击“检查”命令，就会看到如图 2-5 所示的页面。

二是当鼠标在右侧“Elements”窗口中滑动时就可以在左侧窗口看到被选定的对应元素。如图 2-5 所示，<span class="short">那一行代码定位到了第 1 条短评处。

三是在该行代码处右击，在快捷菜单中选择“Copy→Copy XPath”，这样这个元素的 XPath 就可以复制到剪贴板，粘贴之后，得到 XPath 为“//*[@id="comments"]/ul/li[1]/div[2]/p/span”，同样的方法可以得到第 2 条短评的 XPath 为“//*[@id="comments"]/ul/li[2]/div[2]/p/span”，从这两条路径中可以看出//*[@id="comments"]/ul 路径下有多个 li 标签，且 li 标签数与短评数相对应。所以代码中，我们先对路径//*[@id="comments"]/ul/li 进行解析得到列表 nodes，然后再循环遍历解析 nodes 中每个元素节点下的路径./div[2]/p/span。

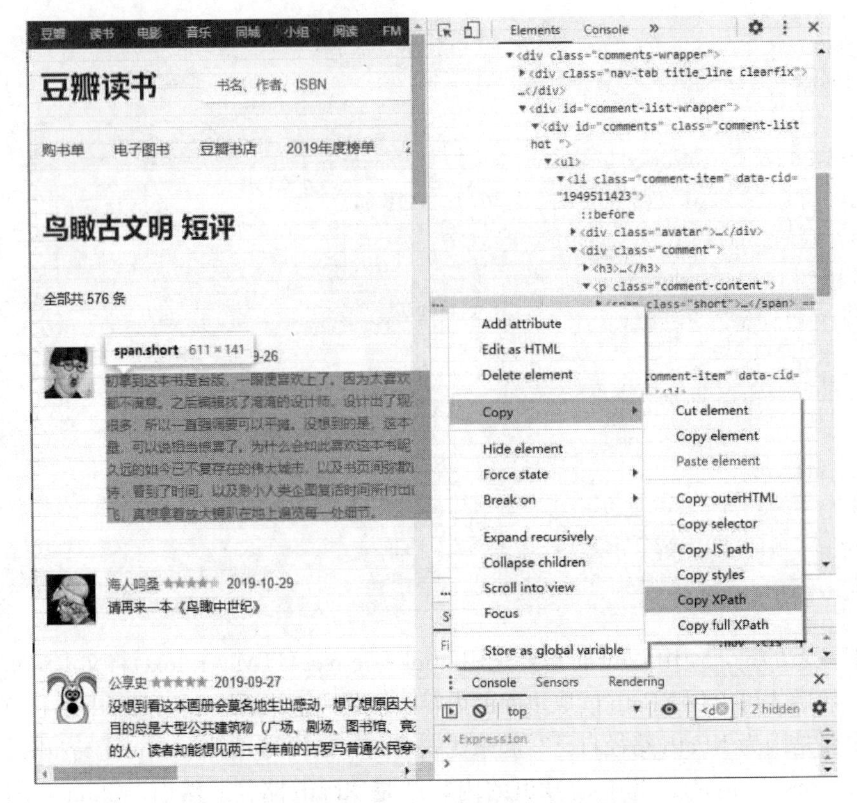

图 2-5 使用 Chrome 浏览器打开检查页面

如果使用者面对的是复杂的网页源代码，那么正则表达式的书写可能会花费较多时间，如此来看，还是选择 BeautifulSoup 和 lxml 比较方便。由于 BeautifulSoup 也支持 lxml 解析，因此速度和 lxml 差不多，可以根据使用者的熟练程度进行选择。

4. 数据的保存

当我们爬取完网页并从网页中提取出数据后，需要把数据保存下来，供后续文本信息处理和挖掘任务的使用。常用的保存数据的方法有两种：①存储在文件中，包括 TXT 文件和 CSV 文件；②存储在数据库中，包括 MySQL 数据库和 MongoDB 数据库。

（1）数据存储至 TXT。

TXT 是纯文本文件，将数据存储到文本文件是最常见也最简单的一种方式。一般分为三个步骤：首先打开目标文件，然后向文件中写入数据，最后关闭文件。为了避免程序员忘记关闭文件，使用 Python 处理文件对象时，使用 with 关键字是非常好的习惯。若不使用 with 关键字打开文件，则必须调用 f.close()去关闭文件对象并立即释放被占用的系统资源。下面的代码是将上述通过 lxml 解析的短评数据保存到名为“short_comment.txt”的文件中：

```
i = 0  #记录评论条数
with open("short_comment.txt", 'w+') as f:
    for elem in nodes:
        i += 1
        comment = elem.xpath('./div[2]/p/span')
        line = '\t'.join([str(i), comment[0].text])
        f.write(line)
        f.write("\n")
```

代码中文件打开的方式为"w+"，表示可以读取文件中的信息也可以向文件中写入数据，若文件不存在则会自动创建，写入的方式为覆盖写入。当然，有时候需要不断地往同一文件中追加写入数据而非覆盖，这时可以将文件的打开方式改为"a+"。另外，有时候需要把几个变量写入文件，这时分隔符就比较重要了。可以采用 Tab 进行分隔，因为在字符串中一般较少会出现 Tab 符号。用'\t'.join()将几个变量连接成一个字符串，然后再写入文件。

（2）数据存储至 CSV。

CSV（Comma-Separated Values）是逗号分隔值，有时也称为字符分隔值，因为分隔字符也可以不是逗号，其文件以纯文本的形式存储表格数据（数字和文本）。CSV 文件既可以用记事本打开，也可以用 Excel 打开，表现为表格形式，可以十分整齐地看到数据的情况。而 TXT 文件经常遇到变量分隔的问题，所以爬虫爬取的数据经常用 CSV 来保存。如下代码是将通过 lxml 解析的短评数据保存到名为"short_comment.csv"的文件中：

```
import csv
i = 0  #记录评论条数
with open("short_comment.csv", 'w+', newline='') as csvf:
    for elem in nodes:
        i += 1
        comment = elem.xpath('./div[2]/p/span')
        line_list = [str(i), comment[0].text]
        w = csv.writer(csvf)
        w.writerow(line_list)
```

（3）数据存储至数据库。

MySQL 是一种关系数据库，其将数据保存在不同的表中，使用者可以通过 SQL 语言访问数据库。当然，若要使用 MySQL 数据库保存数据，首先需要确保使用者的计算机中安装了该数据库并且已熟练掌握了 SQL 语言。这里我们不对该数据库的存储作更多介绍，下面主要介绍将数据保存至 MongoDB 数据库的过程。

当网络爬虫需要存储大量的数据，或者爬取返回的数据是 JSON 格式时，选择使用 NoSQL 数据库进行存储会非常容易。NoSQL 泛指非关系型数据库，其中非常流行的是

MongoDB 数据库。在 Web 2.0 网站兴起后，大数据量、高并发环境下的 MySQL 扩展性差，读取和写入压力大，表结构更改困难，相比之下，NoSQL 数据库数据之间无关系，具有非常高的读写性能，也易扩展。MongoDB 是一款基于分布式文件存储的数据库，因此用于存储网络爬虫爬取的数据非常合适。当然，在使用之前首先需要确保计算机上安装了 MongoDB 数据库，并且已经安装了连接 Python 和 MongoDB 的 PyMongo 库。

这里举例说明使用 MongoDB 存储数据。首先进入 MongoDB 的安装目录 C:\Program Files \MongoDB \Servrer \3. 4\bin，双击 mongod. exe 让其启动。然后利用下面代码中的第一行来检查是否能正常连接到数据库客户端。接着利用第二行代码连接到数据库 comment _ database，如果该数据库不存在，则会创建一个。接下来利用第三行代码选择该数据库的集合 comments（集合相当于关系数据库中的表），该集合不存在时也会创建一个。下面的代码运行成功，则说明连接成功且创建好了数据库和集合。

```
from pymongo import MongoClient
client = MongoClient('localhost', 27017)
db = client.comment_database   #连接 comment_database 数据库
collection = db.comments
```

接下来的代码是将通过 lxml 解析的短评数据保存到名为“comment _ database”的 MongoDB 数据库的集合 comments 中。

```
import requests
import datetime
from lxml import etree
url = "https://book.douban.com/subject/34617780/comments/"
user_agent = "Mozilla/5.0 (Windows NT 10.0; WOW64)"
headers = {'User-Agent': user_agent}
r = requests.get(url, headers = headers)
html = etree.HTML(r.text)
nodes = html.xpath('//*[@id="comments"]/ul/li')
i = 0
for elem in nodes:
    i += 1
    comment = elem.xpath('./div[2]/p/span')
    item = {
        "id": i,
        "comment": comment[0].text
    }
    collection.insert_one(item)
```

上述代码中，首先将爬虫爬取的数据保存到 item 字典中，然后使用 insert _ one 加入集合 collection 中。进入 MongoDB 的安装目录 C:\Program Files \MongoDB \Servrer \

3.4\bin，打开 Mongo.exe，输入下面的命令：

```
use comment _ database
db.comments.find().pretty()
```

运行代码后就可以看到数据集合 comments 中的数据了，如图 2-6 所示。

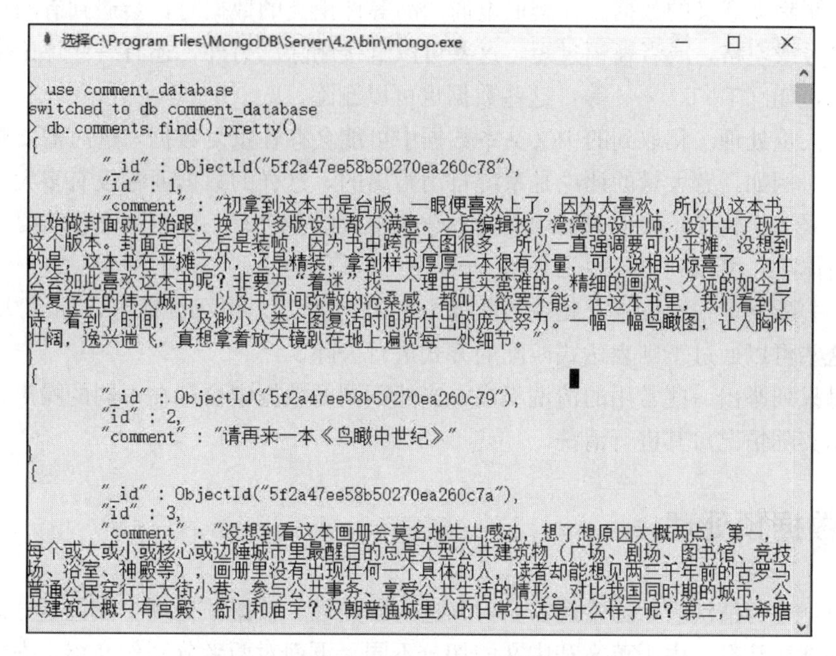

图 2-6　数据存储至 MongoDB 的结果展示

到此网络爬取数据就简单介绍完了，其中各部分的知识还需要读者深入系统地学习。比如，有的网站需要用户登录才可以访问更多的页面，所以就需要使用者让爬虫对网站进行模拟登录，最常用的方法是利用浏览器自动化测试框架 Selenium 模拟浏览器访问的方式来爬取网页上的数据。而有时我们需要爬取的数据分布在多个页面上，需要翻页操作，这时就需要观察翻页后 URL 的变化，分析 URL 中各个参数的功能。翻页后 URL 不发生变化的网站数据一般是通过 Ajax 或者 JavaScript 加载的，可以在过滤器的 XHR 和 JS 中找到真实请求。另外，有的网站还规定了爬取数据时两次访问的时间间隔，这时，我们在爬取数据的过程中应尽量降低爬取的速度，实际上每次爬取数据都是对网站服务器的一次访问，如果爬取过于频繁，会影响网站服务器的运行。另外，应尽量在网站访问流量较少时爬取数据，避免干扰网站的正常工作。若使用者需要爬取大量的网页数据，可以深入学习 Scrapy 爬虫框架，这会给数据爬取工作带来更多的便利。

2.2　数据清洗

无论是从公开数据源中获取的数据还是自己爬取的数据，一般都存在噪声、不完整和不一致等情况，这时我们就需要对数据进行清洗。文本数据处理中的清洗工作主要有：

（1）噪声处理。爬取的中文文本数据中可能会有一些英文，或者在爬取的英文文本数据中夹杂了中文或其他语言的文本，这时就需要对字符串的语言类型进行识别。可以借助 Python 中的 langdetect 工具包帮助识别，删除那些不需要的语言数据。另外，在爬取微博数据时可能会含有广告链接和“@”等，需要做特殊处理。链接类可以直接删除，“@”等邮箱地址类可以利用正则表达式匹配的方式去除。

（2）删除无意义的数据。在爬取电商产品等评论类的数据时，会遇到有的评论是一些标点符号或空格，或者篇幅过短，这些可以直接删除。另外，还有一些评论中会带有文字表情，如/(ToT)/~~等，这些数据也可以删除。

（3）去重处理。爬取到的中文文本数据中可能会存在重复数据，这时需要删除那些重复数据。例如，有大量的评论是系统自动给出的，这样的数据通常没有多大意义。

（4）繁体字转换。爬取到的中文文本数据中可能会含有一些繁体字，需要将其统一转换为简体字，可以利用开源工具包 OpenCC 或其他的一些工具包完成。

（5）去除网页残留标签。爬取的数据中有时会残留一些网页标签，如〈/br〉等之类的，这些可以通过正则表达式匹配的方式进行去除。

这里只列举出一些常用的清洗程序，当然不同的数据中会存在不同的噪声，使用者可以根据实际情况对其进行清洗。

2.3 数据预处理

将数据进行清洗后，通常还需要对其进行预处理。数据预处理主要包括分词、去停用词、词性标注等。由于英文和中文的切分不同，下面对两者分别作介绍。去停用词相对简单，而且它是所有文本挖掘任务中不可缺少的一步。另外，有的任务中还会涉及词性标注等工作，用于提取文本中具有相关词性的词汇。

2.3.1 英文分词及词形规范化

1. 相关概念

英文的分词通常叫作词条化（tokenization），是指将给定的文本切分成为词汇单位的过程。由于英语在行文时使用空格作为词的分隔符，因此只需利用空格或标点就能基本实现词条化。但是，英语中还有其他的切分问题，仅凭空格和标点符号是无法解决的。如缩写词（Mr.　i. e.　m. p. h）、连写形式以及所有格形式（I'm　don't　Tom's）、数字和日期（128，236-45.6　02-08-2020）、带连字符的词（e-mail　co-operate）等。

词形规范化是指在英文的文本挖掘任务中，需要对一个词的不同形态进行归并，从而提高文本处理的效率，同时减缓离散特征表示可能造成的数据稀疏问题。词形规范化过程包含两个概念：一是词形还原（lemmatization），即把任意编写的词汇还原成为原形（能够表达完整的语义），如将 dogs 还原为 dog，将 driving 还原为 drive 等；二是词干提取（stemming），去除词缀得到词根的过程（不一定能够表达完整语义），如将 driver 转换为 drive，将 effective 转换为 effect。

2. 使用 NLTK 进行分词

NLTK 作为基于 Python 的自然语言处理前沿平台，为我们提供了一套更为专业的英文分词工具。NLTK 的英文分词工具模式非常丰富，并且在去停用词、词干化处理方面更为优秀。tokenize 是 NLTK 的分词包，其中的函数可以识别英文词汇和标点符号，对文本进行分句或分词处理。

（1）分句。

sent _ tokenize 为 tokenize 分词包中的分句函数，返回文本的分句结果，调用方式：sent _ tokenize(text，language = 'english')。

（2）分词。

word _ tokenize 为 tokenize 分词包中的分词函数，返回文本的分词结果，调用方式：word _ tokenize(text，language = 'english')，代码如下：

```
import nltk
from nltk.tokenize import sent_tokenize
from nltk.tokenize import word_tokenize
text = "The four-poster canopy bed made in U.S.A. costs $600. The seller stake out 40% of the profit."
sent = sent_tokenize(text)
for s in sent:
        print(s)
        word = word_tokenize(s)
        print(word)
```

运行结果如下：

```
The four-poster canopy bed made in U.S.A. costs $600.
['The', 'four-poster', 'canopy', 'bed', 'made', 'in', 'U.S.A.', 'costs', '$', '600', '.']
['The', 'seller', 'stake', 'out', '40', '%', 'of', 'the', 'profit', '.']
```

（3）正则表达式分词。

从上述运行结果可以看出，对于包含比较复杂词型（如$10、10%）的字符串，以上的分词算法往往不能实现精确分割，此时需要借助正则表达式来完成分词任务。NLTK 提供了 regexp 模块支持正则表达式分词，接下来重点介绍一下 RegexpTokenizer。RegexpTokenizer 是 regexp 模块下的一个类，可以自行定义正则表达式来进行分词。调用该类下的分词方法需要先实例化，实例化方式如下：

```
RegexpTokenizer(pattern, gaps, discard_empty, flags)
```

参数说明：

pattern：必填参数，构建分词器的模式，即正则表达式字符串。

gaps：可选参数，设置为 True 时，正则表达式识别标识符之间的间隔，默认缺失值为 False，即正则表达式用来识别标识符本身。

discard _ empty：可选参数，设置为 True 时，去除任何由分词器产生的空符，只有当参数 gaps 取值为 True 时分词器才会产生空符。

flags：可选参数，编译分词器模式的正则标识，默认使用的是 re. UNICODE | re. MULTILINE | re. DOTALL。

实例化后，即可利用该类下的分词方法进行分词处理，代码示例如下：

```
import nltk
from nltk.tokenize import RegexpTokenizer
text = "The four-poster canopy bed made in U.S.A. costs $600. The seller stake out 40% of the profit."
pattern = r"(?:[A-Z]\.)+|\$?\d+(?:\.\d+)?%?|\w+(?:[-']\w+)*|(?:[.,;\"'?():-_`])"
tokenize=RegexpTokenizer(pattern)
word = tokenize.tokenize(text)
print("/".join(word))   #词之间用"/"进行分隔
```

运行结果如下：

```
The/four-poster/canopy/bed/made/in/U.S.A./costs/$600/./The/seller/stake/out/40%/of/the/profit/.
```

其实直接调用函数 regexp _ tokenize 也可实现同样的效果，调用方式如下：

```
regexp_tokenize(text, pattern, gaps=False, discard_empty = True, flags = 56)
```

各参数的含义与 RegexpTokenizer 类相同，这里不再赘述。代码示例如下：

```
import nltk
from nltk.tokenize import regexp_tokenize
text = "The four-poster canopy bed made in U.S.A. costs $600. The seller stake out 40% of the profit."
pattern = r"""(?x)
        (?:[A-Z]\.)+                 # 缩略词
        |\$?\d+(?:\.\d+)?%?          # 货币、百分数
        |\w+(?:[-']\w+)*             # 用连字符连接的词汇
        |\.\.\.                      # 省略符号
        |(?:[.,;"'?():-_`])          # 标点符号及特殊字符
        """
word = regexp_tokenize (text, pattern)
print("/".join(word))
```

3. 使用 NLTK 进行词干提取

目前，词干化处理的三大主流算法包括 Porter Stemming、LovinsStemmer 和 Lancaster Stemming。而 NLTK 的 stem 包中提供了 lancaster 和 porter 两个相关模块进行词干提取。下面分别对其进行介绍。

(1) lancaster 模块。

lancaster 模块是基于 Lancaster Stemming 算法的词干分析模块，该模块下定义了 Lancaster Stemmer 类，通过调用该类下的 stem 方法可以实现英文词汇的词干化处理。代码示例如下：

```
import nltk
from nltk.stem.lancaster import LancasterStemmer
words = ['fishing', 'crying', 'likes', 'owed', 'did', 'done', 'women', 'avaliable']
st1 = LancasterStemmer()
result = [st1.stem(word) for word in words]
print(result)
```

运行结果如下：

```
['fish', 'cry', 'lik', 'ow', 'did', 'don', 'wom', 'avaly']
```

(2) porter 模块。

porter 模块是基于 Porter Stemming 算法的词干分析模块，该模块下定义了 PorterStemmer 类，通过调用该类下的 stem 方法可以实现英文词汇的词干化处理。代码示例如下：

```
import nltk
from nltk.stem.porter import PorterStemmer
words = ['fishing', 'crying', 'likes', 'owed', 'did', 'done', 'women', 'avaliable']
st2 = PorterStemmer()
result = [st2.stem(word) for word in words]
print(result)
```

运行结果如下：

```
['fish', 'cri', 'like', 'owe', 'did', 'done', 'women', 'avali']
```

另外，NLTK 中常用的词形归并器有 WordNetLemmatier。WordNetLemmatier 通过调用该类下的 lemmatize 方法实现词形的归并。代码示例如下：

```
import nltk
from nltk.stem.wordnet import WordNetLemmatizer
words = ['fishing', 'crying', 'likes', 'owed', 'did', 'done', 'women', 'avaliable']
wnl = nltk.WordNetLemmatizer()
result = [wnl.lemmatize(word) for word in words]
print(result)
```

运行结果如下：

```
['fishing', 'cry', 'like', 'owed', 'did', 'done', 'woman', 'avaliable']
```

2.3.2 中文分词

1. 概念及思路

中文分词（Chinese Word Segmentation，CWS）即将中文文本自动切分成词序列，是中文文本处理的一个基础步骤，也是中文人机交互的基础模块。由于词是自然语言中具有独立含义的最小语言单位，而与英文不同，中文文本是连续的，词与词之间是没有界限的，因此在进行中文信息处理时通常需要先进行分词，分词效果将直接影响后续挖掘任务的效果。关于中文文本自动分词的方法，国内外已有大量的研究成果，从早期的基于词典的分词方法（如最大匹配方法、最短路径分词方法等），到基于机器学习的统计切分方法（如基于隐马尔可夫模型、基于条件随机场模型、基于最大熵模型和 N 元语法的分词方法等）。还有一种由字构词的中文分词方法（Character-based Chinese Word Segmentation），它是中文分词研究中一种标志性的创新方法，其基本思路是句子中的任何一个单位，包括汉字、标点、数字和字母等（统称为“字”）在词中的位置只有 4 种可能：词首字（记为 B）、词中字（记为 M）、词尾字（记为 E）和单字词（记为 S）。B、M、E 和 S 称为词位标记。B 和 E 总是成对出现。以下为分词示例：

原始句子：上海计划到本世纪末实现人均国内生产总值五千美元。

分词结果：上海/计划/到/本/世纪/末/实现/人均/国内/生产/总值/五千美元/。/

字标注：上/B 海/E 计/B 划/E 到/S 本/S 世/B 纪/E 末/S 实/B 现/E 人/B 均/E 国/B 内/E 生/B 产/E 总/B 值/E 五/B 千/M 美/M 元/E。/S

很显然，由字构词的分词方法将分词问题转化为序列标注问题，可以借助大规模的训练样本来训练分类器以完成分词任务。在实际应用中，人们也尝试将这些方法融合或集成起来，如基于 n-gram 的生成式方法与由字构词的区分式方法相结合，由字构词的方法与神经网络相结合等，以建立更好的分词系统。

2. 利用 jieba 进行中文分词

Python 中有很多中文分词工具包，这些工具结合词库与算法在很大程度上解决了计算机中文分词的问题，掌握它们的使用方法，能给文本数据分析带来极大的便利。常见的有自然语言处理与信息检索平台、语言技术平台（Language Technology Platform，LTP）、清华大学中文分词分析工具使用方法（THU lexical analyzer for Chinese）、斯坦福分词器、Hanlp 分词器、jieba 分词、IKAnalyzer 等。这里重点介绍 jieba 分词工具的应用。

jieba 分词是一个开源框架，并不是只有分词这一个功能，还提供了很多在分词之上的算法，如关键词提取、词性标注等，且可供多平台多语言使用，是一款很受欢迎的分词工具。另外，jieba 分词结合了基于规则和基于统计这两类方法，分词的主要思路是：先基于前缀词典实现高效的词图扫描，生成句子中汉字所有可能成词情况所构成的有向无环图；再采用动态规划查找最大概率路径，找出基于词频的最大切分组合，对于词典中未收录的词，使用隐马尔可夫模型（Hidden Markov Model，HMM）中的 Viterbi 算法尝试分词处理。

jieba 分词支持多种分词模式，支持繁体分词，还支持用户自定义词典。下面介绍 jieba 分词支持的三种分词模式：

精确模式：试图将句子最精确地切开，适合文本分析。

全模式：把句子中所有的可以成词的词语都扫描出来，速度非常快，但是不能解决歧义问题。

搜索引擎模式：在精确模式的基础上，对长词再次切分，提高召回率，适用于搜索引擎分词。

接下来，我们通过代码实例介绍使用 jieba 分词进行中文分词的几个常用函数。在运行代码前，一定要确保使用的计算机已经安装了 jieba 工具包。

（1）jieba.cut。

jieba.cut 是 jieba 模块下进行中文分词的主要函数，调用方式如下：

```
jieba.cut(sentence, cut_all = False, HMM = True)
```

参数说明：

sentence：需要分词处理的字符串。

cut_all：分词模式，值为 True 时代表全模式，值为 False 时代表精确模式，默认缺失值为 False。

HMM：是否使用 HMM 模型，默认缺失值为 True。

（2）jieba.cut_for_search。

jieba.cut_for_search 是用于搜索引擎构建倒排索引的分词函数，调用方式如下：

```
jieba.cut_for_search(sentence, HMM = True)
```

jieba.cut_for_search()中的参数含义与 jieba.cut()中一样。需要特别注意的是，上述两个函数返回的结果都是一个可迭代的生成器（generator），可以使用 for 循环来获得分词后得到的每一个词语，或者使用下面代码中的方法进行分词。代码示例如下：

```
import jieba
sent = "我来到北京清华大学"
cut1 = jieba.cut(sent)
print('【精确模式】:' + '/'.join(cut1))
cut2 = jieba.cut(sent, cut_all = True)
print('【全模式】:' + '/'.join(cut2))
cut3 = jieba.cut_for_search(sent)
print('【搜索引擎模式】:' + '/'.join(cut3))
```

运行结果如下：

```
【精确模式】:我/来到/北京/清华大学
【全模式】:我/来到/北京/清华/清华大学/华大/大学
【搜索引擎模式】:我/来到/北京/清华/华大/大学/清华大学
```

（3）jieba.load_userdict。

jieba 分词还有一个特点就是支持自定义词典，jieba.load_userdict 函数即可实现这一功能。虽然 jieba 有新词识别能力，但是使用者可以通过自定义词典，将 jieba 自带词库里没有的词汇添加进来，从而保证更高的正确率。调用方式如下：

```
jieba.load_userdict(file)
```

参数 file 为词典文件对象或自定义词典的路径，文件必须为 UTF-8 编码。需要特别注意的是，自定义词典格式需要和 jieba 自带词库一样，每一行从左至右分别为词语、词频、词性三部分，各部分之间用空格分开，其中词性部分可以省略，词频越大成词的概率越大。

（4）jieba.add_word。

jieba.add_word 函数用于给词典增加新词汇，调用方式如下：

```
jieba.add_word(word, freq = None, tag = None)
```

其中，参数 word 为需要增加到词典的词汇，freq 为词频，tag 为词性，参数 freq 和 tag 是可选参数。代码示例如下：

```
import jieba
sent = "江州市长江大桥参加了长江大桥的通车仪式"
cut1 = jieba.cut(sent)
print('【加词前】:' + '/'.join(cut1))
jieba.add_word("江大桥", freq = 50000)
cut2 = jieba.cut(sent)
print('【加词后】:' + '/'.join(cut2))print('/'.join(cut2))
```

运行结果如下：

```
【加词前】:江州/市/长江大桥/参加/了/长江大桥/的/通车/仪式
【加词后】:江州/市长/江大桥/参加/了/长江大桥/的/通车/仪式
```

很显然，上述代码示例中“江大桥”是人名，但是词典中不存在这样的词，而通过增加新词到词典后，分词的结果就正确了。

jieba 除了可以向词典中添加词，还可以从词典中删除词，函数为 jieba.del_word()，用法与添加词的方法一致。其实 jieba 中还有很多有用的函数，这里不再一一列举，感兴趣的读者可以寻找相关资料了解和学习。

3. 中文分词的难点

中文构词存在复杂性和不确定性，致使分词的效果不如英文。中文分词的难点主要体现在三个方面：分词规范、未登录词识别和词的切分歧义。

（1）分词规范。

中文因其自身语言特性的局限，字（词）的界限往往很模糊，关于字（词）的抽象定义和词边界的划定尚没有一个公认的、权威的标准。这种不同的主观分词差异，给汉语分词造成极大困难。尽管在 1992 年，国家颁布了《信息处理用现代词汉语分词规范》，但是使用这种规范时难免受主观因素影响。

（2）未登录词识别。

未登录词又称新词。这类词通常指两个方面，一是词库中没有收录的词，二是训练语料没有出现过的词。未登录词主要包括：新出现的网络用词，如“蓝牙”“房姐”“奥特”“种草”等；特定领域和新出现领域的专有名词，如“埃博拉”等；其他专有名词，如人名、机构名、地名、产品名、商标名、书名、缩写词等。这些都是中文分词的难点。

（3）词的切分歧义。

中文本身存在歧义，即一个词串有不止一种切分结果。人一般是通过上下文来理解词的，但机器很难正确判断该如何切分词。比如对“组合成机器”来说，“组合”“合成”都是词，到底是切分成“组合/成”还是切分成“组/合成”？歧义的消除一般需要提供更多的语法和语义信息，有时还需要结合上下文语境来理解。

2.3.3 去停用词

停用词主要是功能词，通常指在各类文档中频繁出现的、附带极少文本信息的助词、介词、连词、语气词等高频词，如英文中“the、at、on、of”等，中文中的“的、了、是、在”等。“是”尽管不是功能词，但由于出现频率很高，对文本区分没有实质性意义，因此通常也作为停用词被去掉。另外，有时还把标点符号也归入停用词中。在具体实现时通常建立一个停用词表，在分词后直接删除停用词表中的词。

NLTK 的 corpus 包中提供了一份英文的停用词表供使用者使用，直接导入即可使用，当然也可以自己定义停用词表。代码示例如下：

```
import nltk
from nltk.tokenize import word_tokenize
from nltk.corpus import stopwords
english_stopwords = stopwords.words("english")
text = "The seller stake out 40% of the profit."
for i in word_tokenize(text):
    if i not in english_stopwords:
        print(i)
```

但是这里要注意的是，NLTK 中提供的停用词典中未涵盖大写格式的停用词和标点符号，这就要求在去停用词前对英文文本进行小写化处理，后续再自己编写代码过滤掉标点符号。

jieba 中并未直接提供停用词处理函数，需要使用者自行定义停用词典对分词结果进行过滤操作。使用者可以从网络下载不同版本的中文停用词表，也可以根据需要自己制订停用词表。假设现在我们已经有停用词表“stopwords.txt”，该文件用 UTF-8 编码，并且每行为一个词。下面的代码实现了对 2.2 节中爬取的《鸟瞰古文明》的短评进行分词并过滤停用词。

```
import jieba
# 1、加载停用词表
with open("stopwords.txt", encoding='UTF-8') as f1:
    temp = f1.read()
    stop_words = temp.splitlines()
# 2、加载要处理的文本文件
with open("short_comment.txt") as f2:
    temp = f2.read()
    comments = temp.splitlines()
# 3、分词并过滤停用词
comments_segs = []                    # 用于存放所有评论处理后的结果
for line in comments:
    comment_seg = []                  # 用于存放每一条评论的处理结果
    line = line.split('\t')[1]        # 去除评论前面的编号,只保留文本部分
    segs = jieba.cut(line)            # 分词
    for seg in segs:
        if seg not in stop_words:     # 判断是否属于停用词
            comment_seg.append(seg)
    comments_segs.append(comment_seg)
# 4、打印查看处理结果
for i in comments_segs:
    print(i)
```

2.3.4 词性标注

1. 概念

词性（part-of-speech）是词汇基本的语法属性。词性标注（part-of-speech tagging）又称为词类标注或简称标注，是指为分词结果中的每个单词标注一个正确词性的程序，即确定每个词是否为名词、动词、形容词或者其他词性的过程。将文本进行词性标注后，可以为句法分析、词汇获取、信息抽取和文本情感分析等任务带来很大便利。

词性标注是一个典型的序列标注问题，对于中文文本来说，词性标注与自动分词有着密切联系，因此，在很多中文文本自动分词工具中都将这两项任务做了集成，甚至采用一个模型进行一体化处理，如基于隐马尔可夫的自动分词方法。

2. 使用 NLTK 进行英文词性标注

NLTK 的 tag 包定义了一些词性标注的类，并且还提供了部分词性标注的接口。它定义的几个词性标注器均以分词结果列表作为输入，对应返回每一个分词结果的词性。多数标注器是根据训练语料构建的，比如一元语法模型（unigram model）词性标注器，对于给出的词汇，该标注器会在训练语料中查找每个词汇出现最多的词性并对其进行相应的标注，对于训练集中不存在的词汇，其词性会被标注为“None”。tag 包中主要的词性标注函数有下述两个。

（1）pos _ tag。

pos _ tag 是利用 NLTK 推荐的词性标注器对指定词汇列表进行词性标注的函数，词性标注结果以列表形式返回，列表元素为词汇和对应词性构成的元组。调用方式如下：

```
pos _ tag(tokens, tagset = None)
```

参数 tokens 是指需要进行词性标注的词汇列表；tagset 指使用的词性标记集，如 universal、wsj、brown 等，由于同一个词性可以有不同的标注词，利用该参数可以进行标注词的规约。下面的代码为 pos _ tag 函数的使用示例。

```
import nltk
from nltk.tag import pos _ tag
from nltk.tokenize import word _ tokenize
text = "The seller stake out 40% of the profit."
tag = pos _ tag(word _ tokenize(text))
print(tag)
```

（2）pos _ tag _ sents。

pos _ tag _ sents 是利用 NLTK 推荐的词性标注器对指定语句列表进行词性标注的函数，每个语句都由词汇列表构成。调用方式如下：

```
pos_tag_sents(sentences, tagset = None)
```

下面的代码为 pos_tag_sents 函数的使用示例。

```
import nltk
from nltk.tag import pos_tag_sents
from nltk.tokenize import word_tokenize
from nltk.tokenize import sent_tokenize
text = "The four-poster canopy bed made in U.S.A. costs $600. The seller stake out 40% of the profit."
sent = sent_tokenize(text)
tag = pos_tag_sents(word_tokenize(s) for s in sent)
print(tag)
```

3. 使用 jieba 进行中文词性标注

jieba 开源框架中提供了词性标注的功能，其中 posseg 包就是 jieba 中实现词性标注功能的包。posseg 包中的主要方法为 cut()，该方法可以同时实现分词和词性标注，并以 pair(u'词', u'词性')的形式返回标注结果，即将分词结果和对应的词性保存为一个 pair 对象。调用方式如下：

```
posseg.cut(sentence, HMM = True)
```

代码示例如下：

```
import jieba
from jieba import posseg
sent = "我来到北京清华大学"
pos = posseg.cut(sent)
for i in pos:
    print(i)
```

运行结果如下：

```
我/r
来到/v
北京/ns
清华大学/nt
```

每个词性标注工具都有各自对应的词性标注集对照表，所以在使用词性标注工具时要对照其标注集来查看词性。

2.4 N元语法模型

N元语法（n-gram）也称为n元文法，是基于统计的语言模型，在自然语言处理中发挥了非常重要的作用。2.3节分词中提到N元语法分词，用的就是N元语法模型。另外，这里对N元语法模型的介绍也为第3章文本表示中的神经网络语言模型奠定了基础。

N元语法模型的基本思想：对于一个由m（$m \geqslant 2$）个基元构成的字符串$s = w_1 w_2 \cdots w_m$，该词串出现的概率为$p(w_1 w_2 \cdots w_m)$，根据贝叶斯理论，将句子中的每个词在它本身位置上的出现看成一个独立事件，用概率的链式规则可以将$p(w_1 w_2 \cdots w_m)$用下式进行计算：

$$p(s) = p(w_1)p(w_2 \mid w_1)p(w_3 \mid w_1 w_2)\cdots p(w_m \mid w_1 \cdots w_{m-1}) = \prod_{i=1}^{m} p(w_i \mid w_1 \cdots w_{i-1}) \tag{2.1}$$

这里所说的“基元”可以是字、词、标点、数字或构成句子的其他任何符号，或者短语、词性标记等，为了表述方便，统一称为“词”。式（2.1）表示产生第i个词的概率是由前面已经产生的$i-1$个词决定的。随着句子长度的增加，条件概率的历史数目呈指数级增长，计算非常复杂。为了简化计算，假设当前词的概率只与前$n-1$（n为整数，且$1 \leqslant n \leqslant m$）个词有关，于是得到：

$$p(s) = \prod_{i=1}^{m} p(w_i \mid w_1^{i-1}) \approx \prod_{i=1}^{m} p(w_i \mid w_{i-n+1}^{i-1}) \tag{2.2}$$

式（2.2）就是对应的N元语法模型，其中w_1^{i-1}表示词串$w_1 w_2 \cdots w_{i-1}$，而w_{i-n+1}^{i-1}指单词w_i的前$n-1$个词。当$n=1$时，出现在第i位上的词w_i的概率独立于前面已经出现的词，句子是由独立的词构成的序列，这种计算模型通常称为一元语法模型，记作unigram或monogram。当$n=2$时，出现在第i位上的词w_i的概率只与它前面的一个词w_{i-1}有关，这种计算模型称为二元语法模型，两个邻近的同现词称作二元语法，记作bigram。也就是说，二元语法模型是通过给定前一个词得到当前词的概率来逼近给定前面所有词得到当前词的概率的，即$p(w_i \mid w_{i-1}) \approx p(w_i \mid w_1^{i-1})$。而一个单词的概率只依赖于它前面单词的概率的这种假设称为马尔可夫假设，那么，对应的二元语法模型构成的序列应该是一阶马尔可夫链。同样的道理，当$n=3$时，出现在第i位上的词w_i的概率只与它的前两个词有关，这种模型称为三元语法模型，三个邻近的同现词构成的序列称作三元语法，记作trigram。由三元语法构成的序列可以看作二阶马尔可夫链。

N元语法模型可以使用训练语料库和归一化的方法得到。对于概率模型来说，所谓的归一化就是除以某个总数，使最后得到的概率的值处于0和1之间，以保持概率的合法性。我们取某个训练语料库，从这个语料库中取某个特定的二元语法的计数（即出现次数），然后用与第一个单词相同的二元语法的总数作为被除数，对应的计算式为

$$p(w_i \mid w_{i-1}) = \frac{C(w_{i-1} w_i)}{C(w_{i-1} w)} = \frac{C(w_{i-1} w_i)}{C(w_{i-1})} \tag{2.3}$$

这里对式（2.3）要解释一下，因为以单词 w_{i-1} 开头的二元语法的计数必定等于该单词 w_{i-1} 一元语法的计数，所以就有了式（2.3）最右侧的等式。那么对于一般的 N 元语法，参数估计应该为

$$p(w_i \mid w_{i-n+1}^{i-1}) = \frac{C(w_{i-n+1}^{i-1} w_i)}{C(w_{i-n+1}^{i-1})} \tag{2.4}$$

有了各个词的参数估计就可以计算某个词串的概率。但 N 元语法模型的性能严重依赖于训练的语料库。不同种类、不同大小的语料库训练得到的 N 元语法模型是不同的。

另外，还需特别注意的是，N 元语法模型必须从某些语料库中训练得到，而每个特定的语料库都是有限的，这就意味着，从任何训练语料中得到的 N 元语法矩阵都是稀疏的。那么必定会存在零概率 N 元语法的情况。为了避免这种情况的发生，在计算 N 元语法模型时，面临的一个重要问题，就是如何进行平滑。为此，有人先后提出了加 1 平滑、Witten-Bell 打折和 Good-Turing 打折等数据平滑的方法。

2.5 小结

本章介绍的数据获取方法和途径重点集中在网络数据爬取上，需要掌握 HTTP、网页解析和数据保存等相关知识。本章对爬虫做了入门级介绍，更高级的操作需要读者进行系统深入的学习。对于数据预处理工作，本章重点介绍了中英文分词、去停用词和词性标注，同时也介绍了 Python 中 NLTK 和 jieba 工具包在处理数据时的应用。本章最后一节对 N 元语法模型做了简要介绍——它是基于统计切分词的一种模型，为后续章节介绍神经网络语言模型做了知识准备。

3 文本向量化

在文本信息处理任务中，一般需要将自然语言交给机器学习算法来处理，但机器无法直接理解人类的语言，因此首先需要将语言数学化，最直接有效的数学表示方法就是向量。一方面，要求这种向量能够真实地反映文档内容；另一方面，要求对不同文档有较好的区分能力。本章主要介绍不同的文本向量化表示模型。

3.1 向量空间模型

3.1.1 基本概念

在文本信息处理领域，向量空间模型（Vector Space Model，VSM）是一种简单的文本表示方法。它是由 Salton 等人于 20 世纪 70 年代提出的，并被成功地应用于著名的 SMART 文本检索系统。它将文本表示成由实数值分量所构成的向量，使得对文本内容的处理简化为向量空间中向量的运算，且一直是文本信息处理中最常用的一种文本表示方法。先看下面几个基本概念：

（1）文档（Document）：泛指一般的文本或者文本中的片段（段落、句群或句子）甚至整个篇章。文档可以是多媒体对象，本书对文本与文档不加以区别，均指文本对象。

（2）特征项（Feature Term）：文本的内容特征常常用它所含有的基本语言单位（字、词、词组或短语等）来表示，这些基本语言单位被统称为文本的特征项，即文本可以用特征项集（Feature Term List）表示为 $D=(T_1,T_2,\cdots,T_n)$。

（3）特征项权重（Feature Term Weight）：对于含有 n 个特征项的文本，每个特征项常常被赋予一定的权重 w，表示它们在文本 D 中的重要程度和相关性。一个文档可以用特征项及其对应的权重表示为$(T_1:w_1,T_2:w_2,\cdots,T_n:w_n)$，简记为$(w_1,w_2,\cdots,w_n)$。

（4）向量空间模型：给定一文档 $D=(T_1,T_2,\cdots,T_n)$，特征项在文档中既可以重复出现又应该有先后顺序。为了简化分析，向量空间模型不考虑特征项的顺序并且要求各特征项互异（没有重复），这时就可以把 $T_1,T_2,\cdots,T_n$ 看作一个 n 维的坐标系，而 $(w_1,w_2,\cdots,w_n)$就是 n 维坐标所对应的值，通常将 $\boldsymbol{d}=(w_1,w_2,\cdots,w_n)$称作文档 $\boldsymbol{d}$ 在向量空间模型下的表示。

从上面向量空间模型的概念得知，构造向量空间模型时，首先需要一个特征项集合 $(T_1, T_2, \cdots, T_n)$，由于每个特征项就是一个词，所以也称作“词典”。这个词典可以在样本集中产生，也可以从外部导入。因为这个词典中的词没有重复，而且是没有顺序的，所以通常被形象地称为“词袋”（Bag of Word，BOW），于是向量空间模型有时也叫作词袋模型。

有了词典后就可以将每个文档定义成与词典长度相同的向量，向量中的每个位置对应词典中的一个词，然后遍历给定文档集，对应文档中出现的词，在向量的对应位置填入“某个值”，实际上填入的值是当前特征项的权重。

3.1.2 特征项权重

目前，常用的特征项权重 $(w_1, w_2, \cdots, w_n)$ 的计算方法有四种：布尔权重、词频权重、逆文档频率权重、特征词频-逆文档频率权重等。

1. 布尔权重

布尔（Bool）权重根据某个特征项是否在给定文档中出现来赋予权值，如果出现则记为 1，否则记为 0。有时将采用布尔权重的文本向量空间表示也称为独热（one-hot）表示。

2. 词频权重

词频（Term Frequency，TF）权重表示某个词项在文档中出现的次数。词频权重认为在一个文档中高频词项包含的信息要比低频词项多，所以某个特征词出现得越多，其在文档中的贡献越大。

3. 逆文档频率权重

文档频率（Document Frequency，DF）指文档集合中包含某个特征词项的文档数目。逆文档频率（Invert Document Frequency，IDF）权重认为在文档集中出现次数越多的词越无明显的类别区分能力，所以逆文档频率权重将出现次数较少的特征词赋予更高的权值，定义式如下：

$$idf_i = \log \frac{N}{df_i} \tag{3.1}$$

式中，df_i 表示特征项 t_i 的 DF 值，N 是文档集中文档总数。由于每个特征项是在整个文档集上计算权重的，所以 IDF 反映的是全局性的统计特征。

4. 特征词频-逆文档频率权重

特征词频-逆文档频率（TF-IDF）权重定义为 TF 和 IDF 权重的乘积，定义式如下：

$$tf\_idf_i = tf_i \times \log \frac{N}{df_i} \tag{3.2}$$

TF-IDF 权重综合了词频权重和逆文档频率权重的性质，使得选取的特征项既能很好地代表当前文档的特征，又能在文档集合中具有明显的区分能力。比如在关于“教育”类的文档中，“高校”“学生”等词出现的频率很高，而在“体育”类的文档中，

“比赛”“选手”等词出现的频率很高。这些特征词有着较高的词频权重是合理的。然而“这”“是”“的”这些词也有着较高的词频权重，但显然它们没有“高校”“学生”“比赛”“选手”这些词重要。而“这”“是”“的”这些词的逆文档频率权重往往比较低，可以弥补词频权重的缺陷。因此，TF-IDF 权重在传统的文本处理和信息检索领域有着非常广泛的运用。

但是在一些特殊的情况下，使用 TF-IDF 权重会产生一些小问题，比如某一个生僻词在语料库中没有，这样分母 IDF 为 0。因此需要对 IDF 做一些平滑，使语料库中没有出现的词也可以得到一个合适的 IDF 值。平滑的方法有很多种，最常见的是加 1 平滑，计算式如下：

$$idf_i = \log \frac{N+1}{df_i+1} + 1 \tag{3.3}$$

3.1.3 文档长度归一化

文档集中每个文档的长度是不一样的，而文档长度对文本表示会产生影响，比如用 TF 权重进行文本表示，两个意思表示一样的文档，TF 权重会偏向长的文档。因此，为了消除或减少文档长度对文本表示的影响，还必须对文本表示进行标准化处理，有时也叫作归一化处理。对于文档 $\boldsymbol{d}=(w_1, w_2, \cdots, w_n)$，常用的长度归一化处理方法有以下三种：

（1）1-范数归一化。

$$\boldsymbol{d} = \frac{\boldsymbol{d}}{\|\boldsymbol{d}\|_1} = \frac{\boldsymbol{d}}{\sum w_i} \tag{3.4}$$

归一化后的向量落在 $w_1+w_2+\cdots+w_n=1$ 的超平面上。

（2）2-范数归一化。

$$\boldsymbol{d} = \frac{\boldsymbol{d}}{\|\boldsymbol{d}\|_2} = \frac{\boldsymbol{d}}{\sqrt{\sum w_i^2}} \tag{3.5}$$

归一化后的向量落在 $w_1^2+w_2^2+\cdots+w_n^2=1$ 的球面上。

（3）最大词频归一化。

$$\boldsymbol{d} = \frac{\boldsymbol{d}}{\|\boldsymbol{d}\|_\infty} = \frac{\boldsymbol{d}}{\max\{w_i\}} \tag{3.6}$$

一种典型的经过归一化的 TF-IDF 权重的计算式为

$$tf\_idf_i = \frac{tf_i}{\max\{tf_i\}} \times \log \frac{N}{df_i} \tag{3.7}$$

需要说明的是，与机器学习和模式识别任务中常见的针对特征的去量纲归一化处理不同，文本表示中的归一化是针对样本的去长度因素进行的处理。

3.1.4 使用 sklearn 进行文本表示

sklearn 库提供了很多数据结构化处理的工具，统称为“Feature Extraction”，即“特征抽取”。通过 sklearn.feature_extraction 包，操作人员可实现从文本和图像中进行特征抽取的相关操作。sklearn. feature _ extraction. text 是 sklearn. feature _ extraction 包中进行文本数据结构化处理的模块，其中定义的 CountVectorizer 类可以同时实现分词处理和词频统计，并得到文档-词频矩阵。用于实例化的类对象如下：

```
class sklearn.feature_extraction.text.CountVectorizer(*, input='content', encoding='utf-8', decode_error='strict', strip_accents=None, lowercase=True, preprocessor=None, tokenizer=None, stop_words=None, token_pattern='(?u)\b\w\w+\b', ngram_range=(1, 1), analyzer='word', max_df=1.0, min_df=1, max_features=None, vocabulary=None, binary=False, dtype=<class 'numpy.int64'>)
```

参数说明：

input：需要传递给后续方法的参数有三种类型的取值。“filename”表示传入的是文本内容的文件名；“file”表示传入有 read 方法的对象，如 file 对象；“content”表示需要处理的文本内容。

stop _ words：指定停用词表。

max _ df：阈值参数，构建词典时，忽略词频明显高于该阈值（语料库的停用词）的词项。如果参数取值是浮点数，则代表文档比例；如果是整数，则代表计数值。当词典非空时，这个参数会被忽略。

max _ features：构建词典时只考虑词汇频率排序的前 max _ features 的词项。

主要方法：

fit(raw _ documents)：学习给定文档的词汇字典，raw _ documents 是需要结构化处理的字符串或 file 对象。

fit _ transform(raw _ documents)：学习给定文档的词汇字典并返回文档-词项矩阵，raw _ documents 是需要结构化处理的字符串或 file 对象。

另外要特别说明的是，利用 CountVectorizer 类构建文档-词频矩阵时，需要调用两次文档集合，一次用于创建词典，一次用于创建每个文档对应的词频向量，两次调用会导致内存消耗较大。HashingVectorizer 类通过哈希技巧，不创建词典，有效解决了这一问题。HashingVectorizer 类的使用方法与 CountVectorizer 类相似。

sklearn. feature _ extraction. text 中定义的 TfidfTransformer 类用于将计数矩阵转换为标准化的 TF 或 TF-IDF 表示的矩阵：

```
class sklearn.feature_extraction.text.TfidfTransformer(*, norm='l2', use_idf=True, smooth_idf=True, sublinear_tf=False)
```

参数说明：

norm：规范化方式，有'l1' 'l2' 'None'三个可选值，默认为'l2'。

use _ idf：取值为 True 时表示使用 idf 值对文档-词频矩阵进行权数调整而得到 TF-IDF 矩阵，取值为 False 时得到的是 TF 矩阵。默认取值为 True。

smooth _ idf：通过给文档频率加 1 来平滑 idf 权重，避免 idf 权重计算过程中分母为零的情况。

主要方法：

fit _ transform(X)：将文档-词项矩阵转化为 TF-IDF 矩阵，X 为需要转化的文档-词项矩阵。

下面的代码是利用 CountVectorizer 类和 TfidfTransformer 类将文档转换为 TF-IDF 矩阵值。

```
from sklearn.feature_extraction.text import TfidfTransformer
from sklearn.feature_extraction.text import CountVectorizer

count = CountVectorizer(stop_words = stopwords,max_features = 20)
data = ['where there is a will, there is a way.',
        'There is no royal road to learning.', ]
X = count.fit_transform(data)
tfidf = TfidfTransformer()
t = tfidf.fit_transform(X)
print(t.toarray())
```

此外，sklearn.feature _ extraction 包中还提供了一个 TfidfVectorizer 类，可以直接将文档转换为 TF-IDF 值，也就是说该类相当于集成了 CountVectorizer 与 TfidfTransformer 两个类的功能：

```
class sklearn.feature_extraction.text.TfidfVectorizer( *, input='content', encoding='utf-8', decode_error='strict', strip_accents=None, lowercase=True, preprocessor=None, tokenizer=None, analyzer='word', stop_words=None, token_pattern='(?u)\b\w\w+\b', ngram_range=(1, 1), max_df=1.0, min_df=1, max_features=None, vocabulary=None, binary=False, dtype=<class 'numpy.float64'>, norm='l2', use_idf=True, smooth_idf=True, sublinear_tf=False)
```

TfidfVectorizer 类中的参数和方法与上述两个类类似。代码示例如下：

```
from sklearn.feature_extraction.text import TfidfVectorizer
docs = ['where there is a will, there is a way.',
        'There is no royal road to learning.', ]
tfidf = TfidfVectorizer()
t = tfidf.fit_transform(docs)
print(t.toarray())
```

3.2　分布文本表示模型

3.1 节介绍的向量空间模型存在三个主要问题：一是采用计数统计方式，在离散空间上表示文本分布，存在严重的数据稀疏；二是将文档转换成词袋，词与词之间的顺序关系丢失了；三是依据词频信息表示文档，而忽略上下文信息，无法分辨自然语言的语义和语法信息。而每个词的语义和语法信息对表示整个文档的信息具有决定性的作用，因此为了探究词的语义信息，Harris 和 Firth 提出了词语的分布式假设：一个词语的语义由其上下文决定，上下文相似的词语，其语义也相似。于是词语的分布式表示问题成为研究热点。简单地说，分布文本表示的核心思想是利用低维连续的实数向量表示词语，使得语义相近的词在实数向量空间中也邻近。下面介绍几种典型的分布文本表示模型。

3.2.1 神经网络语言模型

构建语言模型的目的是构建给定自然语言 w_1，w_2，w_3，…，w_T 的词序列分布，然后用于评估该词序列的概率。在语言建模过程中，采用了链式法则，单个词序列的概率被分解为序列中各个词的条件概率的乘积，而每个词的条件概率为在给定其上文时该词出现的概率。因此，词序列的概率可表示为

$$\log p(w_1,\cdots,w_T) = \sum_{t=1}^{T} \log p(w_t \mid w_1,\cdots,w_{t-1}) \tag{3.8}$$

神经网络语言模型（Neural Network Language Model，NNLM）是通过构建神经网络得到的语言模型，训练该模型的目标本质上是进行词的预测，模型优化后得到的副产品就是词向量。神经网络语言模型是在 2003 年 Bengio 等[1]提出神经概率语言模型之后才引起人们的广泛关注的。2010 年，Mikolov 等[2]将循环神经网络（Recurrent Neural Network，RNN）引入语言建模，使得语言模型的性能得到了较大提升。随着循环神经网络的改进，又有人相继提出了各种改进版的语言模型。下面就介绍两个典型的利用神经网络来得到词表示的模型。

1. 神经概率语言模型

神经概率语言模型（Neural Probabilistic Language Model，NPLM）的基本思路：将每个词映射为一个低维连续的实数向量（即词向量），并在连续向量空间中对 n 元语言模型的概率 $p(w_t \mid w_{t-n+1},\cdots,w_{t-2},w_{t-1})$ 进行建模。图 3-1 展示了一个三层的前馈神经概率语言模型。

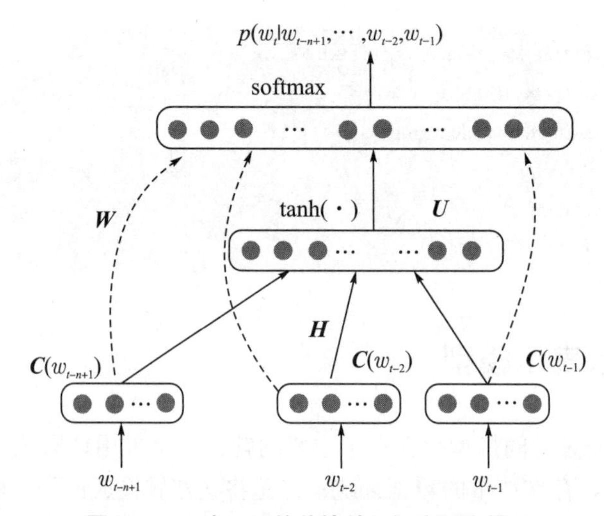

图 3-1 一个三层的前馈神经概率语言模型

输入层——首先将前 $n-1$ 个词均映射为 m 维的实数词向量，其中 $\boldsymbol{C}(w_{t-1}) \in \mathbb{R}^m$ 表示词 w_{t-1} 对应的词向量，可以通过检索词向量矩阵 $\boldsymbol{C} \in \mathbb{R}^{|V| \times m}$ 得到，V 为语料词汇表。然后按顺序首尾拼接各词向量得到 $\boldsymbol{x} = [\boldsymbol{C}(w_{t-n+1}), \cdots, \boldsymbol{C}(w_{t-1})]$ 作为输入序列。

隐藏层——输入序列 $\boldsymbol{x}$ 经过权重矩阵 $\boldsymbol{H}$ 来到隐藏层，通过隐藏层的非线性激活函数 $\tanh(\cdot)$ 学习 $n-1$ 个词的抽象表示，然后经过权重矩阵 $\boldsymbol{U}$ 来到输出层，另外还存在一个从输入层直连输出层的权重矩阵 $\boldsymbol{W}$。所以网络的输出可用式（3.9）表示：

$$\boldsymbol{z} = \boldsymbol{U}\tanh(\boldsymbol{H}\boldsymbol{x} + d) + b + \boldsymbol{W}\boldsymbol{x} \tag{3.9}$$

其中，$\boldsymbol{U}$、$\boldsymbol{H}$、$\boldsymbol{W}$、b 和 d 分别为权重参数和偏置项。

输出层——利用 softmax 函数计算给定前 $n-1$ 个词后出现第 t 个词的概率分布：

$$\hat{y}_t = p(w_t \mid w_{t-n+1}, \cdots, w_{t-1}) = \frac{\exp\{\boldsymbol{z}(w_t)\}}{\sum_{k=1}^{|V|} \exp\{\boldsymbol{z}(w_k)\}} \tag{3.10}$$

神经概率语言模型的目标是评估词序列的概率，模型的训练采用最大似然估计准则，该模型采用最大化带正则项的对数似然概率，如式（3.11）：

$$L = \max_{\boldsymbol{\theta}, \boldsymbol{C}} \frac{1}{T} \sum_t \log p_{w_t}(\boldsymbol{C}(w_{t-n}), \cdots, \boldsymbol{C}(w_{t-1}); \boldsymbol{\theta}) + R(\boldsymbol{\theta}, \boldsymbol{C}) \tag{3.11}$$

其中，训练过程中要优化的参数有 $\boldsymbol{U}$、$\boldsymbol{H}$、$\boldsymbol{W}$、b 和 d，我们将它们视为神经网络的参数 $\boldsymbol{\theta}$，另外需要优化的还有词向量矩阵 $\boldsymbol{C}$。

式（3.11）中的 $R(\boldsymbol{\theta}, \boldsymbol{C})$ 为正则项。语言模型训练结束后，就可以得到优化后的词向量矩阵 $\boldsymbol{C}$，它包含了词表中所有词语的分布式向量表示。需要注意的是，词向量矩阵 $\boldsymbol{C}$ 在输入模型时是随机进行初始化的，在模型训练过程中作为参数会不断进行优化。

2. 循环神经网络语言模型

Bengio 等[1]提出的神经概率语言模型的一个主要缺陷是前馈网络必须使用固定长度的上下文，训练之前需要特别指定，于是，2010 年，Mikolov 等[2]提出了循环神经网络语言模型。循环神经网络语言模型没有上下文长度的限制，通过使用循环连接，信息可以在这些网络中循环任意长的时间。

图 3-2 的左侧是简单循环神经网络语言模型的结构，右侧是其展开形式。$w(t)$ 表示在第 t 时刻输入当前单词，该单词的编码方式为独热形式，即它的向量中只有一个为 1，表示当前单词，其余为 0。$s(t-1)$ 代表隐藏层的前一时刻的输出，$y(t)$ 表示 $p(w_t \mid w_t, s_{t-1})$。$\boldsymbol{U}$、$\boldsymbol{W}$ 分别是输入层到隐藏层、隐藏层与隐藏层之间的权重矩阵，$\boldsymbol{V}$ 是隐藏层到输出层的权重矩阵。

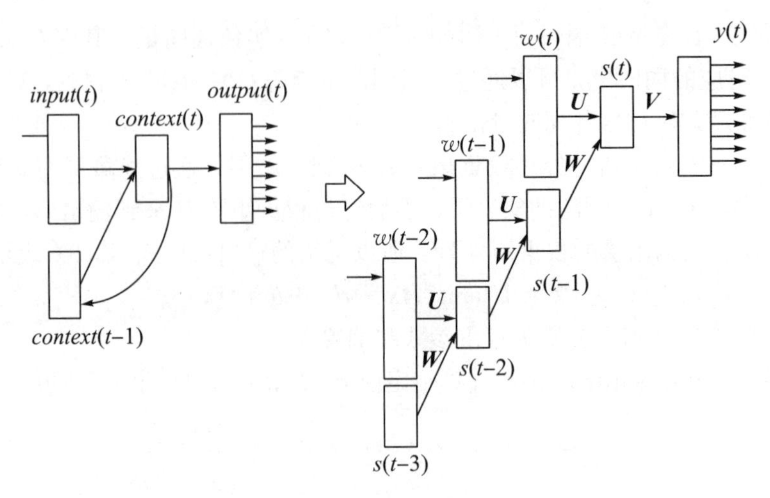

图 3－2　循环神经网络语言模型结构

下面是各层的计算式：

隐藏层的计算式：$s(t)=f(\boldsymbol{U}w(t)+\boldsymbol{W}s(t-1))$

输出层的计算式：$y(t)=g(\boldsymbol{V}s(t))$

式中，f 为 sigmoid 激活函数，g 为 softmax 函数。

该模型在每一个训练步骤中，根据交叉熵准则计算误差向量，并使用标准的反向传播算法对权重进行更新。

为了更加深入地刻画隐藏层 $s(t-1)$ 和 $s(t)$ 之间的信息传递，并有效编码长距离的上下文信息，也可以采用 RNN 的变体——长短时记忆单元 LSTM 或门限循环单元 GRU。由于 LSTM 和 GRU 可以有效地捕捉长距离的语义依赖关系，因此这两个变体在文本摘要和信息抽取等很多序列预测的文本挖掘任务中都体现出更优的性能。

3.2.2　Word2vec

前面已经介绍了构建神经网络语言模型的目的是学习并评估词序列的概率，词向量只是一个副产品。另外，前面介绍的神经网络语言模型仅仅使用了当前词的上文信息，而没有考虑下文信息。因此，为了以直接学习和优化词向量为最终目标，且同时利用词的上下文信息，2013 年，Mikolov 等[3] 提出并开源了一款将词表征为实数值向量的高效工具——Word2vec。其本质是利用深度学习思想，通过训练把对文本数据的处理简化为 k 维向量空间中的向量运算，而向量空间上的相似度可以用来表示文本语义上的相似度。Word2vec 输出的词向量可以被用来做很多与自然语言处理相关的工作，比如聚类、找同义词、词性分析等。下面将介绍 Word2vec 中的两个重要模型：CBOW 模型和 Skip-gram 模型。

1. CBOW 模型

CBOW（Continuous Bag-of-Words）模型的思想是根据输入的上下文词语来预测中心目标词语。图 3－3 给出了该模型的结构。该模型去掉了最耗时的所有词共享的非线性隐藏层，而包含了输入层、投影层和输出层三个层次。

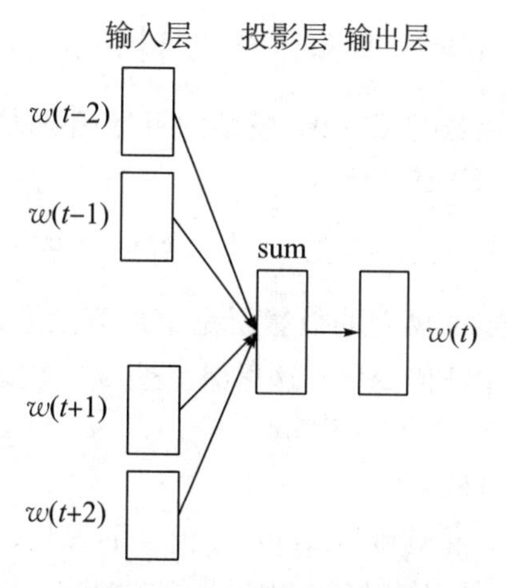

图 3-3　CBOW **模型结构**

输入层：当前词 w_t 的上下文信息，假设上下文窗口大小为 C，那么输入的词序列为 $Context(w_t)=w_{t-C}$，…，w_{t-1}，w_{t+1}，…，w_{t+C}。其中 $\boldsymbol{v}(w_i)\in\mathbb{R}^m$，表示词 w_i 的向量表示，维度为 m。

投影层：不再使用上下文词对应词向量的拼接，而是忽略词序，采用输入词向量的累加求和，计算式表示为 $\boldsymbol{h}=\sum_{t-C\leqslant k\leqslant t+C,k\neq t}\boldsymbol{v}(w_k)$。

输出层：给定上下文词 $Context(w_t)$ 预测中心词 w_t 的概率分布 $p(w_t\mid Context(w_t))$。

在 CBOW 模型中，词向量是唯一的神经网络参数，对于整个训练语料 $\mathbb{C}$，CBOW 模型优化词向量采用最大化所有词的对数似然为目标函数：

$$L=\operatorname{argmax}\sum_{w\in\mathbb{C}}\log p(w\mid Context(w)) \tag{3.12}$$

2. Skip-gram 模型

Skip-gram 模型（Continuous Skip-gram Model）与 CBOW 模型的思想相反，它是利用中心词来预测所有的上下文词，如式（3.13）所示，即利用 w_t 预测其上下文 $Context(w_t)$ 中每个词 u 的概率，该模型结构如图 3-4 所示。

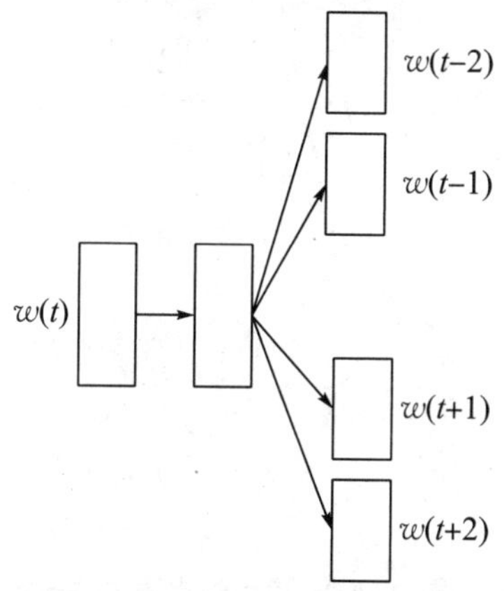

图 3-4　Skip-gram **模型结构**

$$p(Context(w) \mid w_t) = \prod_{u \in Context(w_t)} p(u \mid w_t) \tag{3.13}$$

Skip-gram 模型的目标函数与 CBOW 模型的目标函数类似，通过最大化所有上下文词的对数似然函数来优化词向量矩阵：

$$L = \operatorname{argmax} \sum_{w_t \in \mathbb{C}} \sum_{u \in Context(w_t)} \log p(u \mid Context(w_t)) \tag{3.14}$$

需要说明的是，Skip-gram 模型的投影层是个恒等投影，也就是中心词 w_t 的向量从 $\boldsymbol{\theta}^{w_t}$ 投影到 $\boldsymbol{\theta}^{w_t}$，没有发生任何变化。这里保留投影层主要是方便和 CBOW 模型结构进行对比。

3. 层次 Softmax 优化方法

前面已经介绍了 CBOW 模型和 Skip-gram 模型的思想，并且给出了各模型要优化的目标函数。分层 Softmax 是 Word2vec 用于提高性能的一项关键技术，层次 Softmax 的基本思想是使用树的层级结构替代扁平化标准的 Softmax。Word2vec 将输入层中的词构成特征向量，再将特征向量通过线性变换映射到隐藏层，隐藏层通过求解最大似然函数，然后根据每个类别的权重和模型参数构建霍夫曼（Huffman）树作为输出。下面以 CBOW 模型为例来介绍采用层次 Softmax 进行模型训练。

如图 3-5 所示为 CBOW 模型输出层的树形结构。下面是引入的一些符号：

p^w：从根节点出发到 w 对应叶子节点的路径。

l^w：路径中包含节点的个数。

p_1^w，p_2^w，…，$p_{l^w}^w$：路径 p^w 中的各个节点。

d_1^w，d_2^w，…，$d_{l^w}^w \in \{0, 1\}$：词 w 的编码，d_j^w 表示路径 p^w 第 j 个节点对应的编码（根节点无编码）。

$\boldsymbol{\theta}_1^w$，$\boldsymbol{\theta}_2^w$，…，$\boldsymbol{\theta}_{l^w-1}^w \in \mathbb{R}^m$：路径 p^w 中非叶子节点对应的参数向量。

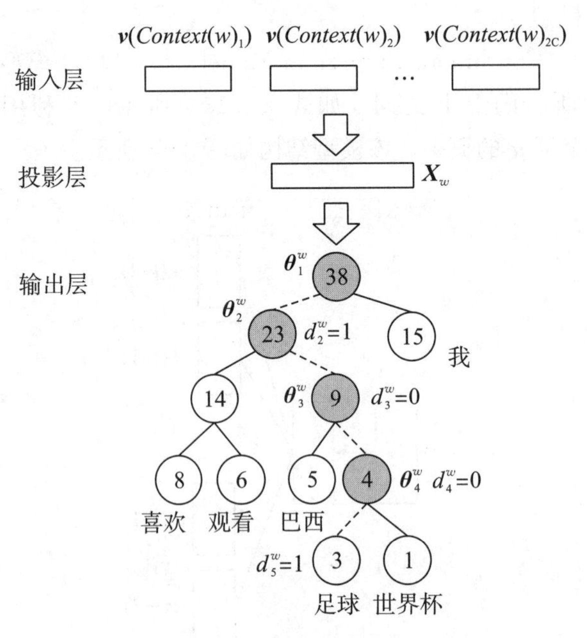

图 3-5 CBOW 模型输出层的树形结构

霍夫曼树中每一个叶子节点代表一个目标词，在每一个非叶子节点处都需要做一次二分类，约定为：走左边分支是正类（编码为 1），走右边分支是负类（编码为 0）。然而 Word2vec 选用的正负类约定与上面描述的恰好相反。这里用逻辑回归的计算式表示如下：

节点被分为正类的概率 $\sigma(\boldsymbol{X}_w^{\mathrm{T}}\boldsymbol{\theta}) = \dfrac{1}{1+\mathrm{e}^{-\boldsymbol{X}_w^{\mathrm{T}}\boldsymbol{\theta}}}$

节点被分为负类的概率为 $1-\sigma(\boldsymbol{X}_w^{\mathrm{T}}\boldsymbol{\theta})$

如图 3—5 中虚线路径所示，从根节点出发到“足球”这个叶子节点经历了 4 次二分类，每次分类的概率如下：

第 1 次分类：$p(d_2^w \mid \boldsymbol{X}_w, \boldsymbol{\theta}_1^w) = 1-\sigma(\boldsymbol{X}_w^{\mathrm{T}}\boldsymbol{\theta}_1^w)$

第 2 次分类：$p(d_3^w \mid \boldsymbol{X}_w, \boldsymbol{\theta}_2^w) = \sigma(\boldsymbol{X}_w^{\mathrm{T}}\boldsymbol{\theta}_2^w)$

第 3 次分类：$p(d_4^w \mid \boldsymbol{X}_w, \boldsymbol{\theta}_3^w) = \sigma(\boldsymbol{X}_w^{\mathrm{T}}\boldsymbol{\theta}_3^w)$

第 4 次分类：$p(d_5^w \mid \boldsymbol{X}_w, \boldsymbol{\theta}_4^w) = 1-\sigma(\boldsymbol{X}_w^{\mathrm{T}}\boldsymbol{\theta}_4^w)$

那么从这条路径到叶子节点“足球”的概率应该为

$$p(\text{足球} \mid Context(\text{足球})) = \prod_{j=2}^{5} p(d_j^w \mid \boldsymbol{X}_w, \boldsymbol{\theta}_{j-1}^w) \tag{3.15}$$

通过上面的例子，层次 Softmax 的基本思想就很清楚了。对于词典 D 中的任意词 w，霍夫曼树必存在且仅存在一条从根节点到词 w 对应节点的路径 p^w。路径 p^w 上存在 l^w-1 个分支，将每个分支做一次二分类，每一次分类就产生一个概率，将这些概率相乘，得到的值就是需要的 $p(w \mid Context(w))$。

$$p(w \mid Context(w)) = \prod_{j=2}^{l^w} p(d_j^w \mid \boldsymbol{X}_w, \boldsymbol{\theta}_{j-1}^w) \tag{3.16}$$

其中，

$$p(d_j^w \mid \boldsymbol{X}_w, \boldsymbol{\theta}_{j-1}^w) = \begin{cases} \sigma(\boldsymbol{X}_w^{\mathrm{T}}\boldsymbol{\theta}_{j-1}^w), & d_j^w = 0 \\ 1-\sigma(\boldsymbol{X}_w^{\mathrm{T}}\boldsymbol{\theta}_{j-1}^w), & d_j^w = 1 \end{cases}$$

$$\Leftrightarrow p(d_j^w \mid \boldsymbol{X}_w, \boldsymbol{\theta}_{j-1}^w) = [\sigma(\boldsymbol{X}_w^{\mathrm{T}}\boldsymbol{\theta}_{j-1}^w)]^{1-d_j^w}[1-\sigma(\boldsymbol{X}_w^{\mathrm{T}}\boldsymbol{\theta}_{j-1}^w)]^{d_j^w} \tag{3.17}$$

将式（3.16）与式（3.17）代入 CBOW 模型的目标函数式（3.12），就得到

$$\begin{aligned} L &= \sum_{w\in\mathbb{C}} \log \prod_{j=2}^{l^w} p(d_j^w \mid \boldsymbol{X}_w, \boldsymbol{\theta}_{j-1}^w) \\ &= \sum_{w\in\mathbb{C}} \log \prod_{j=2}^{l^w} \{[\sigma(\boldsymbol{X}_w^{\mathrm{T}}\boldsymbol{\theta}_{j-1}^w)]^{1-d_j^w}[1-\sigma(\boldsymbol{X}_w^{\mathrm{T}}\boldsymbol{\theta}_{j-1}^w)]^{d_j^w}\} \\ &= \sum_{w\in\mathbb{C}} \prod_{j=2}^{l^w} \{(1-d_j^w)\cdot\log[\sigma(\boldsymbol{X}_w^{\mathrm{T}}\boldsymbol{\theta}_{j-1}^w)] + d_j^w\cdot\log[1-\sigma(\boldsymbol{X}_w^{\mathrm{T}}\boldsymbol{\theta}_{j-1}^w)]\} \end{aligned} \tag{3.18}$$

下面采用随机梯度上升法来优化目标函数式（3.18），该函数中的参数包括向量 $\boldsymbol{X}_w$ 和 $\boldsymbol{\theta}_{j-1}^w$，$j=2, \cdots, l^w$。

目标函数 L 关于 $\boldsymbol{\theta}_{j-1}^w$ 的梯度计算如式（3.19）所示：

$$\frac{\partial L}{\partial \boldsymbol{\theta}_{j-1}^{w}} = \frac{\partial}{\partial \boldsymbol{\theta}_{j-1}^{w}}\{(1-d_j^w)\cdot \log[\sigma(\boldsymbol{X}_w^{\mathrm{T}}\boldsymbol{\theta}_{j-1}^{w})]+d_j^w\cdot \log[1-\sigma(\boldsymbol{X}_w^{\mathrm{T}}\boldsymbol{\theta}_{j-1}^{w})]\}$$
$$= (1-d_j^w)[1-\sigma(\boldsymbol{X}_w^{\mathrm{T}}\boldsymbol{\theta}_{j-1}^{w})]\boldsymbol{X}_w - d_j^w\sigma(\boldsymbol{X}_w^{\mathrm{T}}\boldsymbol{\theta}_{j-1}^{w})\boldsymbol{X}_w$$
$$= [1-d_j^w-\sigma(\boldsymbol{X}_w^{\mathrm{T}}\boldsymbol{\theta}_{j-1}^{w})]\boldsymbol{X}_w \tag{3.19}$$

于是，得到 $\boldsymbol{\theta}_{j-1}^{w}$ 的更新公式为

$$\boldsymbol{\theta}_{j-1}^{w} := \boldsymbol{\theta}_{j-1}^{w} + \eta[1-d_j^w-\sigma(\boldsymbol{X}_w^{\mathrm{T}}\boldsymbol{\theta}_{j-1}^{w})]\boldsymbol{X}_w \tag{3.20}$$

同理可求解 L 关于 $\boldsymbol{X}_w$ 的梯度：

$$\frac{\partial L}{\partial \boldsymbol{X}_w} = \frac{\partial}{\partial \boldsymbol{X}_w}\{(1-d_j^w)\cdot \log[\sigma(\boldsymbol{X}_w^{\mathrm{T}}\boldsymbol{\theta}_{j-1}^{w})]+d_j^w\cdot \log[1-\sigma(\boldsymbol{X}_w^{\mathrm{T}}\boldsymbol{\theta}_{j-1}^{w})]\}$$
$$= [1-d_j^w-\sigma(\boldsymbol{X}_w^{\mathrm{T}}\boldsymbol{\theta}_{j-1}^{w})]\boldsymbol{\theta}_{j-1}^{w} \tag{3.21}$$

需要特别注意的是，模型的最终目标是要求词典 D 中每个词的词向量，而 $\boldsymbol{X}_w$ 表示的是 $Context(w)$ 中各词词向量的累加，Word2vec 对上下文中某一个单词的词向量 $\boldsymbol{v}(\widetilde{w})$，$\widetilde{w} \in Context(w)$ 采取的是直接将 $\boldsymbol{X}_w$ 的更新整个应用到每个单词的词向量上去，更新公式为如下：

$$\boldsymbol{v}(\widetilde{w}) := \boldsymbol{v}(\widetilde{w}) + \eta\sum_{j=2}^{l^w}\frac{\partial L}{\partial \boldsymbol{X}_w}, \widetilde{w} \in Context(w) \tag{3.22}$$

到这里，我们就把采用层次 Softmax 来优化 CBOW 模型的相关内容介绍完了，类似地，可以采用层次 Softmax 来优化 Skip-gram 模型。感兴趣的读者可以尝试着推导和实践。

4. 负采样优化方法

为了加速网络模型的训练效率和改善所得词向量的质量，Mikolov 等[3]提出了采用基于负采样（Negative Sampling，NEG）技术的模型优化算法，与层次 Softmax 相比，NEG 不再使用复杂的霍夫曼树，而利用随机负采样方法。

负采样实际上是以采样负例来帮助训练的手段。至于什么是负例，读者可以根据下一段中给出的例子进行理解。一般而言，模型对正例的预测概率越大越好，对负例的预测概率越小越好。由于正例的数量少，很容易保证每个正例的预测概率尽可能大，而负例的数量特别多，所以负采样的思路就是根据某种负采样的策略随机挑选一些负例，然后保证挑选的这部分负例的预测概率尽可能小。Word2vec 常用的负采样策略有均匀负采样、按词频率采样等。下面以 Skip-gram 模型为例介绍使用负采样技术优化的方法。

Skip-gram 是通过中心词预测上下文词。以“I like to eat apple”为模型输入例句，假设窗口的大小是 2，词 like 的上下文为 I 和 to，那么词组(like,I)和(like,to)应该为正例，而随机采样的(like,apple)、(like,eat)就是负例，因为（like,apple)、(like,eat)不会出现在正例中。那么，对于中心词 w 给定的正样本$(Context(w),w)$ 和采样出的负样本子集为 $NEG(w) \neq \varnothing$，且对于 $\forall\ \widetilde{w} \in D$，词 $\widetilde{w}$ 的标签定义如下：

$$L^w(\widetilde{w}) = \begin{cases}1, \widetilde{w} = w \\ 0, \widetilde{w} \neq w\end{cases} \tag{3.23}$$

对于给定的一个正样本$(Context(w),w)$，Skip-gram 希望最大化式（3.24）：

$$g(w) = \prod_{\widetilde{w}\in Context(w)}\ \prod_{u\in\{w\}\cup NEG(w)} p(u \mid \widetilde{w}) \tag{3.24}$$

其中，

$$p(u \mid \widetilde{w})=\begin{cases}\sigma(\boldsymbol{v}(\widetilde{w})^{\mathrm{T}}\boldsymbol{\theta}^{u}), L^{w}(u)=1\\ 1-\sigma(\boldsymbol{v}(\widetilde{w})^{\mathrm{T}}\boldsymbol{\theta}^{u}), L^{w}(u)=0\end{cases} \tag{3.25}$$

对于一个给定的训练语料$\mathbb{C}$，整体的优化目标为式（3.26）：

$$G=\prod_{w\in\mathbb{C}} g(w) \tag{3.26}$$

对其取对数，得到最终的目标函数为式（3.27）：

$$\begin{aligned}L &= \log G=\log \prod_{w\in\mathbb{C}} g(w)=\sum_{w\in\mathbb{C}} \log g(w)\\ &=\sum_{w\in\mathbb{C}}\log\prod_{\widetilde{w}\in Context(w)}\prod_{u\in\{w\}\cup NEG(w)}\{[\sigma(\boldsymbol{v}(\widetilde{w})^{\mathrm{T}}\boldsymbol{\theta}^{u})]^{L^{w}(u)}\cdot[1-\sigma(\boldsymbol{v}(\widetilde{w})^{\mathrm{T}}\boldsymbol{\theta}^{u})]^{1-L^{w}(u)}\}\\ &=\sum_{w\in\mathbb{C}}\sum_{\widetilde{w}\in Context(w)}\sum_{u\in\{w\}\cup NEG(w)}\left\{\begin{matrix}L^{w}(u)\cdot\log[\sigma(\boldsymbol{v}(\widetilde{w})^{\mathrm{T}}\boldsymbol{\theta}^{u})]+\\ [1-L^{w}(u)]\cdot\log[1-\sigma(\boldsymbol{v}(\widetilde{w})^{\mathrm{T}}\boldsymbol{\theta}^{u})]\end{matrix}\right\}\end{aligned} \tag{3.27}$$

将式（3.27）中三重求和符号下花括号里的内容简记为 $L(w,\widetilde{w},u)$。接下来采用随机梯度上升法对式（3.27）进行优化，首先求 L 关于 $\boldsymbol{\theta}^{u}$ 的梯度计算。

$$\begin{aligned}&\frac{\partial L(w,\widetilde{w},u)}{\partial\boldsymbol{\theta}^{u}}\\ &=\frac{\partial}{\partial\boldsymbol{\theta}^{u}}\{L^{w}(u)\cdot\log[\sigma(\boldsymbol{v}(\widetilde{w})^{\mathrm{T}}\boldsymbol{\theta}^{u})]+[1-L^{w}(u)]\cdot\log[1-\sigma(\boldsymbol{v}(\widetilde{w})^{\mathrm{T}}\boldsymbol{\theta}^{u})]\}\\ &=L^{w}(u)\cdot[1-\sigma(\boldsymbol{v}(\widetilde{w})^{\mathrm{T}}\boldsymbol{\theta}^{u})]\boldsymbol{v}(\widetilde{w})-[1-L^{w}(u)]\cdot\sigma(\boldsymbol{v}(\widetilde{w})^{\mathrm{T}}\boldsymbol{\theta}^{u})\boldsymbol{v}(\widetilde{w})\\ &=[L^{w}(u)-\sigma(\boldsymbol{v}(\widetilde{w})^{\mathrm{T}}\boldsymbol{\theta}^{u})]\boldsymbol{v}(\widetilde{w})\end{aligned} \tag{3.28}$$

于是，$\boldsymbol{v}^{u}$ 的更新公式可写为

$$\boldsymbol{v}^{u}:=\boldsymbol{v}^{u}+\eta[L^{w}(u)-\sigma(\boldsymbol{v}(\widetilde{w})^{\mathrm{T}}\boldsymbol{\theta}^{u})]\boldsymbol{v}(\widetilde{w}) \tag{3.29}$$

同样的，可以求解 L 关于 $\boldsymbol{v}(\widetilde{w})$ 的梯度：

$$\begin{aligned}&\frac{\partial L(w,\widetilde{w},u)}{\partial\boldsymbol{v}(\widetilde{w})}\\ &=\frac{\partial}{\partial\boldsymbol{v}(\widetilde{w})}\{L^{w}(u)\cdot\log[\sigma(\boldsymbol{v}(\widetilde{w})^{\mathrm{T}}\boldsymbol{\theta}^{u})]+[1-L^{w}(u)]\cdot\log[1-\sigma(\boldsymbol{v}(\widetilde{w})^{\mathrm{T}}\boldsymbol{\theta}^{u})]\}\\ &=[L^{w}(u)-\sigma(\boldsymbol{v}(\widetilde{w})^{\mathrm{T}}\boldsymbol{\theta}^{u})]\boldsymbol{\theta}^{u}\end{aligned} \tag{3.30}$$

于是，$\boldsymbol{v}(\widetilde{w})$ 的更新公式可写为

$$\boldsymbol{v}(\widetilde{w}):=\boldsymbol{v}(\widetilde{w})+\eta\sum_{u\in\{w\}\cup NEG^{\widetilde{w}}(w)}\frac{\partial L(w,\widetilde{w},u)}{\partial\boldsymbol{v}(\widetilde{w})} \tag{3.31}$$

到这里，利用 NEG 求解 Skip-gram 模型的过程就介绍完了，只要循环更新各个参数，直到模型收敛就可以得到最终需要的词向量。同样的方法也可以用于 CBOW 模型的优化，感兴趣的读者可以自己动手推导和实践。

5. 使用 gensim 中的 Word2vec

开源的 Word2vec 工具有很多，可以直接使用 Google 开源的 C 语言版的 Word2vec，当然也可以使用 gensim 的 Python 版，它将 Google 的 C 语言版的 Word2vec 进行封装，使用起来更方便。

gensim 是一款开源的第三方 Python 工具包，用于从原始的非结构化的文本中，无

监督地学习到文本隐藏的主题向量表达。它支持包括 TF-IDF、LSA、LDA 和 Word2vec 在内的多种向量表示和主题模型算法，支持流式训练，并提供了诸如相似度计算、信息检索等一些常用任务的 API 接口。本书后续章节中也还会用到 gensim 库。下面是 gensim 库中提供的 Word2vec 模块：

```
class gensim.models.word2vec.Word2Vec(sentences=None, corpus_file=None, size=100, alpha=0.025, window=5, min_count=5, max_vocab_size=None, sample=0.001, seed=1, workers=3, min_alpha=0.0001, sg=0, hs=0, negative=5, ns_exponent=0.75, cbow_mean=1, hashfxn=<built-in function hash>, iter=5, null_word=0, trim_rule=None, sorted_vocab=1, batch_words=10000, compute_loss=False, callbacks=(), max_final_vocab=None)
```

参数说明：

sentences：输入语料，句子可以是一个分词的 list 对象，但对于较大的语料库，可以使用 Word2vec 模块中的 BrownCorpus、Text8Corpus 或 LineSentence 存储的迭代器对象。

corpus_file：语料文件的路径，以 LineSentence 形式存储。

size：指特征向量的维度，维度值太小会导致词映射冲突而影响结果，维度值太大则会耗内存使算法计算变慢，一般值取在 100 到 200 之间。

alpha：初始学习率，随着训练的进行逐渐减少至 0。

windows：指句子中当前词与目标词之间的最大距离。

min_count：对词进行过滤，频率小于 min-count 的词会被忽视，默认值为 5。

max_vocab_size：限制词汇表的数量，避免太多词占用太多内存，默认为 None。

workers：控制训练的并行数，此参数只有在安装了 Cpython 后才有效，否则只能使用单核。

sample：表示更高频率的词被随机采样到所设置的阈值，默认值为 1e−3。

sg：用于设置训练算法，sg=0 对应 CBOW 算法，sg=1 对应 Skip-gram 算法。默认为 0。

hs：hs=1 表示层级 Softmax 将会被使用，默认 hs=0 且 negative 不为 0，则负采样将会被选择使用。

cbow_mean：可以取值 0 或 1。若取 0，则隐藏层的值为输入层向量的和；若取 1 时，隐藏层的值为输入层向量的均值。

主要属性：

wv：该对象本质上包含 word 和 embedding 之间的映射。模型训练之后，可以直接用它来查询词的嵌入。

vocabulary：该属性指生成模型的词汇表（在 gensim 中有时称为字典）。

主要方法：

save('fname')或 model.save_word2vec_format('fname')：保存训练好的模型到文件 fname 中。

load('fname')或 model.load_word2vec_format('fname', encoding='utf-8')：从文

件 fname 中读取（加载）已有模型。

wv.most_similar(positive=None，negative=None，topn=10，restrict_vocab=None，indexer=None)：找出前 n 个最相似的单词。积极的词对相似性有积极的贡献，消极的词对相似性有消极的贡献。

wv.similar_by_word(word，topn=10，restrict_vocab=None)：找出与输入单词 word 最相似的前 n 个单词。

wv.similarity(w1，w2)：计算单词 w1 和 w2 之间的余弦相似度。

6. 实例

采用清华大学公开的新闻语料库中的训练集进行实验，读者可以自行到它的网站上下载（http://thuctc.thunlp.org/），训练集中包括了 50000 条中文数据。因为训练 Word2vec 词向量不需要类别标签，所以将其去掉了。首先将训练语料进行分词，并保存在文档 cnew_seg.txt 中。这里需要注意的是，由于 Word2vec 的算法依赖于上下文，而上下文有可能就是停用词，因此这里没有去停用词。

gensim 要求输入的 sentences 是可迭代的，那我们只要一次载入一个句子，训练完之后再将其丢弃，内存就不会因为语料过大而不够了。首先将语料通过下面的代码生成句子迭代器：

```
class sentences_generator():
    def __init__(self, filename):
        self.filename = filename
    def __iter__(self):
        for line in open(self.filename):
            sentence = line.rstrip().split(' ')
            yield sentence
```

准备好语料以后就可以开始训练了，代码示例如下：

```
import gensim
from gensim.models import word2vec
sentences = sentences_generator('cnew_seg.txt')
model = gensim.models.Word2Vec(sentences, size = 200, workers = 4)
```

训练好的模型可以保存供以后使用，save 用于保存模型，loader 用于加载模型，代码示例如下：

```
model.save('w2v_model')
# model.loader('w2v_model')
```

通过词语之间的相似性来查看用 Word2vec 表示向量的效果，代码示例如下：

```
sim_words = model.wv.most_similar(positive=['姚明'])
for word, similarity in sim_words:
    print word, similarity
```

运行结果如下：

```
布鲁克斯 0.6496263742446899
小布 0.6109258532524109
巴蒂尔 0.6019076108932495
奥登 0.599635124206543
易建联 0.5834627151489258
斯科拉 0.5798237323760986
阿帅 0.5644065141677856
麦蒂 0.561389684677124
阿联 0.5562039613723755
拜纳姆 0.5348225831985474
```

“姚明”是一个人名，人们在分析句子中的人名时一般都是通过上下文的语义来理解的，而从与“姚明”最相似的词来看，Word2vec 训练的词向量根据上下文关系很好地捕获了词语的语义关系，给出的相似词确确实实是与体育相关的篮球运动员。

3.2.3 fastText

Word2vec 的两个模型会把语料库中的每个词生成一个词向量，比如“dog”和“dogs”“电冰箱”和“冰箱”，这两个词都有较多共同字符，即它们的内部形态类似。Armand Joulin 等[4]认为，Word2vec 忽略掉词内部的形态信息，因此提出的 fastText 模型采用子词嵌入（subword embedding）的方法，试图将构词信息引入 Word2vec 的 CBOW 模型中。fastText 本质是用于文本分类的，而词向量是它的分类产物。

1. 模型

fastText 使用 n-gram 获取额外特征来得到关于局部词顺序的部分信息。例如“apple”，这个词的 trigram 为

“〈ap”，“app”，“ppl”，“ple”，“le〉”

其中，“〈”表示前缀，“〉”表示后缀。可以用 trigram 来表示词，另外，也可以用这 5 个 trigram 的向量叠加来表示“apple”的词向量。这样做可以带来两点好处：①对于低频词生成的词向量效果会更好，因为该词的 n-gram 可以和其他词共享。②对于训练词库之外的词，可以通过叠加它们字符级的 n-gram 向量来构建词向量。

fastText 模型结构和 Word2vec 的 CBOW 模型非常相似。图 3−6 为 fastText 模型结构。与 CBOW 模型一样，fastText 模型也分为输入层、隐藏层和输出层。隐藏层都是对多个词向量的叠加平均，不同的是，CBOW 的输入是目标单词的上下文，输出是目标词汇；而 fastText 是用多个词及其 n-gram 向量来表示一篇文档，并将其作为输

入，输出的是文档对应的类别标签，输出层采用分层的 Softmax，大大降低了模型训练时间。

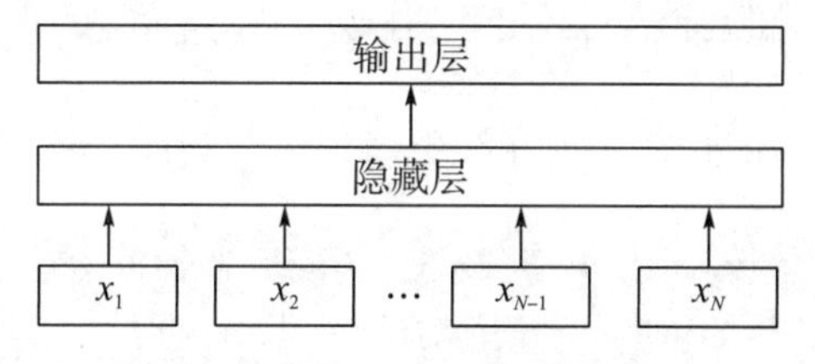

图 3-6 fastText **模型结构**

fastText 模型相关的公式推导和 CBOW 模型类似。

2. 使用 gensim 中的 fastText

gensim 库的 gensim. models. fasttext 模块中提供了 fastText 模型。对象实例化方式如下：

```
class gensim.models.fasttext.FastText(sentences=None, corpus_file=None, sg=0, hs=0, size=100, alpha=0.025, window=5, min_count=5, max_vocab_size=None, word_ngrams=1, sample=0.001, seed=1, workers=3, min_alpha=0.0001, negative=5, ns_exponent=0.75, cbow_mean=1, hashfxn= <built-in function hash>, iter=5, null_word=0, min_n=3, max_n=6, sorted_vocab=1, bucket=2000000, trim_rule=None, batch_words=10000, callbacks=(), compatible_hash=True)
```

参数说明：

min_n：用于训练词向量的字符级 n-gram 的最小值，默认为 3。

max_n：用于训练词向量的字符级 n-gram 的最大值，默认为 6。

bucket：字符级 n-gram 被哈希到固定数量的桶中，以限制模型的内存使用。这个选项指定了模型使用的桶数。

word_ngrams：取值可以为 0 和 1。若取值为 1，使用子词信息来丰富词向量；若取值为 0，则等同于 Word2vec。

fastText 类的其他参数，以及主要的属性和方法与 Word2vec 类似，不再赘述。

3. 实例

fastText 实例采用了与本书 3. 2. 2 节中 Word2vec 实例同样的语料文档 cnew_seg. txt。同样使用 sentences_generator 方法来生成句子的迭代器。

准备好语料以后就可以开始训练了，代码示例如下：

```
import gensim
from gensim.models import FastText
sentences = sentences_generator('cnew_seg.txt')
model = FastText (sentences, size = 200, word_ngrams = 1)
```

训练好后可以保存模型供以后使用，另外也可以将 fastText 词向量保存为 Word2vec 的格式，供之后调用。代码示例如下：

```
model.save('fasttext_model')
#保存为 Word2vec 格式
model.wv.save_word2vec_format('temp/test_fasttext.txt', binary = False)
```

还可以通过 build_vocab 来实现在线更新训练语料库，代码示例如下：

```
sentences_1 = [["《长征》", "是", "历史", "战争", "电影"], ["翟俊杰", "导演", "《长征》"]]
sentences_2 = [["哲学", "中", "的", "辩证论"]]
model = FastText(min_count = 1)
model.build_vocab(sentences_1)
model.train(sentences_1, total_examples = model.corpus_count, epochs = model.iter)

model.build_vocab(sentences_2, update = True)
model.train(sentences_2, total_examples = model.corpus_count, epochs = model.iter)
```

可以通过如下三种方式来获得某个词的词向量，代码示例如下：

```
model['哲学']
# model.wv['哲学']
# model.wv.word_vec('哲学')
```

通过词语之间的相似性来查看 fastText 表示词向量的效果，代码示例如下：

```
sim_words = model.wv.most_similar(positive = ['打印机'])
for word, similarity in sim_words:
    print word, similarity
```

运行结果如下：

```
而威 0.8286576867103577
打印 0.7599098682403564
电脑配件 0.7023540735244751
蓝牙 0.697780966758728
复印机 0.6938424706459045
流水帐 0.675714373588562
包装箱 0.6742109060287476
遥控器 0.6633200645446777
电脑室 0.6536233425140381
手提电脑 0.6534507274627686
```

从上面的运行结果与“打印机”最相似的词来看，“流水帐”“包装箱”这些词似乎与“打印机”无关。但 fastText 自带的对于词典外的词条可以进行向量补齐，也就是说，该模型对未登录词比较友好。

3.2.4 GloVe

在 Word2vec 之前，还有人提出了一种基于统计的词向量表征——潜在语义分析（Latent Semantic Analysis，LSA），它是基于共现矩阵的。随后有人采用奇异值矩阵分解技术对大矩阵进行降维，但是由于计算代价比较大，而且这种方法对所有单词的统计权重都是一致的，所以一直没有得到很好的应用。后来被提出的 Word2vec 词向量表示方法也存在一个缺陷，即没有充分利用语料中词与词之间的共现统计信息。为了克服这两个词向量表示方法的缺陷，Jeffrey Pennington 等[5]在 2014 年提出了 GloVe 算法，它是一个基于全局词频统计的词表征工具，可以把一个单词表达成一个由实数组成的向量，这些向量捕捉到了单词之间的一些语义特性，比如相似性、类比性等。通过对词向量的运算，比如欧几里得距离或者余弦相似度，可以计算出两个单词之间的语义相似性。

1. 共现矩阵

共现，顾名思义，就是共同出现，词文档的共现矩阵主要用于发现主题，多用于主题模型，如本书第 6 章将介绍的 LSA。局域窗中的词-词共现矩阵可以挖掘词语的语法和语义信息。下面我们通过一个例子来介绍共现矩阵的构建。

例如，利用下面的语料来构建共现矩阵：

```
I like deep learning.
I like data mining.
I enjoy swimming
```

上述语料共三个句子，设置滑动窗口大小为 2，使用该窗口将整个语料库遍历一遍，即可得到共现矩阵 $\boldsymbol{X}$，见表 3-1。$\boldsymbol{X}$ 是一个对称矩阵，行和列之间的值表示行和列组成的词组在语料中共同出现的次数，也就体现了共现的特性。

表 3-1 共现矩阵

	I	like	enjoy	deep	learning	data	mining	swimming	.
I	0	2	1	0	0	0	0	0	0
like	2	0	0	1	0	1	0	0	0
enjoy	1	0	0	0	0	0	0	1	0
deep	0	1	0	0	1	0	0	0	0
learning	0	0	0	1	0	0	0	0	1
data	0	1	0	0	0	0	1	0	0
mining	0	0	0	0	0	1	0	0	1
swimming	0	0	1	0	0	0	0	0	1
.	0	0	0	0	1	0	1	1	0

在使用 GloVe 模型之前，首先需要根据语料库构建一个共现矩阵 $\boldsymbol{X}$，矩阵中的每

一个元素 $\boldsymbol{X}_{ij}$ 代表单词 i 和上下文单词 j 在特定大小的上下文窗口内共同出现的次数。一般而言，这个次数的最小单位是 1，但是 GloVe 根据两个词在上下文窗口的距离 d，提出了一个衰减函数 $decay=1/d$ 用于计算权重，也就是说，距离越远的两个词所占总计数的权重越小。

2. GloVe 模型原理

下面定义几个 GloVe 模型中用到的符号：

$\boldsymbol{X}_i = \sum_{j=1}^{N} \boldsymbol{X}_{ij}$ 表示共现矩阵 $\boldsymbol{X}$ 中单词 i 所在行的和。

$p_{i,k} = \frac{\boldsymbol{X}_{i,k}}{\boldsymbol{X}_i}$ 表示单词 k 出现在单词 i 语境中的概率。

$ratio_{i,j,k} = \frac{p_{i,k}}{p_{j,k}}$ 表示单词 k 出现在单词 i 语境中的概率与单词 k 出现在单词 j 语境中的概率的比率。

$ratio_{i,j,k}$ 这个比率是有规律的，规律统计见表 3−2。这个规律很容易理解，也容易被人忽略。但 GloVe 模型的提出者认为：如果用已经得到的词向量 $\boldsymbol{v}_i$，$\boldsymbol{v}_j$，$\boldsymbol{v}_k$ 能够通过某种函数计算得到 $ratio_{i,j,k}$，就意味着词向量与共现矩阵具有很好的一致性，也就说明词向量中蕴含了共现矩阵中所蕴含的信息。

表 3−2　$ratio_{i,j,k}$ 规律统计

$ratio_{i,j,k}$	单词 j，k 相关	单词 j，k 不相关
单词 i，k 相关	趋近 1	很大
单词 i，k 不相关	很小	趋近 1

假设用词向量 $\boldsymbol{v}_i$，$\boldsymbol{v}_j$，$\boldsymbol{v}_k$ 计算得到 $ratio_{i,j,k}$ 的函数为 $g(\boldsymbol{v}_i,\boldsymbol{v}_j,\boldsymbol{v}_k)$，那么应该有

$$\frac{p_{i,k}}{p_{j,k}} = ratio_{i,j,k} = g(\boldsymbol{v}_i,\boldsymbol{v}_j,\boldsymbol{v}_k) \tag{3.32}$$

要使得函数 $g(\boldsymbol{v}_i,\boldsymbol{v}_j,\boldsymbol{v}_k)$ 与 $ratio_{i,j,k}$ 尽可能接近，可以通过最小化它们之间的平方差值，式（3.33）中的 J 为目标函数，即最小化 J 值。

$$J = \sum_{i,j,k}^{N} \left(\frac{p_{i,k}}{p_{j,k}} - g(\boldsymbol{v}_i,\boldsymbol{v}_j,\boldsymbol{v}_k)\right)^2 \tag{3.33}$$

GloVe 的提出者考虑到函数 $g(\boldsymbol{v}_i,\boldsymbol{v}_j,\boldsymbol{v}_k)$ 是描述单词 i 和单词 j 之间关系的，且 $g(\boldsymbol{v}_i,\boldsymbol{v}_j,\boldsymbol{v}_k)$ 是关于词向量的函数，那么在线性空间中考察两个向量的相似关系，必然会存在 $\boldsymbol{v}_i-\boldsymbol{v}_j$ 这样的项；另外，由于比率 $ratio_{i,j,k}$ 是一个标量，那么 $g(\boldsymbol{v}_i,\boldsymbol{v}_j,\boldsymbol{v}_k)$ 最终也应该是标量，要使得向量变成标量，最合理的选择就是使用向量的内积，于是得到函数 $g(\boldsymbol{v}_i,\boldsymbol{v}_j,\boldsymbol{v}_k)$ 中应该有 $(\boldsymbol{v}_i-\boldsymbol{v}_j)^{\mathrm{T}}\boldsymbol{v}_k$ 这样的项。还需要考虑的是，词向量是根据共现矩阵得到的，共现矩阵具有对称性，所以也要求函数 $g(\boldsymbol{v}_i,\boldsymbol{v}_j,\boldsymbol{v}_k)$ 具有对称性，恰好指数函数满足该性质，最终得到函数 $g(\boldsymbol{v}_i,\boldsymbol{v}_j,\boldsymbol{v}_k) = \exp((\boldsymbol{v}_i-\boldsymbol{v}_j)^{\mathrm{T}}\boldsymbol{v}_k)$。接下来进一步推导：

$$\frac{p_{i,k}}{p_{j,k}} = \exp((\boldsymbol{v}_i-\boldsymbol{v}_j)^{\mathrm{T}}\boldsymbol{v}_k) = \frac{\exp(\boldsymbol{v}_i^{\mathrm{T}}\boldsymbol{v}_k)}{\exp(\boldsymbol{v}_j^{\mathrm{T}}\boldsymbol{v}_k)} \tag{3.34}$$

只需要让式（3.34）的分子、分母对应相等，即 $p_{i,k}=\exp(\boldsymbol{v}_i^{\mathrm{T}}\boldsymbol{v}_k)$、$p_{j,k}=\exp(\boldsymbol{v}_j^{\mathrm{T}}\boldsymbol{v}_k)$，由于分子、分母形式相同，可以把两者统一考虑，即

$$p_{i,j}=\exp(\boldsymbol{v}_i^{\mathrm{T}}\boldsymbol{v}_j) \tag{3.35}$$

原本的目标是要使式（3.32）成立，而现在只需要使公式（3.35）成立，将式（3.35）两边取对数得到

$$\log p_{i,j}=\boldsymbol{v}_i^{\mathrm{T}}\boldsymbol{v}_j \tag{3.36}$$

根据前面定义的 $p_{i,j}=\boldsymbol{X}_{i,j}/\boldsymbol{X}_i$，可以继续推导得到

$$\log \boldsymbol{X}_{i,j}-\log \boldsymbol{X}_i=\boldsymbol{v}_i^{\mathrm{T}}\boldsymbol{v}_j \tag{3.37}$$

此时为了保证对称性，我们将式（3.37）继续简化得到

$$\log \boldsymbol{X}_{i,j}=\boldsymbol{v}_i^{\mathrm{T}}\boldsymbol{v}_j+b_i+b_j \tag{3.38}$$

式中，b_j 为偏置项，并且将 $\log \boldsymbol{X}_i$ 吸收到偏置项 b_i 中。于是最终 GloVe 模型的代价函数就变成了

$$J=\sum_{i,j=1}^{N}(\boldsymbol{v}_i^{\mathrm{T}}\boldsymbol{v}_j+b_i+b_j-\log \boldsymbol{X}_{i,j})^2 \tag{3.39}$$

上述目标函数有一个问题，就是无论单词 i 和单词 j 共同出现多少次，都一视同仁对待并进行训练，这显然不利于模型的鲁棒性和健壮性。其实，那些出现频率越高的词应赋予大权重，于是在代价函数中添加了权重项：

$$J=\sum_{i,j=1}^{N}f(\boldsymbol{X}_{i,j})(\boldsymbol{v}_i^{\mathrm{T}}\boldsymbol{v}_j+b_i+b_j-\log \boldsymbol{X}_{i,j})^2 \tag{3.40}$$

式中，$f(\boldsymbol{X}_{i,j})$ 为权重函数。首先，权重函数应该符合下面三个条件：①$f(0)=0$，如果两个词没有共同出现过，权重就是 0；②$f(x)$ 必须是非减函数，两个词共同出现次数多，权重不能变小；③考虑到当词频过高时，权重不应过分增大。GloVe 的提出者通过实验确定权重函数为

$$f(x)=\begin{cases}(x/x_{\max})^{3/4}, & x<x_{\max}\\ 1, & x>x_{\max}\end{cases} \tag{3.41}$$

式中，$x_{\max}$ 是依赖数据集的，GloVe 的提出者采用的是 $x_{\max}=100$。到这里，GloVe 模型的原理就介绍完了，接下来就是通过迭代更新模型的参数（即词向量）使得目标函数最小，最终得到稳定的词向量表示。

3. GloVe 的使用

从相关网站（https://nlp.stanford.edu/projects/glove/）可以下载 GloVe 的代码，代码是 C 语言版本的并且需要在 Linux 系统下运行。感兴趣的读者可以自己尝试训练需要的 GloVe 模型。

当然了，上面的网站还公布了基于维基百科、Twitter 和其他数据集分别训练的多个 GloVe 模型，我们可以将其下载并解压缩后，利用这些预训练好的模型，进行文本任务的相关工作。下面我们简单介绍一下加载并使用 GloVe 预训练好的模型。

首先下载预训练好的词向量结果 glove.6B.zip，解压缩后可以看到包含文件 glove.6B.300d.txt，利用下面的代码将其转换成 gensim 方便加载的 Word2vec 的格式：

```
from gensim.scripts.glove2word2vec import glove2word2vec
glove_input_file = 'glove.6B.300d.txt'
word2vec_output_file = 'glove.6B.300d.word2vec.txt'
transformer = glove2word2vec(glove_input_file, word2vec_output_file)
```

然后加载模型，并查看预训练的词向量：

```
from gensim.models import KeyedVectors
# 加载模型
glove_model = KeyedVectors.load_word2vec_format(word2vec_output_file, binary = False)
# 获得单词 beautiful 的词向量
word_vec = glove_model['beautiful']
print(word_vec)
# 获得单词 beautiful 的最相似向量的词汇
similars = glove_model.most_similar('beautiful')
for item in similars:
    print(item)
```

运行结果如下：

```
[-2.3852e-01 -3.3704e-01 -2.6531e-01… 3.2891e-01 3.7239e-02 2.3779e-01]
('lovely', 0.8095278739929199)
('gorgeous', 0.767159104347229)
('wonderful', 0.6419878005981445)
('magnificent', 0.632170557975769)
('elegant', 0.6133942604064941)
('charming', 0.5836594700813293)
('pretty', 0.5694172978401184)
('beauty', 0.5587742328643799)
('beautifully', 0.5468562841415405)
('splendid', 0.5426493883132935)
```

分析上述运行结果，与'beautiful'最相似的前 10 个词为'lovely' 'gorgeous' 'wonderful'等，由此可见，GloVe 模型通过共现统计信息，确实捕获到了词与词之间的语义相似性。

4. GloVe 和 Word2vec 对比

GloVe 模型的本质是利用全局词共现矩阵中的数据和词的局部窗口信息，融入全局的先验统计信息，它不仅可以加快模型的训练速度，也可以控制词的相对权重。Word2vec 模型只是在局部上下文窗口训练模型，没有考虑到词与局部窗口外词的联系，并且它很少使用语料中的一些统计信息。相比 Word2vec，GloVe 更易并行化，所以训练速度更快，适用于训练较大规模的数据。但由于 GloVe 算法本身使用了全局信息，占用的内存相对较大，而 Word2vec 与其相比节省了很多资源。另外，GloVe 模型的提出者做了大量的对比实验，结果表明，GloVe 词向量表达方法提高了文本处理基础任务的准确率，然而在实际应用中 Word2vec 与 GloVe 相比，并没有非常大的差距。GloVe 和 Word2vec 各有优势，可以在不同场景发挥不同的作用。

3.3　句子向量化

词和短语往往不是文本挖掘任务处理的直接对象，因此，词和短语的表示学习主要采用的是与任务无关的分布式表示方法。相对而言，句子是很多文本挖掘任务的直接处理对象，例如面向句子的文本分类、情感分析等。所以，句子的分布式表示学习至关重要。通常有两大类句子表示方法，一类是通用的，另一类则是任务相关的。本节我们主要介绍两个通用的句子表示方法：Skip-Thought 和 Quick-Thoughts，任务相关的句子表示方法将在后续章节中陆续介绍。通用的句子表示方法几乎都是以无监督方法为核心思想的，设计简单的基于神经网络的句子表示模型，在大规模句子集上训练数据并进行神经网络参数的优化。

3.3.1　Skip-Thought

Skip-Thought 模型是多伦多大学的 Ryan Kiros 等[6]于 2015 年提出的基于语义组合的句子表示方法，前面已经介绍了 Skip-gram 模型——它是以中心词来预测上下文词的，Skip-Thought 模型借助了 Skip-gram 模型的思想，利用中心句来预测上下文的句子。其数据的结构可以用一个三元组表示（S_{i-1}, S_i, S_{i+1}），输入值为 S_i ，输出值为（S_{i-1}, S_{i+1}），具体模型结构如图 3－7 所示。

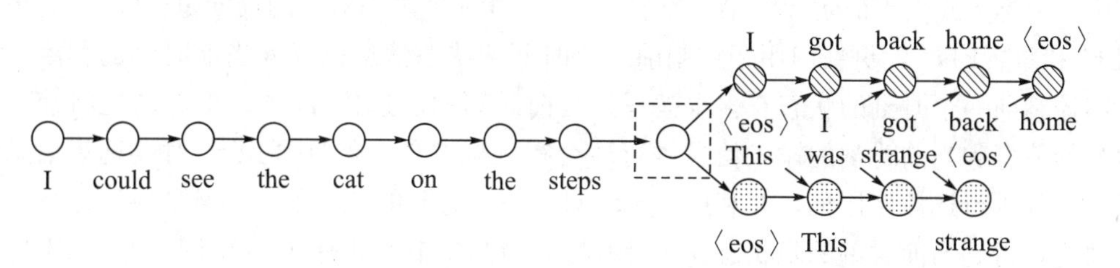

图 3－7　Skip-Tought **模型结构**

图 3－7 中的〈eos〉表示句子的结尾。虚框左侧的“I could see the cat on the steps”是中心句 S_i ，虚框右侧上方的句子“I got back home”是中心句的上文 S_{i-1} ，右侧下方的句子“This was strange”是中心句的下文 S_{i+1} 。将该模型结构具体展开后如图 3－8 所示。左侧为输入的文档句子集合，句子 $x(i)$ 经过编码器编码后得到$z(i)$，然后经前向解码器得到上一句文本，经后向解码器预测下一句文本。注意，图 3－8 中预测出的下句文本与原文不相符。

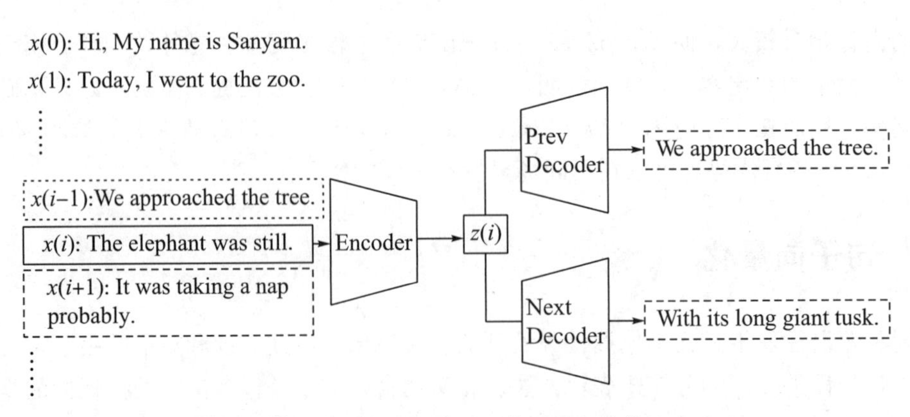

图 3—8 Skip-Thought **模型展开结构**

显然，Skip-Thought 模型的神经网络结构采用的是在机器翻译中最常用的编码器-解码器（Encoder-Decoder）架构，而在编码器-解码器架构中使用的是门循环单元(Gated Recurrent Unitm，GRU）模型。

1. 编码器

编码过程与循环神经网络语言模型一致。值得注意的是，在训练句子向量时同样要使用词向量，因此编码器输出的结果为句子最后一个词所输出的向量。下面给出了编码器的公式，与 GRU 模型相同。

$$\begin{cases} \boldsymbol{r}^t = \sigma(\boldsymbol{W}_r \boldsymbol{x}^t + \boldsymbol{U}_r \boldsymbol{h}^{t-1}) \\ \boldsymbol{z}^t = \sigma(\boldsymbol{W}_z \boldsymbol{x}^t + \boldsymbol{U}_z \boldsymbol{h}^{t-1}) \\ \bar{\boldsymbol{h}}^t = \tanh(\boldsymbol{W} \boldsymbol{x}^t + \boldsymbol{U}(\boldsymbol{r}^t \odot \boldsymbol{h}^{t-1})) \\ \boldsymbol{h}^t = (1-\boldsymbol{z}^t) \odot \boldsymbol{h}^{t-1} + \boldsymbol{z}^t \odot \bar{\boldsymbol{h}}^t \end{cases} \tag{3.42}$$

其中，上标 t 代表当前句中的第 t 个单词，$\boldsymbol{x}^t$ 是第 t 个单词对应的词向量。GRU 有更新门 $\boldsymbol{z}^t$ 和重置门 $\boldsymbol{r}^t$，更新门用于控制前一个时刻的状态信息被代入当前时刻的程度，重置门控制前一个时刻的状态有多少被写入当前时刻的候选集 $\bar{\boldsymbol{h}}^t$ 中。更新门先将前一个时刻的信息和当前时刻的输入信息进行融合得到候选集，然后利用 $\boldsymbol{z}^t$ 对候选集信息的某些维度进行选择性记忆，并利用 $1-\boldsymbol{z}^t$ 对前一个时刻的状态信息的某些维度进行选择性遗忘，得到当前时刻的隐状态 $\boldsymbol{h}^t$。假设当前句 S_i 中一共有 N 个单词，那么 GRU 编码器的第 N 个时刻的隐状态 $\boldsymbol{h}^N$ 就是 S_i 的句向量表示，该句向量记为 $\boldsymbol{h}_i$。

2. 解码器

这里有两个解码器，一个解码器用来预测前一句 S_{i-1}，而另一个解码器用来预测后一句 S_{i+1}。解码器也用 GRU，是有条件的 GRU，即在 GRU 的基础上，在更新门、重置门以及候选集的计算中引入编码器输出。式（3.43）是用来解码后一句 S_{i+1} 的。解码 S_{i-1} 与此类似。

$$\begin{cases} \boldsymbol{r}^t = \sigma(\boldsymbol{W}_r^d \boldsymbol{x}^{t-1} + \boldsymbol{U}_r^d \boldsymbol{h}^{t-1} + C_r \boldsymbol{h}_i) \\ \boldsymbol{z}^t = \sigma(\boldsymbol{W}_z^d \boldsymbol{x}^t + \boldsymbol{U}_z^d \boldsymbol{h}^{t-1} + C_z \boldsymbol{h}_i) \\ \bar{\boldsymbol{h}}^t = \tanh(\boldsymbol{W}^d \boldsymbol{x}^t + \boldsymbol{U}^d(\boldsymbol{r}^t \odot \boldsymbol{h}^{t-1}) + C \boldsymbol{h}_i) \\ \boldsymbol{h}^t = (1-\boldsymbol{z}^t) \odot \boldsymbol{h}^{t-1} + \boldsymbol{z}^t \odot \bar{\boldsymbol{h}}^t \end{cases} \tag{3.43}$$

其中，C_r、C_z、C 是分别用来对重置门、更新门、隐藏层进行向量偏置的。对应到图3-7中，解码器的初始输入是〈eos〉，之后每一个时刻的输入都包含了上一个时刻解码器的输出 $\boldsymbol{h}^{t-1}$ 和编码器的输出 $\boldsymbol{h}_i$，图 3-7 中右侧斜向下的箭头代表的就是编码器的输出，也就是每个时刻解码器的计算过程都要引入上一时刻编码器的输出 $\boldsymbol{h}_i$。对应到公式中即重置门、更新门和隐藏层中都考虑了编码器输出的隐藏层信息 $\boldsymbol{h}_i$。

3. 目标函数

Skip-Thought 模型编码器的目的是得到一个句向量，而两个解码器都是语言模型，即任务都是预测词，那么最终目标函数的形式就是语言模型目标函数的形式。下面的式 (3.44)就是模型最终的目标函数，包含了预测前一句的损失函数与预测后一句的损失函数之和。

$$\sum_{i=1}^{N}\left\{\sum_{t}\log p(\boldsymbol{x}_{i+1}^{t}\mid\boldsymbol{x}_{i+1}^{<t},\boldsymbol{h}_i)+\sum_{t'}\log p(\boldsymbol{x}_{i-1}^{t'}\mid\boldsymbol{x}_{i-1}^{<t'},\boldsymbol{h}_i)\right\}\tag{3.44}$$

其中，N 为训练集合中句子的总数，通过反向传播的训练过程，最终会得到一个性能良好的编码器，并把这个编码器作为生成句向量的通用模型。

4. Teacher Forcing 训练技巧

文献［6］作者训练该模型时用到了 Teacher Forcing 技巧。Teacher Forcing 是一种用来快速而有效地训练循环神经网络语言模型的方法，是一种能够解决缓慢收敛和不稳定的方法。训练时，Teacher Forcing 是通过使用第 t 时刻来自训练集的期望输出 $y(t)$作为下一时刻的输入 $x(t+1)$，而不是直接使用网络的实际输出。下面举例介绍。

给定输入序列“Mary had a little lamb whose fleece was white as snow”，我们需要训练模型，使得在给定序列中上一个单词的情况下，得到序列的下一个单词。

(1) 首先，必须添加相应字符去标识序列的开始和结束。这里分别用“[START]”和“[END]”来表示：

“[START]Mary had a little lamb whose fleece was white as snow[END]”

(2) 以“[START]”作为输入，让模型生成下一个单词。假设模型生成了单词“a”，但我们期望的是“Mary”。

X	$\hat{y}$
[START]	a

若将“a”作为生成序列中剩余子序列的输入，模型就会偏离预期轨道，并且会因为它生成的每个后续单词而受到惩罚。这使学习速度变慢，且模型不稳定。当我们使用 Teacher Forcing 时，在第一步，当模型生成“a”作为输出时，在计算完损失后，可以丢掉这个输出，而将“Mary”作为生成序列中剩余子序列的输入：

X	$\hat{y}$
[START], Mary,	?

然后，反复处理每一个输入-输出对：

X	$\hat{y}$
[START], Mary,	?
[START], Mary, had	?
[START], Mary, had, a,	?

(3) 最后，模型就会学习到正确的序列，或者正确的序列统计属性。

Skip-Thought 模型充分结合了语义组合思想和分布式假说。如果训练语料都是由连续文本形式构成的，那么 Skip-Thought 模型就可以获得高质量的句子向量表示。网上有很多版本的 Skip-Thought 模型的实现代码。笔者推荐 Sanyam 用 pytorch 框架实现的 Skip-Thought 模型，感兴趣的读者可以自行从 GitHub 上下载使用。

3.3.2 Quick-Thoughts

Quick-Thoughts 是 Lajanugen Logeswaran 和 Honglak Lee[7] 于 2018 年提出的模型，可以看作一种升级版本的 Skip-Thought，方法比 Skip-Thought 简单很多，但从效果上看，它训练得到的句向量在测试方面表现比较优异，而且训练速度快。

由前面的章节可知，Skip-Thought 和 Skip-gram 模型结构相似，唯一不同的是解码器部分，Skip-gram 的解码器是利用一个分类器来预测周围的词（采用层次 Softmax 或负采样进行模型优化），而 Skip-Thought 的解码器是作为语言模型来处理的。Quick-Thoughts 模型结合了这两个模型的思想，对解码器部分做了大的调整，它直接将解码器拿掉，取而代之的是一个分类器，使得预测行为变成了分类行为。Quick-Thoughts 模型结构如图 3−9 所示，可以看出其结构非常简单，输入的是一系列句子，通过编码器将句子变为定长的向量表示形式，然后分类器根据给定的句子，从一组候选句中选择目标句。

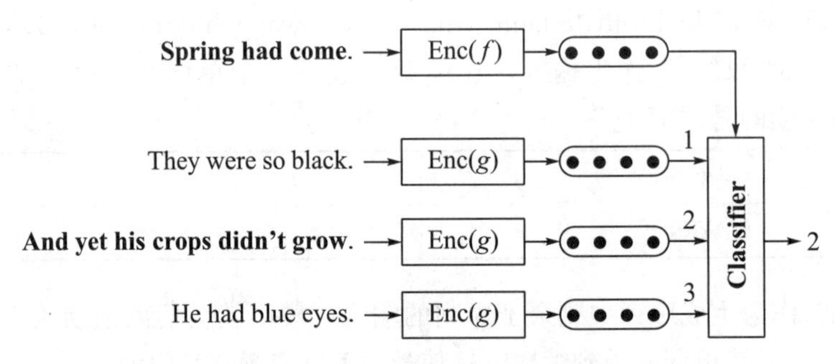

图 3−9 Quick-Thoughts 模型结构

模型中用到的符号描述：s 表示一个句子；S_{ctxt} 称为上下文集合；s_{ctxt} 表示 s 的上下文，$s_{ctxt} \in S_{ctxt}$；S_{cand} 是 S_{ctxt} 的子集，也称为候选集，其中包含有效的上下文 s_{ctxt} 和许多无效的上下文句。

对于一个给定的句子 s，$s_{cand} \in S_{cand}$ 的概率计算如下式：

$$p(s_{cand} \mid s, S_{cand}) = \frac{\exp[c(f(s)), g(s_{cand})]}{\sum\limits_{s' \in S_{cand}} \exp[c(f(s)), g(s')]} \tag{3.45}$$

其中，c 是一个评分函数，在提出 Quick-Thoughts 模型的论文中定义 c 为两向量的内积；f 和 g 是需要训练的带参数的函数，用于将输入句子变为固定长度的向量，通常用 RNN 表示；最后句子 s 的向量用 $f(s)$ 和 $g(s)$ 的拼接来表示。

那么对于整个训练集 D，模型的目标函数就是最大化如下概率，即让有效上下文的概率最大化：

$$\sum_{s \in D} \sum_{s_{\text{ctxt}} \in S_{\text{ctxt}}} p(s_{\text{ctxt}} \mid s, S_{\text{cand}}) \tag{3.46}$$

Quick-Thoughts 模型不光在句向量表示上效果好，而且训练时间要远小于其他算法。

3.4 文档向量化

在文本信息处理和挖掘工作中涉及的具体任务，如文本分类、情感分析、文本摘要与分析中，文档是最常见的直接处理对象。对文档的深入理解是实现这些任务的关键，而文档理解的前提是对文档进行表示。文档的分布式表示可以捕捉更多全局的语义信息，因此，如何从词、短语和句子的分布式表示学习得到文档的分布式表示是整个问题的关键。下面主要介绍常用的文档表示方法。

3.4.1 基于词袋的文档表示

文档可以视为一个特殊的句子，即所有句子的自然拼接。因此，可以采用类似于句子的分布式表示方法学习文档的分布式表示。例如，基于组合语义的词袋模型可以快速地从词的分布式表示获得文档 $D = (D_i)_{i=1}^{N}$ 的分布式表示：

$$e_D = \frac{1}{|D|} \sum_{k=1}^{|D|} v_k e(w_k) \tag{3.47}$$

其中，v_k 表示词 w_k 的权重，$e(w_k)$ 表示词 w_k 的向量，$|D|$ 表示文档 D 中不同词的数目。可以采用平均词向量方法 $v_k = \frac{1}{|D|}$，或者采用加权的词向量方法 $v_k = TFIDF(w_k)$。这两种方法简单高效，但是存在两个主要的缺点：一个是词袋模型忽略词序，如果两个不同的句子由相同的词但顺序不同组成，该方法会将这两句话定义为同一表达；另一个是词袋模型忽略了语义，这样训练出来的模型会造成类似“powerful”“strong”和“Paris”的距离相同，而其实“powerful”相对于“Paris”应该距离“strong”更近才对。

3.4.2 Doc2vec

针对词袋模型表示文档的缺陷，Quoc Le 和 Tomas Mikolov[8] 基于 Word2vec 模型提出了 Doc2vec，又叫 Paragraph Vector。Doc2vec 是一个无监督学习算法，主要用于文档的向量表示。该模型具有一些优点，比如不用固定句子长度，也就是说可以接受不同长度的句子作为训练样本。另外，由于 Doc2vec 是基于 Word2vec 模型提出的，Word2vec 预测词向量时，预测出来的词是含有语义的，在 Doc2vec 中也构建了相同的结构，所以 Doc2vec 克服了词袋模型中没有语义的缺点。

1. 模型原理

同 Word2vec 一样，Doc2vec 也包含两种模型：一种是 PV-DM（Distributed Memory Model of Paragraph Vectors），类似于 Word2vec 中的 CBOW 模型；另一种模型是 PV-DBOW（Distributed Bag of Words of Paragraph Vector），类似于 Word2vec 中的 Skip-gram 模型。

PV-DM 模型中，每个段落或句子都被映射到向量空间中，用矩阵 ***D*** 的某一列来表示。每个词也被映射到向量空间，用矩阵 ***W*** 的某一列来表示，然后将段落向量和词向量拼接或者求平均得到向量特征，预测段落或句子中的下一个词，如图 3-10 所示为该模型结构。在该模型中段落向量（或句向量）也可以看作一个词，它相当于上下文的记忆单元或是这个段落的主题。

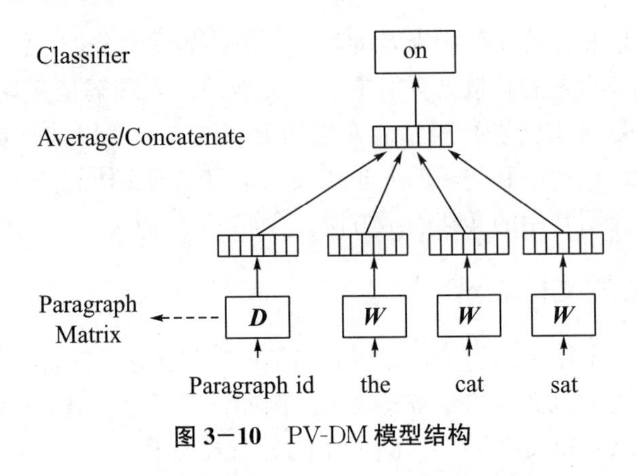

图 3-10　PV-DM 模型结构

要特别注意的是，Doc2vec 模型在训练的时候需要固定上下文长度，用滑动窗口的方法产生训练集。以 PV-DM 模型为例，每次从一个段落中滑动采样固定长度的词，取其中一个词作为预测词，其他的词作为输入。输入词对应的词向量和本段落对应的句向量作为输入层的输入，然后将本段落的向量和本次采样的词向量求平均或者累加构成一个新的向量 ***X***，进而使用这个向量 ***X*** 预测此次窗口内的预测词。

Doc2vec 与 Word2vec 的不同之处在于，Doc2vec 在输入层增添了一个段落向量，它扮演了一个记忆的角色。Word2vec 模型每次训练只会截取段落中一小部分词训练，而忽略除本次训练词以外该段落中的其他词，这样仅仅训练出每个词的向量表达，段落向量就是将每个词的向量累加在一起表达的。如上文所述词袋模型忽略了文本的词序问题。而 Doc2vec 中的段落向量则弥补了这方面的不足，虽然它每次训练也是滑动截取段落中一小部分词来训练，但段落向量在同一个段落的若干次训练中是共享的，所以同一段落会有多次训练；段落向量可以被看作段落的主旨，该段落的主旨每次都会作为输入的一部分来训练。这样，每次训练不仅得到了词向量，而且每次训练都会输入共享段落向量，使得该段落向量表达的主旨越来越准确。

Doc2vec 中 PV-DM 模型的具体训练过程和 Word2vec 中 CBOW 模型的相同，都是采用随机梯度下降来进行模型参数的优化。训练完，就会得到训练样本中所有的词向量和每个段落对应的文档向量。那么 Doc2vec 是怎么预测新的段落或句子向量的呢？其实在预测新的段落或句子时，Doc2vec 还是会将该段落向量随机初始化，放入模型中再重新根据随机梯度下降不断迭代求得最终稳定下来的段落向量。只不过在预测过程中，模型里的词向量、投影层到输出层的 Softmax 权重参数是不会变的，这样在不断迭代中只会更新段落向量，其他参数均已固定，因此只需很少的时间就能计算出待预测的段落向量。

另一个 PV-DBOW 模型输入的是段落向量，让模型去预测段落中随机的一个词。PV-DBOW 模型结构如图 3－11 所示，在每次迭代时，从段落文本中采样得到一个窗口，再从这个窗口中随机采样一个词让模型去预测，而且在每次梯度下降迭代时都会重新采样，以此来训练段落向量。

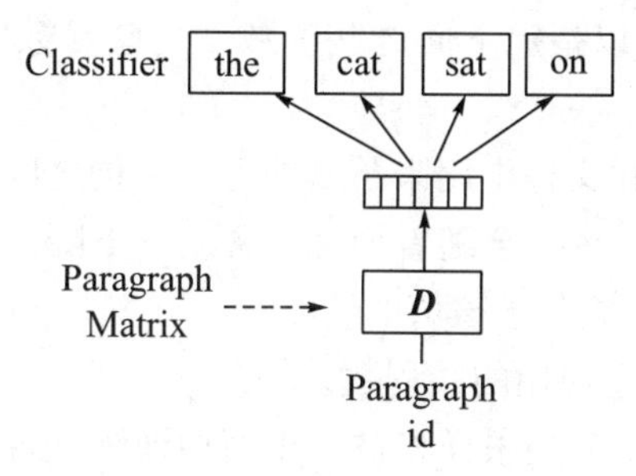

图 3－11 PV-DBOW **模型结构**

上述 PV-DM 和 PV-DBOW 两种模型都可以得到段落向量。不过，对于大多数文本任务，PV-DM 模型表现较好，但提出 Doc2vec 模型的作者强烈推荐两种方法结合使用。

2. gensim 中 Doc2vec 模型的使用

在 gensim 库的 models. doc2ve 包中实现了 Doc2vec 模型，接下来介绍 gensim 中 Doc2vec 的使用。对象的实例化方式如下：

```
class gensim.models.doc2vec.Doc2Vec(documents=None, corpus_file=None, dm_mean=None, dm=1, vector_size, dbow_words=0, dm_concat=0, dm_tag_count=1, docvecs=None, docvecs_mapfile=None, comment=None, trim_rule=None, callbacks=(), **kwargs)
```

参数说明：

documents：指定输入的语料库，可以是简单的文本元素列表。但对于较大的语料库，可以考虑直接从磁盘获取或者使用可迭代的网络流文档。如果没有提供文档或语料文件路径，则认为模型未初始化。

corpus_file：语料文件的路径。

dm_mean：如果值为 0，则表示使用上下文词向量的和；如果值为 1，则表示使用均值。（仅在 dm 被用在非拼接模型时使用）

dm：用于定义训练的算法。默认是 dm=1，表示使用 PV-DM 算法，否则使用 PV-DBOW 算法。

vector_size：特征向量的维度。

dbow_words：如果设为 1，则训练 word-vectors（in skip-gram fashion）的同时训练 DBOW Doc-vectors。默认是 0，即仅训练 Doc-vectors。

dm_concat：如果值为 1，则使用上下文词向量的拼接，默认是 0。注意，采用拼接得到的输入向量大小应为句子标签和上下文中所有词向量结合在一起的大小。

dm_tag_count：每个文档期望的文本标签数，在使用 dm_concat 模式时默认为 1。

trim_rule：词汇修整规则，指定某些词是应该保留在词汇表中，还是应该进行修整，或者使用默认值处理（如果单词计数<min_count，则丢弃）。或者是接收参数(word, count, min_count)并返回 util.RULE_DISCARD/util.RULE_KEEP/util.RULE_DEFAULT 之一。注意，这个规则只是在 build_vocab()中用来修剪词汇表，而且没被保存。

此外，Doc2vec 类还可以指定下面这些参数，这些参数的含义与 Word2vec 类中的都极为相似。

window：要预测的词和文档中用来预测的上下文词之间的最大距离。

alpha：初始化的学习速率，会随着训练过程线性下降。

min_count：忽略总频数小于该值的所有词。

workers：指定训练模型使用的线程数。

hs：如果为 1（默认），分层采样将被用于模型训练（否则设为 0）。

negative：如果该值>0，将使用负采样，该值的大小决定了干扰词的个数（通常为 5～20，也可根据具体任务进行调整）。

主要属性：

wv：这个对象包含了词和嵌入之间的映射。模型经过训练后，可以直接用它来查询词的嵌入或向量表示。

docvecs：此对象包含从训练数据中获得的段落向量。模型训练时提供的每个唯一的文档标签都有一个这样的向量。可以使用标记作为索引访问键单独访问它们。

vocabulary：这个对象表示训练模型的词汇表或字典。

主要方法：

```
infer_vector(doc_words, alpha=None, min_alpha=None, epochs=None, steps=None)
```

该函数为给定的文档预测或推断一个文档向量。但需要注意的是，对该函数的后续调用可能会推断出同一文档的不同表示。为了更稳定地表示，可以增加断言限制迭代的步数。

实例：

本实例采用的是从网上下载的“基于社交媒体的海南旅游景区评价数据集”。该数据集是中文的，另外停用词表也是从网上下载的（数据集下载地址为 http://www.sciencedb.cn/dataSet/handle/714）。

①数据处理。因为该数据集包含了多个社交媒体的数据，如“美团”“同程”“携程”等。每个媒体的数据都存放在一个文件夹下，文件夹中又有多个 Excel 文件，所以编写了函数 get_file_data_to_a_file()，将某个文件夹下的所有数据合并到一个 Excel 文件 train_excel.xlsx 中。这里我们使用的是“美团”文件夹下的数据，共

187443 条数据，这里没有去掉空白行的评论数据。代码示例如下：

```
# -*- coding: utf-8 -*-
import os
import pandas as pd

def get_file_data_to_a_file(path):
    '''
    读取文件路径下的所有文件到一个文件路径列表中,并依次读取每个文件中的数据
    最后将所有数据保存到一个文件中
    '''
    paths = os.listdir(path)
    file_paths = []
    for file_name in paths:
        if os.path.splitext(file_name)[1] == ".xlsx":
            file_paths.append(path + file_name)

    dfs = []
    for i, file in enumerate(file_paths):
        fh = pd.read_excel(file)
        dfs.append(fh)
    pd.concat(dfs).to_excel('train_excel.xlsx', 'all', index = False)
    print('文件合并完成')
if __name__ == "__main__":
    get_file_data_to_a_file("../data/meituan/")
```

②具体的 Doc2vec 训练段落向量的步骤如下：

步骤 1：导入所用工具包，并且导入数据集，提取 comment 列（该列是用户评价的内容），并且去掉 comment 列中空白的行。

```
import jieba
import gensim
import pandas as pd
from gensim.models.doc2vec import Doc2Vec

def getText(filename):
    df = pd.read_excel(filename)
    df.dropna(subset = ['comment'], inplace = True)  # 去掉 comment 为空白的行
    comment_train = list(df['comment'].astype(str))
    return comment_train
text = getText("train_excel.xlsx")
print(text[0:10])  #打印前 10 行数据查看
```

步骤2：将提取好的comment列中的内容利用jieba进行分词，并去停用词。注意，这里的停用词表编码是UTF-8。

```
def word_segmentation(text):
        stop_list = [line[:-1] for line in open("中文停用词表.txt", encoding = 'UTF-8', errors = 'ignore')]
        result = []
        for each in text:
            each_cut = jieba.cut(each)
            each_result = [word for word in each_cut if word not in stop_list] #去停用词
            result.append(' '.join(each_result))
        return result
    b = word_segmentation(text)    # 分词
    print(b[0:10])
```

步骤3：改变成Doc2vec所需要的输入样本格式，由于gensim里Doc2vec模型需要的输入为固定格式，输入样本为：[句子,句子序号]，这里需要用gensim中Doc2vec里的TaggedDocument来包装输入的句子。

```
TaggededDocument = gensim.models.doc2vec.TaggedDocument
def X_train(cut_sentence):
    x_train = []
    for i, text in enumerate(cut_sentence):
        word_list = text.split(' ')
        l = len(word_list)
        word_list[l-1] = word_list[l-1].strip()
        document = TaggededDocument(word_list, tags = [i])
        x_train.append(document)
    return x_train

c = X_train(b)
print(c[0:10])
```

步骤4：加载Doc2vec模型，开始训练，并将训练好的模型保存到文件meituan_d2v.vec，另外提取训练好的文档向量并保存到文件meituan_d2v.csv中，供以后使用。

```
def model_train(x_train, size = 300):
    model = Doc2Vec(x_train, min_count = 1, window = 3, vector_size = size, sample = 1e-3,
negative = 5, workers = 4)
model.train(x_train, total_examples = model.corpus_count, epochs = 10)
model.save('meituan_d2v.vec')  # 将训练得到的文档向量存入文件中
    vec_list = []
    for i in range(len(x_train)):
        v = model.docvecs[i]  # 获取每句评论的文档向量
        vec_list.append(v)
    vector_df = pd.DataFrame(vec_list)
    vector_df.to_csv("meituan_d2v.csv", index = None, header = None)
    return model
model_dm = model_train(c)
```

步骤 5：模型训练完毕以后，就可以预测新的段落/句子的向量了，这里用 gensim 里的 Doc2Vec.infer_vector()预测新的句子，根据经验，特征维度 vector_size 设置为 300 维，alpha（学习步长）设置小一些，迭代次数设置大一些。找到训练样本中与这个句子最相似的 10 个句子，可以看到训练出来的结果与测试的新句子是有关联的。

```
#str1 = u'这里 的 演出 真的 很 棒 !'
str2 = u'一点 都 不 好玩'
test_text = str1.split(' ')
inferred_vector = model_dm.infer_vector(doc_words = test_text,alpha = 0.025,steps = 300)
sims = model_dm.docvecs.most_similar([inferred_vector], topn=10)
for count, sim in sims:
    sentence = text[count]
    print(sentence, sim)
```

运行结果如下：

```
表演很一般,关键是给我的感觉就是在逛商场。0.7043228149414062
基本上都是在推销商品,演出也一般!0.6951097249984741
还可以的吧,只是没有看到椰田古寨的表演,0.6892479062080383
不错哦,带着孩子看了表演,宝宝很开心?。0.689103364944458
公园不算太大,很值当,第一天的行程安排下午 4 点多入园晚上赏三亚夜景,看表演。0.6887649893760681
不错的表演 0.6797917485237122
各种表演都很不错,就是买水的地方找不到,好渴?0.6758627891540527
带小朋友去的,小盆友玩得好开心!有?表演 0.6752797365188599
```

```
景点不大,有演出 0.6573077440261841
第二次去了,主要陪家人,那的表演不错,就是好几年没变内容 0.6552993059158325
游玩项目太贵,也不知道好玩不,排队人多 0.7536784410476685
虽然不大,但是有猴子很好玩,小孩子很喜欢 0.7364600896835327
很好玩 0.7316731214523315
谁实话一点也不喜欢这里。老人孩子累的够呛。有老人孩子的还是换个地方玩。还不如傍边的黎寨
好玩。以上纯属个人意见 0.7302274703979492
好玩 0.7228946089744568
好玩 0.7211601734161377
好玩⊙▽⊙0.7172654867172241
好玩 0.7142696380615234
售票处的售票员态度不好,一点都不热情礼貌。0.7136620283126831
好玩 0.7131419777870178
```

第一个结果为与 str1 最相似的前 10 句评论，第二个结果为与 str2 最相似的前 10 句评论。

需要注意的是，为了测试与 str2 最相似的句子，我们的停用词表中去掉了“不”。从与 str1 最相似的结果可以发现，有些句子中确实提到了“演出”“表演”“节目”之类的词，但否定语义没有有效识别。对于与 str2 相似的句子结果来看，虽然有的句子含有“不”或者否定的词，但还是有部分句子恰好跟原始句子意思相反。可见 GloVe 模型在捕获否定语义信息方面还相对较差。

3.5 小结

向量空间模型是文本简单的表示方法，并且最常用的向量值是 TF-IDF 特征权值。但由于向量空间模型的文本表示方法没有考虑词与词之间的顺序和上下文信息，因此出现了一系列分布式的文本表示方法，如神经网络语言模型、Word2vec 等。Word2vec 是文本表示法中一个新的突破，之后针对 Word2vec 存在的一些问题，提出了许多改进的模型，如 fastText、GloVe 等。另外，本章不仅介绍了词向量的表征，还介绍了句子向量和文档向量的表示模型。

4 文本分类

4.1 文本分类基础

4.1.1 概述

文本分类在文本挖掘和处理中是很重要的一个模块，它的应用也非常广泛，比如垃圾过滤、新闻分类、词性标注等。和其他的分类任务没有本质区别，文本分类也是按照一定的分类体系对文本类别进行自动标注的过程。其目标是根据给定的分类体系，为文本对象标注一个或多个类别标签。文本分类任务的步骤如图 4-1 所示。

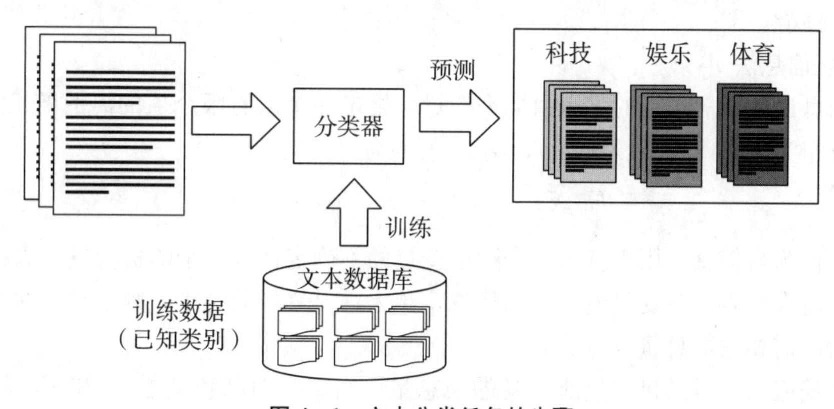

图 4-1 文本分类任务的步骤

最早期的文本分类方法以规则为主，这种方法通常是通过专家手工创建启发式规则来解决分类问题的。这种以规则为基础的方法一般具有以下优点：①类别定义非常明确；②根据文本的表面特征很容易区分类别。然而，它的缺点也是非常明显的，首先，需要消耗大量的人力，需要有足够的领域知识，而且不能很好地扩展类别的数量；其次，现实生活中不可能提出完全可靠的规则，难以处理规则中的不确定性；最后，分类结果受规则应用顺序的影响严重。

20 世纪 90 年代以后，随着统计机器学习算法的兴起，基于监督学习的文本分类任务取得了很大成功。人们通过标注一些带有正确类别标签的实例来训练分类器，训练的过程中机器会自动构建这些实例的分类规则，当新的实例输入进来后，机器会根据它学习到的分类规则来对其进行类别判断或标注。

一般来说，所有基于机器学习的分类方法都依赖文本对象的特征来区分类别，它们将以加权方式组合文本特征，特征的权重是自动习得的。在训练数据中，不同的学习算法的计算方法有所不同，即它们优化的目标函数（也叫损失函数）不同。在这里，我们提到了文本特征和分类算法，那首先来看什么是文本特征，如何选择有效的文本特征。

4.1.2 文本特征选择

谈及文本特征必然提到文本表示。在文本分类任务中，准确高效地表示一个文本对后续的特征选择和分类算法是非常重要的，一方面要求表示方法能够真实反映文本的内容，另一方面要求该表示方法对不同类型的文本有足够的区分能力。本书第 3 章已经介绍了文本表示的方法。传统的向量空间模型基于高维稀疏的向量表示文本，因此在进行分类算法之前，通常需要对高维的特征空间进行降维。降维的方法主要有特征提取和特征选择两种，本部分主要介绍文本特征选择。

文本特征选择是从特征空间中择优选择出一部分特征子集的过程。文本分类领域常见的特征选择方法包括无监督和有监督两种。无监督的特征选择方法主要就是基于词频 TF-IDF 的特征选择方法。而有监督的特征选择方法需要根据类别标注信息选择出较优的特征，常用的方法包括互信息法、信息增益法和卡方统计法等。一个好的特征选择算法可以有效地对特征空间进行降维，提高分类的效率，同时去除冗余特征和噪声特征，提高分类性能。

1. 互信息法

在信息论中，信息量的多少由熵来衡量，给定一个取有限个值的离散随机变量 X，其概率分布为 $p(x_i)=p(X=x_i)$，则 X 的熵为

$$H(X)=-\sum_{i}p(x_i)\log p(x_i) \tag{4.1}$$

熵又称为自信息，用于度量一个随机变量的不确定性。一个随机变量的熵越大，其不确定性越大，表示该变量所需要的信息量越大；反之，熵越小，则不确定性越小，表示该变量所需要的信息量也越小。

联合熵表示一对随机变量所需要的信息量。给定一对随机变量 X 和 Y，且它们服从联合分布 $p(x_i,y_j)=p(X=x_i,Y=y_j)$，那么 X，Y 的联合熵表示为

$$H(X,Y)=-\sum_{i}\sum_{j}p(x_i,y_j)\log p(x_i,y_j) \tag{4.2}$$

而条件熵表示的是在已知某一个变量取值的前提下，表示另一个变量还需要的额外信息量。条件熵的定义如下：

$$\begin{aligned}H(Y\mid X)&=-\sum_{i}p(x_i)H(Y\mid X=x_i)\\&=-\sum_{i}p(x_i)\sum_{j}p(y_j\mid x_i)\log p(y_j\mid x_i)\\&=-\sum_{i}\sum_{j}p(y_j,x_i)\log p(y_j\mid x_i)\end{aligned} \tag{4.3}$$

熵、条件熵和联合熵具有如下关系：

$$H(Y \mid X) = H(X,Y) - H(X) \tag{4.4}$$

互信息（Mutual Information，MI）反映的是两个随机变量间相互关联、相互依赖的量度，它可以看作一个随机变量中包含另一个随机变量的信息量。互信息的定义如下：

$$I(X;Y) = H(Y) - H(Y \mid X) = H(X) - H(X \mid Y) \tag{4.5}$$

根据上面给出的关于熵的一系列公式，可以进行如下推导：

$$\begin{aligned} I(X;Y) &= H(Y) - H(Y \mid X) \\ &= -\sum_j p(y_j) \log p(y_j) + \sum_i \sum_j p(y_j, x_i) \log p(y_j \mid x_i) \\ &= -\sum_i (\sum_j p(x_i, y_j)) \log p(y_j) + \sum_i \sum_j p(y_j, x_i) \log p(y_j \mid x_i) \\ &= \sum_i \sum_j p(y_j, x_i) \log \frac{p(y_j \mid x_i)}{p(y_j)} \\ &= \sum_i \sum_j p(x_i, y_j) \log \frac{p(x_i, y_j)}{p(y_j) p(x_i)} \end{aligned} \tag{4.6}$$

因此，互信息的公式还可以直接表示为

$$I(X;Y) = \sum_i \sum_j p(x_i, y_j) \log \frac{p(x_i, y_j)}{p(x_i) p(y_j)} \tag{4.7}$$

我们通常将随机变量（X,Y）取确定值（x,y）时的互信息称为点式互信息，如式（4.8）所示，显然互信息是点式互信息的期望：

$$I(x,y) = \log \frac{p(x,y)}{p(x)p(y)} \tag{4.8}$$

在文本分类中，通常用点式互信息来衡量特征项 t_i 透露类别项 c_j 的信息量：

$$I(t_i, c_j) = \log \frac{p(t_i, c_j)}{p(t_i) p(c_j)} \tag{4.9}$$

式中，$p(c_j)$ 表示类别 c_j 在所有类别中出现的概率；$p(t_i)$ 表示特征 t_i 在所有特征中出现的概率，也就是出现过 t_i 的文档数除以总文档数的值；$p(t_i, c_j)$ 表示文档包含特征项 t_i 且属于类别 c_j 的概率。

但是把互信息直接用于特征选择其实不是太方便：①它不属于度量方式，也没有办法归一化，在不同数据集上的结果无法做比较；②对于连续变量的计算不是很方便（X 和 Y 都是集合，x 和 y 都是离散的取值），通常变量需要先离散化，而互信息的结果对离散化的方式很敏感。最大信息系数克服了这两个问题，它首先寻找一种最优的离散化方式，然后把互信息取值转换成一种度量方式，取值区间为 $[0,1]$。

2. 信息增益法

信息增益（Information Gain，IG）选择特征的思想是考虑某个特征能为分类系统带来多少信息量，带来的信息量越多，该特征越重要。

对分类系统，类别 C 是变量，它可能的取值是 C_1，C_2，…，C_n，而每一个类别出现的概率是 $p(C_1)$，$p(C_2)$，…，$p(C_n)$，n 为类别总数。那么分类系统的熵为

$$H(C)=-\sum_{j=1}^{n}p(C_j)\log p(C_j) \tag{4.10}$$

信息增益是针对特征而言的，就是看某个特征 t_i，使用它和不使用它时信息量各为多少，两者的差值就是特征 t_i 给分类带来的信息量。显然，不使用任何特征的信息量是 $H(C)$，而针对某特征又分为该特征出现和该特征没有出现两种情况。

特征 t_i 出现的信息量为 $p(t_i)H(C \mid t_i)$，特征 t_i 不出现的信息量为 $p(t_i')H(C \mid t_i')$，因此，特征 t_i 的信息量为

$$\begin{aligned}H(C \mid t_i) &= p(t_i)H(C \mid t_i)+p(t_i')H(C \mid t_i') \\ &=-p(t_i)\sum_{j=1}^{n}p(C_j \mid t_i)\log p(C_j \mid t_i)-p(t_i')\sum_{j=1}^{n}p(C_j \mid t_i')\log p(C_j \mid t_i')\end{aligned} \tag{4.11}$$

那么，特征 t_i 的信息增益为

$$\begin{aligned}IG(t_i) &= H(C)-H(C \mid t_i) \\ &=-\sum_{j=1}^{n}p(C_j)\log p(C_j)- \\ &\quad \{p(t_i)\sum_{j=1}^{n}p(C_j \mid t_i)\log p(C_j \mid t_i)+p(t_i')\sum_{j=1}^{n}p(C_j \mid t_i')\log p(C_j \mid t_i')\}\end{aligned} \tag{4.12}$$

式中，$p(C_j \mid t_i)$ 表示包含特征 t_i 的文档中，属于类别 C_j 的条件概率，用出现特征 t_i 且属于类别 C_j 的文档数除以出现特征 t_i 的文档数；$p(t_i')$ 表示语料中不包含特征项 t_i 的文档的概率；$p(C_j \mid t_i')$ 表示文档不包含特征项 t_i 时属于 C_j 的条件概率。

从上面的内容可知，信息增益考虑了 $\{t_i,t_i'\}$ 两种情况，因此可以写成互信息 $I(t_i,C_j)$ 和 $I(t_i',C_j)$ 的加权平均：

$$IG(t_i)=\sum_{j=1}^{n}p(t_i,C_j)I(t_i,C_j)+p(t_i',C_j)I(t_i',C_j) \tag{4.13}$$

总的来说，用信息增益法进行文本特征选择的效果比互信息法更好。

3. 卡方统计法

卡方（χ^2）检验是一种假设性检验方法，用来描述两个事件的独立性或者说描述实际观察值与期望值的偏离程度。卡方值越大，表明实际观察值与期望值偏离越大，也说明两个事件的相互独立性越弱。卡方的计算公式如下：

$$\chi^2=\sum_{i=1}^{k}\frac{(A_i-E_i)^2}{E_i} \tag{4.14}$$

式中，A_i 为观察值；E_i 为理论值；k 为观察值的总个数。

在文本特征选择中，定义特征项 $T_i \in \{t_i,t_i'\}$ 和类别项 $C_j \in \{c_j,c_j'\}$ 分别服从伯努利分布的二元随机变量，t_i 和 t_i' 分别表示特征项 t_i 出现和不出现，c_j 和 c_j' 分别表示文档类别是否为 c_j。

首先提出原假设：T_i 和 C_j 相互独立，即 $p(T_i,C_j)=p(T_i)\ p(C_j)$，对于给定的语料，针对每个特征项 T_i 和每个类别项 C_j 的卡方统计量计算公式为

$$\chi^2(T_i, C_j) = \sum_{i=1}^{k} \frac{(N_{T_i,C_j} - E_{T_i,C_j})^2}{E_{T_i,C_j}} \tag{4.15}$$

式中，N_{T_i,C_j} 表示观察频率，E_{T_i,C_j} 表示期望频率，k 为特征词总个数。下面通过表 4−1来对公式各个值进行详细解释。

表 4−1 按特征和类别统计文档频率

	类别 c_j	类别 c_j'
特征 t_i	N_{t_i,c_j}	$N_{t_i,c_j'}$
特征 t_i'	N_{t_i',c_j}	$N_{t_i',c_j'}$

N_{t_i,c_j} 表示特征项 t_i 在所有 c_j 类文档中出现的文档频率，E_{t_i,c_j} 表示在原假设成立的条件下特征项 t_i 在所有 c_j 类文档中出现的期望。E_{t_i,c_j} 的计算如下：

$$\begin{aligned} E_{t_i,c_j} &= N \cdot p(t_i, c_j) = N \cdot p(t_i) \cdot p(c_j) \\ &= N \cdot \frac{N_{t_i,c_j} + N_{t_i,c_j'}}{N} \cdot \frac{N_{t_i,c_j} + N_{t_i',c_j}}{N} \end{aligned} \tag{4.16}$$

式中，N 表示总文档数，即 $N = N_{t_i,c_j} + N_{t_i,c_j'} + N_{t_i',c_j} + N_{t_i',c_j'}$ 。

类似地，可以计算 E_{t_i',c_j}，$E_{t_i,c_j'}$ 和 $E_{t_i',c_j'}$，代入式（4.15）得到最后的计算公式：

$$\chi^2(T_i, C_j) = \frac{N \cdot (N_{t_i,c_j} N_{t_i',c_j'} - N_{t_i',c_j} N_{t_i,c_j'})^2}{(N_{t_i,c_j} + N_{t_i',c_j})(N_{t_i,c_j} + N_{t_i,c_j'})(N_{t_i',c_j} + N_{t_i',c_j'})(N_{t_i,c_j'} + N_{t_i',c_j'})} \tag{4.17}$$

$\chi^2(T_i, C_j)$ 值越大，表明观察频率越远离期望频率，说明 T_i 和 C_j 之间的原始独立性假设越不成立，它们的相关性越大。

4.1.3 使用 sklearn 进行文本特征选择

sklearn 库的 feature _ selection 模块中提供了特征选择的多种方法，我们现在仅介绍上面提到的特征选择方法在 sklearn 库中的使用。对象的实例化方式如下：

```
class sklearn.feature_selection.SelectKBest(score_func, k = 10)
```

参数说明：

score _ func：指用于特征评分的统计检验方法，有多种选择，默认为 f _ classif。

f _ classif：计算变量与类别间的方差分析 F 值（Anova F-value），适用于分类问题。

chi2：计算卡方统计量，适用于分类问题。

mutual _ info _ classif：计算互信息统计量，适用于分类问题。

k：指定要保留最佳的特征数。

主要属性：

scores _ ：给出所有特征得分。

pvalues _ ：给出所有特征得分的 p 值，p 值越小，置信度越高。

主要方法：

fit(X, [,y])：从样本数据中学习统计指标得分。

transform (X)：将 X 转化为所选的特征。

fit _ transform(X[.,y])：根据给定的样本数据，执行特征选择。

get _ support([indices])：获取所选特征的整数索引。

inverse _ transform(X)：根据选出来的特征还原原始数据，但对于被删除的属性值全部用 0 代替。

实例：

这里使用的是 sklearn 库中自带的鸢尾花卉数据集，并对其进行特征选择。

```
from sklearn.feature_selection import SelectKBest
from sklearn.feature_selection import chi2
from sklearn.datasets import load_iris

#导入 IRIS 数据集
iris = load_iris()
print(iris.data[0:10])  #查看前 10 行数据

model1 = SelectKBest(chi2, k = 2)  #选择 k 个最佳特征
model1.fit_transform(iris.data, iris.target)  #iris.data 是特征数据，iris.target 是标签数据

print(model1.scores_)
print(model1.pvalues_)
print(model1.get_support('True))  #返回被选出的特征的下标
```

运行结果如下：

```
[[5.1   3.5   1.4   0.2]
 [4.9   3.    1.4   0.2]
 [4.7   3.2   1.3   0.2]
 [4.6   3.1   1.5   0.2]
 [5.    3.6   1.4   0.2]
 [5.4   3.9   1.7   0.4]
 [4.6   3.4   1.4   0.3]
 [5.    3.4   1.5   0.2]
 [4.4   2.9   1.4   0.2]
 [4.9   3.1   1.5   0.1]]
score:[10.81782088   3.7107283   116.31261309   67.0483602]
p 值:[4.47651499e-03  1.56395980e-01  5.53397228e-26  2.75824965e-15]
所选特征:[2  3]
```

我们可以看到，iris 数据集中有四个特征，其中第三个和第四个特征的 score 比较大，而 p 值较小，因此选择最佳的 2 个特征就是第三个和第四个，对应的下标为［2,3］。

互信息法选择特征不返回 p 值或 F 值类似的统计量，它返回“每个特征与目标之间的互信息量的估计”，这个估计量在［0,1］之间取值。若取值为 0，则表示两个变量独立；若取值为 1，则表示两个变量完全相关。以互信息分类为例的代码如下：

```
from sklearn.feature_selection import SelectKBest
from sklearn.datasets import load_iris
from sklearn.feature_selection import mutual_info_classif as MIC

iris = load_iris()
result = MIC(iris.data, iris.target)
print("各特征互信息值:", result)  #打印各特征的互信息值
k = result.shape[0] - sum(result <= 0.5)  #确定选取的特征个数
print("选取的特征数:", k)
X_fsmic = SelectKBest(MIC, k = 4).fit_transform(iris.data, iris.target)
```

运行结果如下：

```
各特征互信息值:[0.47441855 0.27083743 0.98382163 0.9746261]
选取的特征数:2
```

iris 数据集中四个特征与目标之间的互信息量的估计值都在［0,1］之间，选取互信息值小于 0.5 的特征，得到了选取的特征数为 2，那么必然选择的是后两个特征。

4.2 传统文本分类算法

在现实生活中经常会遇到将文本进行分类的情况，例如，判断一份邮件是否为垃圾邮件，一条商品评论是好评还是差评，一部小说属于言情、武侠还是科幻等。我们可以通过基于传统的机器学习算法对文本进行分类。广泛使用的文本分类算法有朴素贝叶斯模型、逻辑回归模型和支持向量机模型等。

分类即把一个事物分到某个类别。一个事物具有很多属性，把它的众多属性看作一个向量，即 $\boldsymbol{X}=(x_1,x_2,\cdots,x_n)$，向量 $\boldsymbol{X}$ 就表示这个事物。类别也有很多种，用集合 $Y=\{y_1,y_2,\cdots,y_m\}$ 表示。如果 $\boldsymbol{X}$ 属于 y_1类别，就给 $\boldsymbol{X}$ 打上 y_1标签，这就是所谓的分类。

在文本分类中，假设我们有多篇文档集合 D，$\boldsymbol{d}$ 是某篇文档的向量空间，类别集合为 $C=\{c_1,c_2,\cdots,c_j\}$。我们将大量已经打了标签的文档集合 $\langle D,C\rangle$ 作为训练样本让机器进行学习，期望用某种训练算法训练出一个函数 f，能够将文档映射到某一个类别：$f: D\rightarrow C$。这种类型的学习方法叫有监督学习，监督者为事先打好标签的文档。因此，用于文本分类的语料库通常分成两部分：训练数据和测试数据。训练数据用于训

练学习分类器，测试数据用于评价模型的分类性能。

4.2.1 朴素贝叶斯模型

1. 贝叶斯原理

在概率论统计中，已知某条件概率，如何得到两个事件交换后的概率？也就是在已知 $p(A \mid B)$ 的情况下如何求得 $p(B \mid A)$？这就用到了贝叶斯定理。贝叶斯定理如下：

$$p(B \mid A) = \frac{p(A,B)}{p(A)} = \frac{p(A \mid B)p(B)}{p(A)} \tag{4.18}$$

2. 朴素贝叶斯分类

朴素贝叶斯的思想基础为：对于给出的待分类项，求解在此项出现的条件下各个类别出现的概率，我们会选择条件概率最大的类别，这就是朴素贝叶斯的思想基础。

对于文本分类，目标是要根据已经训练好的朴素贝叶斯模型来预测一篇新的文档 $\boldsymbol{d}$ 属于哪个类别，也就是要求解 $p(c_1 \mid \boldsymbol{d})$，$p(c_2 \mid \boldsymbol{d})$，…，$p(c_m \mid \boldsymbol{d})$，并从这些概率值中选取最大的作为最后的类别判断。

因为 $p(C \mid \boldsymbol{d})$ 无法直接求解，根据贝叶斯定理可以通过求解 $p(\boldsymbol{d} \mid C)$ 和$p(C)$来得到，如式（4.19)。在这里是要比较 $p(c_1 \mid \boldsymbol{d})$，$p(c_2 \mid \boldsymbol{d})$，…，$p(c_m \mid \boldsymbol{d})$ 的大小，因为分母都是 $p(\boldsymbol{d})$，所以只需对分子部分进行比较即可。而分子部分又构成了一个全概率公式（4.20)，于是得到了朴素贝叶斯分类的目标函数式（4.21)。

$$p(C \mid \boldsymbol{d}) = \frac{p(\boldsymbol{d} \mid C)p(C)}{p(\boldsymbol{d})} \tag{4.19}$$

$$p(\boldsymbol{d},C) = p(C)p(\boldsymbol{d} \mid C) \tag{4.20}$$

$$\underset{c_m \in C}{\operatorname{argmax}}\, p(c_m \mid \boldsymbol{d}) = \underset{c_m \in C}{\operatorname{argmax}}\, p(\boldsymbol{d} \mid c_m)p(c_m) \tag{4.21}$$

式中，$p(c_m)$ 为先验分布；$p(\boldsymbol{d} \mid c_m)$ 为给定类别的条件分布，也称为似然函数。通常假设类别 c_m 服从伯努利分布或分类分布，通过建模得到两类或多分类的类别先验概率 $p(c_m)$。而类别条件分布 $p(\boldsymbol{d} \mid c_m)$ 一般是通过对实际任务进行合理假设来求解得到的。

朴素贝叶斯模型之所以称为朴素，是因为它有一个很强的独立性假设：在给定类别条件下，各个特征之间是相互独立的。在文本分类任务中，$p(\boldsymbol{d} \mid C)$ 的假设有两种：多项式分布假设和多变量伯努利分布假设。其中多变量伯努利分布假设只关心特征是否出现，而不记录出现的频次，在实际应用中，其效果往往不如多项式分布假设。因此在文本分类任务中，如不加特别说明，朴素贝叶斯模型通常都是指基于多项式分布假设的朴素贝叶斯模型。

在多项式分布中，设文档 $\boldsymbol{d} = [w_1, w_2, \cdots, w_{|\boldsymbol{d}|}]$，$w_k$是该文档中出现过的单词，允许重复，在条件独立性假设下，$p(\boldsymbol{d} \mid c_j)$ 具有多项式分布的形式：

$$\begin{aligned} p(\boldsymbol{d} \mid c_j) &= p([w_1, w_2, \cdots, w_{|\boldsymbol{d}|}] \mid c_j) \\ &= \prod_{i=1}^{|V|} p(t_i \mid c_j)^{N(t_i, \boldsymbol{d})} \end{aligned} \tag{4.22}$$

式中，V 是训练样本的词汇表；$|V|$ 是词汇表维度；t_i表示词汇表中第i 项；$N(t_i, \boldsymbol{d})$ 表示在文档 $\boldsymbol{d}$ 中t_i的词频。

$$p(t_i,c_j)=\frac{N(t_i,c_j)}{N(c_j)} \tag{4.23}$$

式中，$N(t_i,c_j)$ 表示类 c_j 下单词 t_i 在各个文档中出现过的总次数；$N(c_j)$ 表示属于类别 c_j 的各文档的单词总数。为了防止零概率情况的出现（遇到训练语料中未出现的单词），经常需要对条件概率进行拉普拉斯平滑：

$$p(t_i \mid c_j)=\frac{N(t_i,c_j)+1}{N(c_j)+|V|} \tag{4.24}$$

另外，先验概率 $p(c_j)$ 的计算如式（4.25）：

$$p(c_j)=\frac{N(c_j)}{N} \tag{4.25}$$

式中，N 表示整个样本的单词总数。

$p(t_i \mid c_j)$ 可以看作单词 t_i 在证明文档 $\boldsymbol{d}$ 属于类别 c_j 上提供了多大的证据，而 $p(c_j)$ 则可以认为是类别 c_j 在整体上占多大比例。将统计得到的先验概率和条件概率代入目标函数式（4.21）中，就可以获得朴素贝叶斯分类的结果。

另外，由于在训练语料中先验概率和条件概率的值都很小，若干个很小的概率值直接相乘，得到的结果会越来越小。为了避免计算过程出现下溢，应在对数下进行计算。因此，朴素贝叶斯分类器的目标可通过最大对数似然估计得到，如：

$$\underset{c_m \in C}{\operatorname{argmax}}\, p(c_m \mid \boldsymbol{d})=\underset{c_m \in C}{\operatorname{argmax}}\, \log p(c_m)+\log p(\boldsymbol{d} \mid c_m) \tag{4.26}$$

3. 使用 sklearn 库中的贝叶斯分类器

sklearn 库中根据条件概率的不同分布提供了多种贝叶斯分类器，在这里我们主要介绍多项式分布和伯努利分布的贝叶斯分类器。

（1）多项式贝叶斯分类器。

```
class sklearn.naive_bayes.MultinomialNB(*, alpha = 1.0, fit_prior=True, class_prior = None)
```

参数说明：

alpha：浮点数，指计算概率时是否进行平滑，默认为 1.0；若设置为 0，表示不做平滑。

fit_prior=True：是否学习 $p(y=C_k)$；若不学习，则以均匀分布替代。

class_prior=None：可以传入数组指定每个分类的先验概率，None 代表从数据集中学习先验概率。

class_count：数组类型，形状为(n_class,)，表示每个类别包含训练样本数量。

feature_count：数组类型，形状为(n_class, n_features)，表示每个类别每个特征的样本数。

主要方法：

fit()：使用贝叶斯分类器训练模型。

partial_fit()：追加训练模型，适用于规模大的数据集，划分为若干个小数据集，在这些小数据集上连续使用 partial_fit 训练模型。

predict()：对给定的测试样本进行分类。

score()：对给定的测试样本和标签计算平均准确率。

主要属性：

class_log_prior_：每个类别的对数概率。

class_count_：每个类别包含的样本数量。

(2) 伯努利贝叶斯分类器。

伯努利贝叶斯分类器适用于离散二元特征，特征取值只能是 0 和 1（若文本分类中某个词出现，则特征取值为 1；若没有出现，则特征取值为 0）。

```
class sklearn.naive_bayes.BernoulliNB( *, alpha=1.0, binarize=0.0, fit_prior=True, class_prior
=None)
```

参数说明：

alpha：浮点数，指定贝叶斯估计中的 λ。

binarize = 0.0：浮点数或 None。None 表明原始数据已二元化；浮点数作为边界，特征取值大于该边界则为 1；否则为 0（通过这个浮点数来实现二元化）。

fit_prior = True：是否学习 $p(y=C_k)$；若不学习，则以均匀分布替代。

class_prior = None：可以传入数组指定每个分类的先验概率，None 代表从数据集中学习先验概率。

class_count：数组类型，形状为(n_class，)，每个类别包含训练样本数量。

主要方法和属性与多项式分类器相同。需要说明的是，alpha 对预测的影响较大，alpha 值越大（>100）准确率反而下降。binarize 不能太小也不能太大，一般取所有特征值的（min+max)/2为宜。

实例：

这里使用 NLTK 语料库中的电影评论（共有 2000 条，好评和差评各 1000 条），选择总数的 70%作为训练数据，30%作为测试数据，来检测 sklearn 库自带的贝叶斯分类器的分类效果。

以下的代码用于获取数据，将类别拼接在影评句子之后，并且将顺序打乱，返回字符串列表。

```
from nltk.corpus import movie_reviews
import random
import nltk

def getData():
    # 获取数据
    files = movie_reviews.fileids()  #语料库中的所有文件列表
    categories = movie_reviews.categories()  #语料库中的类别列表
    documents = []  #用于存放影评及对应类别
```

```
    for c in categories:
        print(c)
        files = movie_reviews.fileids(c)   #根据类别找到文件
        print(len(files))
        for file in files:
            li = movie_reviews.words(file)
            str = ''.join(li)
            comment_c = str + '' + c
            documents.append(comment_c)
    random.shuffle(documents)   #随机打乱影评顺序
return documents
```

以下代码用来划分训练集和测试集，按照 7∶3 的比例划分。因为分为“neg”和“pos”两个类别，所以数据列表中每一项的后三个字符就是类别标签，代码中的 each[-3:]就是指类别标签。

```
def train_and_test_data(data_):
    filesize = int(0.7 * len(data_))
    # 训练集和测试集的比例为 7:3
    train_data_ = [each[0:-4] for each in data_[:filesize]]
    train_target_ = [each[-3:] for each in data_[:filesize]]

    test_data_ = [each[0:-4] for each in data_[filesize:]]
    test_target_ = [each[-3:] for each in data_[filesize:]]

    return train_data_, train_target_, test_data_, test_target_

data = getData()
train_data, train_target, test_data, test_target = train_and_test_data(data)
print(len(train_data))   #打印查看训练数据总数
print(len(test_data))   #打印查看测试数据总数
```

接下来开始训练分类模型，这里使用 Pipeline 的方式来构建模型，特征选择使用的是 TF-IDF，分类器是多项式贝叶斯分类器，在计算贝叶斯概率时使用了平滑技术，代码如下：

```
import sklearn
from sklearn.naive_bayes import MultinomialNB
from sklearn.pipeline import Pipeline
from sklearn.feature_extraction.text import TfidfVectorizer
```

```
data = getData()
train_data, train_target, test_data, test_target = train_and_test_data(data)

nbc = Pipeline([
    ('vect', TfidfVectorizer()),
    ('clf', MultinomialNB(alpha = 1.0)),
])
nbc.fit(train_data, train_target)  #训练多项式模型贝叶斯分类器
predict = nbc.predict(test_data)  #在测试集上预测结果
count = 0  #统计分类正确的结果个数
for left, right in zip(predict, test_target):
    if left == right:
        count += 1
print(count / len(test_target))
```

打印输出利用多项式贝叶斯分类器分类的正确率为0.758$\dot{3}$，下面的代码是在同样的数据集上，利用sklearn库自带的伯努利分布的贝叶斯分类器进行分类实验，最终得到的分类准确率为0.765。需要提醒读者注意的是，在运行代码时，得到的结果可能与这里不一致，这是因为我们在获取数据时随机打乱了数据集的顺序，让每次运行时训练数据集和测试数据集都是不一样的，所以分类的结果就会不一样。遇到这种情况，通常的做法是使用五折或十折交叉验证的方法，重复进行多次后取平均值得到最终的分类准确率。

```
import sklearn
from sklearn.naive_bayes import BernoulliNB
from sklearn.pipeline import Pipeline
from sklearn.feature_extraction.text import TfidfVectorizer

data = getData()
train_data, train_target, test_data, test_target = train_and_test_data(data)

nbc = Pipeline([
    ('vect', TfidfVectorizer()),
    ('clf', BernoulliNB(alpha=0.1)),
])
nbc.fit(train_data, train_target)  #训练多项式模型贝叶斯分类器
predict = nbc.predict(test_data)  #在测试集上预测结果
count = 0  #统计分类正确的结果个数
for left, right in zip(predict, test_target):
    if left == right:
        count += 1
print(count / len(test_target))
```

4.2.2 逻辑回归模型

逻辑回归中虽然包含了“回归”二字，但它却是一个实实在在的分类模型，是一个线性的二分类模型，决定的分类面是一个关于特征空间的超平面。接下来将介绍逻辑回归模型。

1. 相关知识

(1) 线性回归。

线性回归就是要找一条直线，并且让这条直线尽可能地拟合给定输入变量 $\boldsymbol{x}$ 和 $\boldsymbol{y}$，它的表达式为

$$f(\boldsymbol{x}) = \boldsymbol{w}^{\mathrm{T}}\boldsymbol{x} + b \tag{4.27}$$

通常为了消掉常数项 b，可以令 $\boldsymbol{x}' = [1 \quad \boldsymbol{x}]^{\mathrm{T}}$，同时 $\boldsymbol{w}' = [b \quad \boldsymbol{w}]^{\mathrm{T}}$，这时直线方程可以化简为

$$f(\boldsymbol{x}') = \boldsymbol{w}'^{\mathrm{T}}\boldsymbol{x}' \tag{4.28}$$

为了方便，在后面的相关内容中我们所使用的 $\boldsymbol{w}$，$\boldsymbol{x}$ 指代的就是 $\boldsymbol{w}'$，$\boldsymbol{x}'$。

(2) sigmoid 函数。

sigmoid 函数的数学形式为

$$\sigma(x) = \frac{1}{1 + \mathrm{e}^{-x}} \tag{4.29}$$

图 4−2 为 sigmoid 函数的图像，从图 4−2 中可以看出，sigmoid 函数连续、光滑，且严格单调，当 x 趋近负无穷时，y 趋近于 0；x 趋近正无穷时，y 趋近于 1。值域范围限制在（0,1）之间，并且以（0,0.5）中心对称，是一个非常好的阈值函数，而且常常与概率分布联系起来。另外，sigmoid 函数的导数如式（4.30）所示，计算非常方便，也非常省时。

$$\sigma(x)' = \sigma(x)(1 - \sigma(x)) \tag{4.30}$$

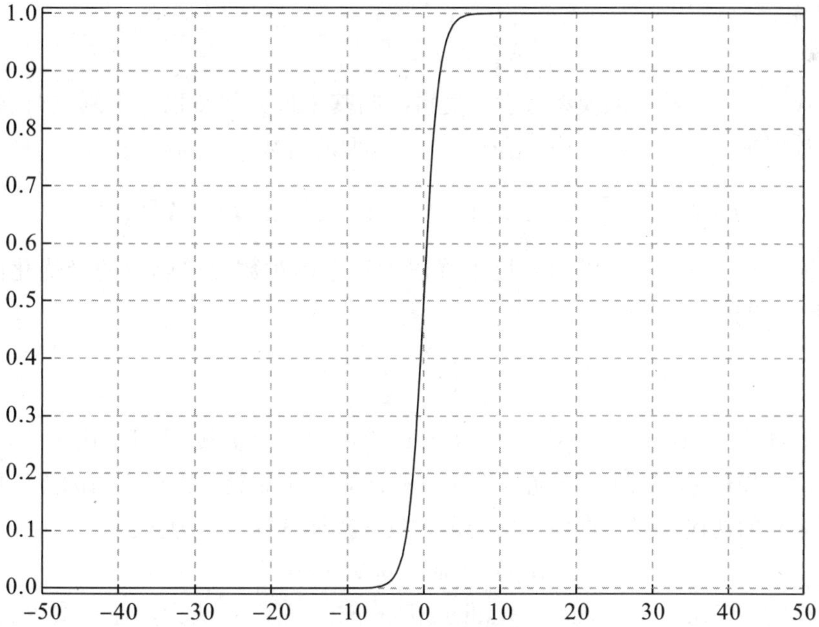

图 4−2　sigmoid 函数的图像

2. 逻辑回归模型

线性回归的输出是数值，不是标签，不能直接用于二分类问题。一个最直接的方法是设定一个阈值，如果输出的数值大于阈值，则属于该类；反之不属于该类。采用这种方法的模型又叫作感知机（Perceptron）。

另外还有一种方法是先预测属于各类别的概率，如果属于某类别的概率大于 0.5，则认为它属于该类；否则不属于。这就是我们要介绍的逻辑回归模型。

我们知道概率是一个在［0,1］区间内的连续数值，但线性回归模型的值域是 $(-\infty,\infty)$，不能直接基于线性模型建模。需要找一个值域刚好在［0,1］区间同时又足够“好用”的函数，于是选择了 sigmoid 函数。

结合 sigmoid 函数和线性回归函数，把线性回归模型的输出作为 sigmoid 函数的输入，于是最后就变成了逻辑回归模型，如式（4.31）：

$$y=\sigma(f(\boldsymbol{x}))=\sigma(\boldsymbol{w}^{\mathrm{T}}\boldsymbol{x})=\frac{1}{1+\mathrm{e}^{-\boldsymbol{w}^{\mathrm{T}}\boldsymbol{x}}} \tag{4.31}$$

假设已经训练好了一组权值 $\boldsymbol{w}$，只要把需要预测的 $\boldsymbol{x}$ 代入式（4.31），输出的 y 值就能够判断输入数据属于哪个类别。接下来将详细介绍，如何利用一组采集到的真实样本，训练出参数 $\boldsymbol{w}$ 值。

对于一个二分类问题，类别标记为 $y\in\{0,1\}$，特征向量为 $\boldsymbol{x}$，权重向量为 $\boldsymbol{w}$，逻辑回归定义了给定 $\boldsymbol{x}$，$y\in\{0,1\}$ 的后验概率，形式如下：

$$\begin{cases}p(y=1\mid\boldsymbol{x};\boldsymbol{w})=h_{w}(\boldsymbol{x})=\sigma(\boldsymbol{w}^{\mathrm{T}}\boldsymbol{x})\\p(y=0\mid\boldsymbol{x};\boldsymbol{w})=1-h_{w}(\boldsymbol{x})\end{cases} \tag{4.32}$$

式（4.32）可以写成如下的简化形式：

$$\begin{aligned}p(y\mid\boldsymbol{x};\boldsymbol{w})&=(h_{w}(\boldsymbol{x}))^{y}\,(1-h_{w}(\boldsymbol{x}))^{(1-y)}\\&=\left(\frac{1}{1+\mathrm{e}^{-\boldsymbol{w}^{\mathrm{T}}\boldsymbol{x}}}\right)^{y}\left(1-\frac{1}{1+\mathrm{e}^{-\boldsymbol{w}^{\mathrm{T}}\boldsymbol{x}}}\right)^{(1-y)}\end{aligned} \tag{4.33}$$

对于式（4.33）给定的模型假设，逻辑回归基于最大似然估计准则进行参数学习，给定训练数据集 $\{(x_i,y_i)\}$，$i=1$，…，N，模型的对数似然函数为

$$L(\boldsymbol{w})=\sum_{i=1}^{N}y_i\log h_{w}(x_i)+(1-y_i)\log(1-h_{w}(x_i)) \tag{4.34}$$

通常使用梯度下降法、随机梯度下降法求解上述对数似然函数的最优化问题。求 $L(\boldsymbol{w})$关于 $\boldsymbol{w}$ 的梯度，得到

$$\nabla L(\boldsymbol{w})=\sum_{i=1}^{N}\left(y_i-\frac{1}{1+\mathrm{e}^{-\boldsymbol{w}^{\mathrm{T}}x_i}}\right)x_i \tag{4.35}$$

梯度下降法（Gradient Descent，GD）的核心思想是先随机初始化一个 $\boldsymbol{w}_0$，然后给定一个学习步长 η，通过不断地修改 $\boldsymbol{w}_{t+1}\leftarrow\boldsymbol{w}_t$，逐步靠近取得最大值的点，即不断进行式（4.36）的迭代过程，直到达到指定次数，或梯度等于 0 为止。

$$\boldsymbol{w}_{t+1}=\boldsymbol{w}_t+\eta\,\nabla L(\boldsymbol{w}) \tag{4.36}$$

随机梯度下降法（Stochastic Gradient Descent，SGD）认为，在每次更新过程中，加入一点点噪声扰动，可能会更快速地逼近最优值。在 SGD 中，迭代过程不直接使用

$\nabla L(w)$，而采用另一个输出为随机变量的替代函数 $G(w)$，如式（4.37）：

$$w_{t+1} = w_t + \eta G(w) \tag{4.37}$$

当然这个替代函数需要满足它的期望值等于 $\nabla L(w)$，相当于这个函数围绕着 $\nabla L(w)$ 的输出值随机波动。

二分类问题是最简单的分类问题。我们可以把多分类问题转化成一组二分类问题。比如一个 10 分类问题，可以分别判断输入 x 是否属于某个类，从而转换成 10 个二分类问题。因此，解决了二分类问题，就相当于解决了多分类问题。

3. 使用 sklearn 库中的逻辑回归模型

在 sklearn 库的线性模型 linear_model 包中实现了逻辑回归模型，用于实例化逻辑回归模型的类如下所示：

```
sklearn.linear_model.LogisticRegression(penalty='l2', dual=False, tol=0.0001, C=1.0, fit_intercept=True, intercept_scaling=1, class_weight=None, random_state=None, solver='liblinear', max_iter=100, multi_class='ovr', verbose=0, warm_start=False, n_jobs=1)
```

参数说明：

penalty：惩罚方式可选的值为{'l1', 'l2'}，默认为'l2'。

dual：布尔类型，默认取值为 False，dual=True 仅用于利用 liblinear 求解器的 L_2 惩罚。当样本总数大于特征总数时，一般选择使用 dual=False。

tol：浮点数，默认取值为 1e−4，指容错率。

C：浮点数，默认取值为 1.0，表示正则化强度。与支持向量机一样，较小的值指定更强的正则化。

fit_intercept：布尔类型，默认取值为 True。指定一个常数（即偏差或截距）是否添加到决策函数中。

intercept_scaling：浮点类型，默认取值为 1，仅在使用求解器 liblinear 且 self.fit_intercept 设置为 True 时有用。在这种情况下，x 变为 [x, self.intercept_scaling]，即具有等于 intercept_scaling 的常数值的“合成”特征被附加到实例矢量。截距变为 intercept_scaling * synthetic_feature_weight。

class_weight：是一个 dict 类型或者为'balanced'，默认取 None。是与 {class_label:weight} 形式的类相关联的权重。“平衡”模式使用 y 的值自动调整与输入数据中的类频率成反比的权重，如 n_samples/(n_classes*np.bincount(y))。请注意，如果指定了 sample_weight，这些权重将与 sample_weight（通过 fit 方法传递）相乘。

random_state：整数型，RandomState 实例或 None，是一个可选参数，默认值为 None，是随机数据混洗时使用的伪随机数生成器的种子。如果是 int，则 random_state 是随机数生成器使用的种子；如果是 RandomState 实例，则 random_state 是随机数生成器；如果为 None，则随机数生成器是 np.random 使用的 RandomState 实例。在求解器为'sag'或'liblinear'时使用。

solver：可以选择的求解器有{'newton-cg', 'lbfgs', 'liblinear', 'sag', 'saga'}，默认为'liblinear'，指在优化问题中使用的算法。对于小型数据集 liblinear 是一个不错的选择，

而 sag 和 saga 对于大型数据集更适用。对于多类问题，只有 newton-cg，sag，saga 和 lbfgs 处理多项损失；liblinear 仅限于 ovr 方案。newton-cg，lbfgs 和 sag 只处理 l2 惩罚，而 liblinear 和 saga 处理 l1 惩罚。请注意，sag 和 saga 快速收敛仅在具有大致相同比例的要素上得到保证。也可以使用 sklearn. preprocessing 中的缩放器预处理数据。

max _ iter：整数类型，默认取值为 100，求解器收敛的最大迭代次数，仅适用于 newton—cg，sag 和 lbfgs 求解器。

muti _ class：字符串类型，可选取的值为{'ovr', 'multinomial'}，默认取值为 ovr。多类选项可以是 ovr 或 multinomial。如果选择的项是 ovr，那么二元问题适合每个标签。另外，最小化损失是整个概率分布中的多项式损失拟合。muti _ class 不适用于 liblinear 解算器。

verbose：整数类型，默认取值为 0，marm _ start 对于 liblinear 和 lbfgs 求解器，将 verbose 设置为任何正数以表示详细程度。

warm _ start：布尔类型，默认取值为 False。设置为 True 时，重用上一次调用的解决方案以适合初始化，否则只需擦除以前的解决方案。warm _ start 对于 liblinear 求解器没用。

n _ jobs：整数类型，默认取值为 1。

实例：

这里我们仍然使用 NTLK 语料库中的影评数据集，所以获取数据、拆分训练集和测试集的操作都一样，只需将贝叶斯模型部分替换为逻辑回归模型即可。逻辑回归采用了 L_2 惩罚方式，求解器使用的是 lbfgs，代码如下：

```
import sklearn
from sklearn. linear _ model import LogisticRegression
from sklearn. pipeline import Pipeline
from sklearn. feature _ extraction. text import TfidfVectorizer

data = getData()
train _ data, train _ target, test _ data, test _ target = train _ and _ test _ data(data)

lr = Pipeline([
    ('vect', TfidfVectorizer()),
    ('clf', LogisticRegression(penalty = 'l2', C = 1.0, solver = 'lbfgs')),
])
lr. fit(train _ data, train _ target)    #训练多项式模型逻辑回归分类器
predict = lr. predict(test _ data)    #在测试集上预测结果
count = 0    #统计分类正确的结果个数
for left, right in zip(predict, test _ target):
    if left == right:
        count += 1
print(count / len(test _ target))
```

4.2.3　支持向量机模型

支持向量机（Support Vector Machines，SVM）相较其他传统机器学习算法具有更优的性能。它的两个核心思想是：①寻找具有最大类间距离的决策面；②通过核函数在低维空间计算并构建分类面，将低维不可分问题转化为高维可分问题。基于线性核函数的支持向量机模型在文本分类中有着非常广泛的应用。下面就先介绍与该模型相关的知识。

1. SVM 分类思想

一个线性分类器在二维空间中是要寻找一条直线将数据分为两部分，扩展到 n 维空间中是要找到一个超平面。从几何来看，由于超平面是用于分隔两类数据的，越接近超平面的点就越难分隔，因为超平面稍微转一下，它们就可能跑到另一边去。我们希望找到的是离分隔超平面最近的点，确保它们离分隔面的距离尽可能的远。这也就是 SVM 分类的主要思想：寻找具有“最大间隔”的决策面。SVM 分类示意图如图 4－3 所示，注意这里的 SVM 分类器用 1 和－1 表示标签类别。

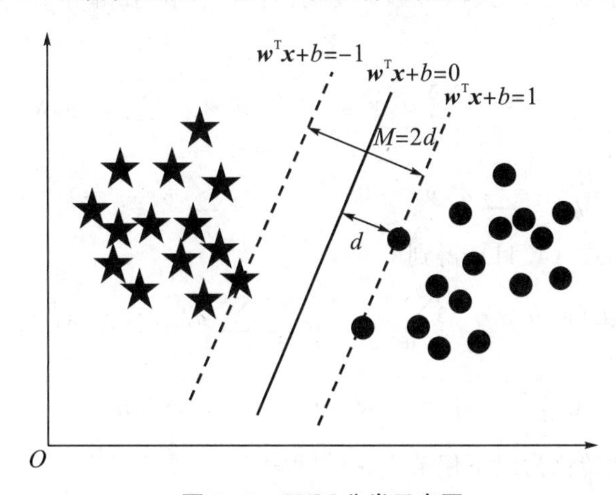

图 4－3　SVM 分类示意图

下面介绍几个相关的概念。

支持向量（Support Vector）：离分隔超平面最近的那些点。

超平面方程：将直线方程 $\boldsymbol{w}^{\mathrm{T}}\boldsymbol{x}+b=0$ 中的向量 $\boldsymbol{w}$ 和 $\boldsymbol{x}$ 从二维推广到 n 维，就变成了超平面方程。

分类间隔：支持向量点到超平面的距离，单侧距离用式（4.38）表示为

$$d=\frac{|\boldsymbol{w}^{\mathrm{T}}\boldsymbol{x}+b|}{\|\boldsymbol{w}\|} \tag{4.38}$$

式中，$\|\boldsymbol{w}\|$表示 $\boldsymbol{w}$ 的 2 范数。从图 4－3 中可以看出，分类间隔大小应为 M，且 $M=2d$ 的大小。SVM 认为 M 越大这个超平面的分类效果越好。此时，问题变成了求解分类间隔 M 最大化的问题，也就是 d 的最大化问题。

然而，由于支持向量位于 $\boldsymbol{w}^{\mathrm{T}}\boldsymbol{x}+b=1$ 和 $\boldsymbol{w}^{\mathrm{T}}\boldsymbol{x}+b=-1$ 的直线上，也就是说 $|\boldsymbol{w}^{\mathrm{T}}\boldsymbol{x}+b|=1$，所以 $d=\frac{1}{\|\boldsymbol{w}\|}$，现在问题又得到进一步转换，转换为求解$\|\boldsymbol{w}\|$的最小

化问题，即

$$\min \frac{1}{2}\|\boldsymbol{w}\|^2 \tag{4.39}$$

这里，由于$\|\boldsymbol{w}\|$是一个单调函数，为了方便求导，所以可以对$\|\boldsymbol{w}\|$加入平方运算，这就是 SVM 的目标函数。但是该目标函数是有约束条件的（即超平面能够完全正确地对样本点进行分类），如下：

$$\min \frac{1}{2}\|\boldsymbol{w}\|^2, \text{s. t. } y_i(\boldsymbol{w}^{\mathrm{T}}\boldsymbol{x}_i + b) \geqslant 1, i = 1,\cdots,n \tag{4.40}$$

2. SVM 优化问题

式（4.40）本身是一个凸二次规划问题，可以使用现有的优化计算包来计算，但 SVM 选择更为高效的方法。对式（4.40）使用拉格朗日乘子法得到其对偶问题，该问题的拉格朗日函数可以写为

$$L(\boldsymbol{w},b,\alpha) = \frac{1}{2}\|\boldsymbol{w}\|^2 + \sum_{i=1}^{n}\alpha_i(1 - y_i(\boldsymbol{w}^{\mathrm{T}}\boldsymbol{x}_i + b)) \tag{4.41}$$

式中，α 为拉格朗日乘子。式（4.41）分别对 $\boldsymbol{w}$ 和 b 求偏导并令其为零，得到式（4.42）：

$$\begin{cases}\dfrac{\partial L}{\partial \boldsymbol{w}} = \boldsymbol{w} - \displaystyle\sum_{i=1}^{n}\alpha_i y_i \boldsymbol{x}_i = 0 \\ \dfrac{\partial L}{\partial b} = \displaystyle\sum_{i=1}^{n}\alpha_i y_i = 0\end{cases} \Rightarrow \begin{cases}\boldsymbol{w} = \displaystyle\sum_{i=1}^{n}\alpha_i y_i \boldsymbol{x}_i \\ \displaystyle\sum_{i=1}^{n}\alpha_i y_i = 0\end{cases} \tag{4.42}$$

将上述结果代回式（4.41）得到

$$\begin{cases}L(\boldsymbol{w},b,\alpha) = \displaystyle\sum_{i=1}^{n}\alpha_i - \frac{1}{2}\sum_{i=1}^{n}\sum_{j=1}^{n}\alpha_i\alpha_j y_i y_j \boldsymbol{x}_i^{\mathrm{T}}\boldsymbol{x}_j \\ \text{s. t. } \displaystyle\sum_{i=1}^{n}\alpha_i y_i = 0, \alpha_i \geqslant 0, i = 1,2,\cdots,n\end{cases} \tag{4.43}$$

此时，原问题就转化为以下仅关于 α 的问题：

$$\begin{cases}\max\limits_{\alpha}\displaystyle\sum_{i=1}^{n}\alpha_i - \frac{1}{2}\sum_{i=1}^{n}\sum_{j=1}^{n}\alpha_i\alpha_j y_i y_j \boldsymbol{x}_i^{\mathrm{T}}\boldsymbol{x}_j \\ \text{s. t. } \displaystyle\sum_{i=1}^{n}\alpha_i y_i = 0, \alpha_i \geqslant 0, i = 1,2,\cdots,n\end{cases} \tag{4.44}$$

式（4.44）就是从 SVM 的原问题式（4.40）通过拉格朗日对偶法转化过来的对偶问题，对偶问题符合 KKT 条件。根据 KKT 条件：仅在分类边界上的样本有 $\alpha_i \geqslant 0$，其余样本 $\alpha_i = 0$，并由此可得分类面仅由分类边界上的样本支撑。

在实际应用中，为了排除训练集中的野点对于分类的影响，通常定义软间隔准则，对最大分类间隔准则进行如下修正：

$$\min_{\boldsymbol{w},b}\frac{1}{2}\|\boldsymbol{w}\|^2 + C\sum_{i=1}^{n}\xi_i, \text{s. t. } y_i(\boldsymbol{w}^{\mathrm{T}}\boldsymbol{x}_i + b) \geqslant 1 - \xi_i, i = 1,\cdots,n \tag{4.45}$$

式中，ξ_i 为松弛变量，也叫容错因子；C 为惩罚参数，也叫容错项的权重系数。其相应的对偶问题为

$$\begin{cases} \max\limits_{\alpha} \sum\limits_{i=1}^{n} \alpha_i - \dfrac{1}{2} \sum\limits_{i=1}^{n} \sum\limits_{j=1}^{n} \alpha_i \alpha_j y_i y_j K(\boldsymbol{x}_i, \boldsymbol{x}_i) \\ \text{s.t.} \sum\limits_{i=1}^{n} \alpha_i y_i = 0, C \geqslant \alpha_i \geqslant 0, i = 1,2,\cdots,n \end{cases} \tag{4.46}$$

同时，SVM 引入核函数理论将低维线性不可分问题转换为高维的线性可分问题。核函数定义为核数据在高维空间的内积：

$$K(\boldsymbol{x}_i, \boldsymbol{x}_j) = \varphi(\boldsymbol{x}_i)^{\mathrm{T}} \varphi(\boldsymbol{x}_j) \tag{4.47}$$

对式（4.47），SVM 中样本 $\boldsymbol{x}$ 所涉及的运算均为内积运算。因此，无需知道低维到高维映射的具体形式，只需知道核函数的形式，就可以在高维空间建立线性 SVM 模型。

在实际应用中，对于样本数据线性不可分的情况，通常采用核方法，将原始空间中的样本数据映射到一个更高维的特征空间，在该高维空间中样本数据线性可分。常用的核函数有线性核函数（linear kernel）、多项式核函数（polynomial kernel）、高斯核函数（RBF kernel）和 sigmoid 核函数（sigmoid kernel）。此外，核函数也可以通过相互组合得到。

线性核函数：$K(\boldsymbol{x}, \boldsymbol{x}') = \boldsymbol{x}^{\mathrm{T}} \boldsymbol{x}'$。

多项式核函数：$K(\boldsymbol{x}, \boldsymbol{x}') = (\boldsymbol{x}^{\mathrm{T}} \boldsymbol{x}')^d$。

高斯核函数（$\sigma>0$）：$K(\boldsymbol{x}, \boldsymbol{x}') = \exp\left(-\dfrac{\|\boldsymbol{x} - \boldsymbol{x}'\|}{2\sigma^2}\right)$。

sigmoid 核函数（$\beta>0$，$\theta>0$）：$K(\boldsymbol{x}, \boldsymbol{x}') = \tanh(\beta \boldsymbol{x}^{\mathrm{T}} \boldsymbol{x}' + \theta)$。

前面介绍了利用对偶法优化原问题转换为如式（4.46）所示的对偶问题，接下来就要进一步求解对偶问题得到最优参数 α。比较有代表性的算法是 SMO。

3. 使用 sklearn 库中的 SVM

sklearn 库中的 SVC 函数是基于 libsvm 实现的，在参数设置上有很多相似的地方，下面是用于实例化对象的类：

```
class sklearn.svm.SVC( *, C=1.0, kernel='rbf', degree=3, gamma='scale', coef0=0.0, shrinking=True, probability=False, tol=0.001, cache_size=200, class_weight=None, verbose=False, max_iter=-1, decision_function_shape='ovr', break_ties=False, random_state=None)
```

参数说明：

C：C-SVC 的惩罚参数 C，默认值为 1.0。C 越大，相当于惩罚松弛变量，希望松弛变量接近 0，即对误分类的惩罚增大，趋向于对训练集全分对的情况，这样对训练集测试时准确率很高，但泛化能力弱。C 值小，对误分类的惩罚减小，允许容错，将它们当成噪声点，泛化能力较强。

kernel：核函数，默认是 rbf，可以是'linear' 'poly' 'rbf' 'sigmoid' 'precomputed'。

degree：多项式 poly 函数的维度，默认是 3，选择其他核函数时会被忽略。

gamma：'rbf' 'poly' 'sigmoid'的核函数参数。默认是 auto，则会选择 1/n_features。

coef0：核函数的常数项。对于 'poly' 和 'sigmoid' 有用。

decision _ function _ shape：可以是 'ovo' 'ovr' 或 None，默认取值为 None。

实例：

仍然使用 NTLK 语料库中的影评数据集，将最后分类模型部分替换为支持向量机模型，并且使用线性核函数，代码示例如下：

```
import sklearn
from sklearn.svm import SVC
from sklearn.pipeline import Pipeline
from sklearn.feature_extraction.text import TfidfVectorizer
data = getData()
train_data, train_target, test_data, test_target = train_and_test_data(data)
svc = Pipeline([
    ('vect', TfidfVectorizer()),
    ('clf', SVC(kernel = 'linear')),
])
svc.fit(train_data, train_target)   #训练多项式模型支持向量分类器
predict = svc.predict(test_data)   #在测试集上预测结果
count = 0   #统计分类正确的结果个数
for left, right in zip(predict, test_target):
    if left == right:
        count += 1
print(count / len(test_target))
```

如果将本书介绍的三种文本分类模型在同一数据集并且同样的训练集和测试集上进行实验，则支持向量机模型的分类效果要比其他两种稍好。当然，除了这三种传统的分类模型，还有决策树模型、随机森林模型和梯度提升树模型等，感兴趣的读者可以深入学习周志华所著的《机器学习》，或者查阅相关资料进行学习。

4.3 深度神经网络方法

传统机器学习文本分类算法依赖人工设计的特征工程，具有维度高、稀疏性强、表达能力差、不能自动学习等诸多缺点。近年来，以深度神经网络为代表的深度学习技术以其强大的特征自学习能力在自然语言处理领域得到了广泛应用，在包括文本分类在内的诸多任务上都取得了很大的进展，已成为目前主流的算法。本节主要介绍几种用于文本分类的深度神经网络方法。

4.3.1 多层感知机文本分类

多层感知机（Multi-layer Perceptron，MLP）又叫多层前馈神经网络，是一种前向结构的人工神经网络，通过全连接的方式映射一组输入向量到一组输出向量，若干神经元被分层组织在一起组成神经网络。如图 4-4 所示是一个三层感知机的神经网络结构，

该网络按层来组织神经元，最左边的层叫作输入层，负责接收输入数据；最右边的层叫作输出层，从这层可以获取输出数据；输入层和输出层之间的层叫作隐藏层，多层感知机在隐藏层的神经元中增加了激活函数，用于进行非线性变换，从而使多层感知机能够表示所有的映射。

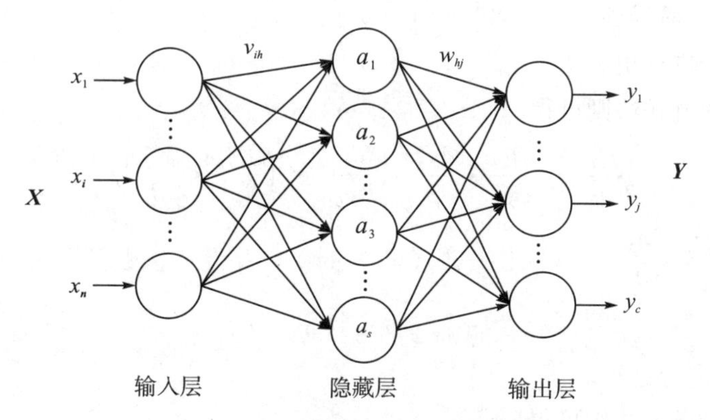

图 4−4 三层感知机的神经网络结构

图中 $\boldsymbol{X} \in \mathbb{R}^n$ ，$\boldsymbol{a} \in \mathbb{R}^s$ ，$\boldsymbol{Y} \in \mathbb{R}^c$ 分别表示输入层、隐藏层和输出层的表示向量，$v_{ih} \in \boldsymbol{V}^{n\times s}$ 和 $w_{hj} \in \boldsymbol{W}^{s\times c}$ 分别是输入层与隐藏层、隐藏层与输出层之间的连接权重系数矩阵。

1. 前向传播

图 4−4 给出的神经网络结构，输入层的单元有 n 个，对于输入样本（$\boldsymbol{X}$,$\boldsymbol{Y}$），隐藏层的输入为

$$a_h = \sigma(z_h) = \sigma\left(\sum_{i=1}^{n} v_{ih} x_i + \gamma_h\right) \tag{4.48}$$

式中，函数 σ 为非线性激活函数 sigmoid（也可以选取其他激活函数）。计算完输入层向第一个隐藏层的传导后，若有多个隐藏层，则剩下隐藏层的计算方式类似，用 h_k 表示第 k 层的神经单元数，$a_h^{(k)}$ 表示第 k 个隐藏层的输入，$\gamma^{(k)}$ 表示第 k 层的偏置项：

$$a_h^{(k)} = \sigma(z_h^{(k)}) = \sigma\left(\sum_{h'=1}^{h_{k-1}} v_{h'h} x_{h'} + \gamma_h^{(k-1)}\right) \tag{4.49}$$

对于输出层，公式表示如式（4.50）：

$$y_j = \sigma(\beta_j) = \sigma\left(\sum_{h=1}^{s} w_{hj} a_h + \theta_j\right) \tag{4.50}$$

2. 反向传播

给定训练数据集 $D=\{(x_1,y_1),(x_2,y_2),\cdots,(x_N,y_N)\}$，根据该数据集构建神经网络分类模型，模型推断的目的是求解最佳的网络参数 $\boldsymbol{V}$，$\boldsymbol{\gamma}$，$\boldsymbol{W}$，$\boldsymbol{\theta}$，使得网络模型尽可能地拟合给定训练数据集。该问题可以表述为一个最优化问题，目标函数（即损失函数）为每组数据的模型输出值与真实输出值之间的均方误差之和，即

$$E = \frac{1}{2}\sum_{k=1}^{N}\sum_{j=1}^{c}(\hat{y}_j^k - y_j^k)^2 \tag{4.51}$$

这里对于训练集中任一样本实例（x_k,y_k），在神经网络模型上的均方误差为

$$E_k = \frac{1}{2}\sum_{j=1}^{c}(\hat{y}_j^k - y_j^k)^2 \tag{4.52}$$

先将训练样例输入单层前馈神经网络，也就是图 4-4 所示的三层感知机的神经网络结构中。下面介绍利用反向传播的方式来获得待优化的网络参数。首先明确一点，sigmoid 函数的一阶导数为 $\sigma(x)(1-\sigma(x))$ 。

(1) 对 w_{hj} 进行更新。

运用求导的链式法则可得

$$\frac{\partial E_k}{\partial w_{hj}} = \frac{\partial E_k}{\partial \hat{y}_j^k}\cdot\frac{\partial \hat{y}_j^k}{\partial \beta_j}\cdot\frac{\partial \beta_j}{\partial w_{hj}} = \left(\frac{\partial E_k}{\partial \hat{y}_j^k}\cdot\frac{\partial \hat{y}_j^k}{\partial \beta_j}\right)\cdot a_h \tag{4.53}$$

令 $g_j^k = \frac{\partial E_k}{\partial \hat{y}_j^k}\cdot\frac{\partial \hat{y}_j^k}{\partial \beta_j} = \hat{y}_j^k(1-\hat{y}_j^k)(\hat{y}_j^k - y_j^k)$ ，并设 w_{hj} 更新后为 w'_{hj} ，得到

$$w'_{hj} = w_{hj} + \eta g_j^k a_h \tag{4.54}$$

(2) 对 θ_j 进行更新。

运用求导的链式法则可得

$$\frac{\partial E_k}{\partial \theta_j} = \frac{\partial E_k}{\partial \hat{y}_j^k}\cdot\frac{\partial \hat{y}_j^k}{\partial \theta_j} = \hat{y}_j^k(1-\hat{y}_j^k)(\hat{y}_j^k - y_j^k) \tag{4.55}$$

设 θ_j 更新后为 θ'_j ，得到

$$\theta'_j = \theta_j + \eta g_j^k \tag{4.56}$$

(3) 对 γ_h 进行更新。

注意 γ_h 会影响到 $(y_1, y_2, \cdots, y_n)$，我们将均方误差展开得到

$$E_k = \frac{1}{2}[(\hat{y}_1 - y_1)^2 + (\hat{y}_2 - y_2)^2 + \cdots + (\hat{y}_n - y_n)^2] \tag{4.57}$$

对 γ_1 进行更新，得到

$$\begin{cases} \hat{y}_i = \sigma\left(\sum_{h=1}^{s} w_{hj} a_h + \theta_i\right),\ i = 1,2,\cdots,n \\ a_1 = \sigma(z_1) \\ z_1 = \sum_{i=1}^{s} v_{ih} x_i + \gamma_h \end{cases} \tag{4.58}$$

对 γ_h 求导，得到 $\frac{\partial E_k}{\partial \gamma_h} = \sum_{j=1}^{c}(\hat{y}_j^k - y_j^k)\hat{y}_j^k w_{hj} a_h (1-a_h)$ ，令该导数为 e_h^k，设 γ_h 更新后为 γ'_h，得到

$$\gamma'_h = \gamma_h + \eta e_h^k \tag{4.59}$$

(4) 对 v_{ih} 进行更新。

同样地，v_{ih} 会影响到 $(y_1, y_2, \cdots, y_n)$，假设对 v_{11} 进行更新，有

$$\begin{cases} \hat{y}_i = \sigma(\beta_i) = \sigma\left(\sum_{h=1}^{s} w_{hj} a_h + \theta_i\right), i = 1,2,\cdots,n \\ a_1 = \sigma(z_1) \\ z_1 = \sum_{i=1}^{s} v_{i1} x_i + \gamma_1 \end{cases} \tag{4.60}$$

对 v_{ih} 求导，得到 $\frac{\partial E_k}{\partial v_{ih}}=\sum_{j=1}^{c}(\hat{y}_j^k-y_j^k)\hat{y}_j^k(1-\hat{y}_j^k)w_{hj}a_h(1-a_h)x_i$，设 v_{ih} 更新后为 v'_{ih}，得到

$$v'_{ih}=v_{ih}+\eta e_h^k x_i \tag{4.61}$$

上述过程是对单个样例进行推导，训练数据集 D 中有 N 个实例，需要最小化的是训练集上的累积误差，所以最终网络参数的更新公式为

$$\begin{cases} w'_{hj}=w_{hj}+\eta\frac{1}{N}\sum_{k=1}^{N}g_j^k a_h \\ \theta'_j=\theta_j+\eta\frac{1}{N}\sum_{k=1}^{N}g_j^k \\ \gamma'_h=\gamma_h+\eta\frac{1}{N}\sum_{k=1}^{N}e_h^k \\ v'_{ih}=v_{ih}+\eta\frac{1}{N}\sum_{k=1}^{N}e_h^k x_i \end{cases} \tag{4.62}$$

到此，三层的前馈神经网络反向传播的推导就结束了，感兴趣的读者可以自己进行多层神经网络的公式推导，方法与此类似。深度神经网络方法在文本分类早期研究中并没有大规模盛行，近年来随着数据量的增大、运算性能的提升，以深度学习的人工神经网络模型在文本挖掘任务中取得了很大成功。

3. 使用 sklearn 库中的 MLP 进行分类

sklearn 库中的 neural _ network 包中提供了多层感知机分类模型，下面是它用于对象实例的分类：

```
class sklearn.neural_network.MLPClassifier(hidden_layer_sizes=(100,), activation='relu', solver='adam', alpha=0.0001, batch_size='auto', learning_rate='constant', learning_rate_init=0.001, power_t=0.5, max_iter=200, shuffle=True, random_state=None, tol=0.0001, verbose=False, warm_start=False, momentum=0.9, nesterovs_momentum=True, early_stopping=False, validation_fraction=0.1, beta_1=0.9, beta_2=0.999, epsilon=1e-08, n_iter_no_change=10)
```

参数说明：

layer _ sizes：元组类型，length=n _ layers−2，默认值（100，）第 i 个元素表示第 i 个隐藏层中的神经元数量。

activation：隐藏层的激活函数，可选值为{'identity', 'logistic', 'tanh', 'relu'}，默认'relu'。'identity' 表示无激活操作，对实现线性关系很有用，返回 f(x)=x；'logistic' 指 logistic sigmoid 函数，返回 f(x)=1/(1+exp(−x))；'tanh' 是双曲 tan 函数，返回 f(x)=tanh(x)；'relu' 指整流后的线性单位函数，返回 f(x)=max(0, x)。

slover：权重优化的求解器，可选值为{'lbfgs', 'sgd', 'adam'}，默认为 'adam'。'lbfgs'是准牛顿方法族的优化器，'sgd' 指的是随机梯度下降，'adam' 是指由 Kingma、Diederik 和 Jimmy Ba 提出的基于随机梯度的优化器。注意：默认求解器 'adam' 在相对较大的数据集（包含数千个训练样本或更多）无论是在训练时间还是在验证分数方面都

能很好地工作。对于小型数据集，'lbfgs' 可以更快地收敛并且表现更好。

learning _ rate：用于权重更新的学习率，可选值为 {'常数', 'invscaling', '自适应'}，默认取值为 '常数'。仅在 solver = 'sgd' 时使用。'constant' 是 'learning _ rate _ init' 给出的恒定学习率；'invscaling' 使用 'power _ t'的逆缩放指数在每个时间步 t 逐渐降低学习速率 learning _ rate _，effective _ learning _ rate=learning _ rate _ init/pow（t，power _ t）；只要训练损失不断减少，'adaptive' 将学习速率保持为 learning _ rate _ init。每当两个连续的时期未能将训练损失减少至少 tol，或者如果 'early _ stopping' 开启未能将验证分数增加至少 tol，则将当前学习速率除以 5。

主要方法：

fit(X,y)：使模型适合数据矩阵 **X** 和目标 *y*。

get _ params([deep])：获取此估算器的参数。

predict(X)：使用多层感知器分类器进行预测。

predict _ log _ proba(X)：返回概率估计的对数。

实例：

这里我们仍然使用 NLTK 语料库中的影评数据集，数据获取和拆分训练集与测试集方法一样。特征选取还是使用 TF-IDF 的方式，分类模型使用多层感知机，第一个隐藏层神经元个数为 30，第二个隐藏层神经元个数为 20，代码示例如下：

```
import sklearn
from sklearn.neural_network import MLPClassifier
from sklearn.pipeline import Pipeline
from sklearn.feature_extraction.text import TfidfVectorizer


data = getData()
train_data, train_target, test_data, test_target = train_and_test_data(data)
mlp = Pipeline([
    ('vect', TfidfVectorizer()),
    ('clf', MLPClassifier(solver = 'lbfgs', alpha = 1e-5, hidden_layer_sizes = (30, 20), random_
state = 1)),
])
mlp.fit(train_data, train_target)   #训练多层感知机分类模型
predict = mlp.predict(test_data)   #利用训练的分类模型在测试集上预测
count = 0   #统计分类正确的结果个数
for left, right in zip(predict, test_target):
    if left == right:
        count += 1
print(count / len(test_target))
```

4.3.2 卷积神经网络文本分类

卷积神经网络（Convolutional Neural Network，CNN）是 Hubel 和 Wiesel 在研究猫脑皮层中用于局部敏感和方向选择的神经元时，发现其独特的网络结构可以有效地降低反馈神经网络的复杂性而提出的。它由一个或多个卷积层、池化层以及最后的全连接层构成。与多层的前馈神经网络相比，CNN 在结构上具有局部连接、权重共享和空间次采样的特点，且具有较少的网络参数。卷积神经网络文本分类最先应用于计算机视觉领域的图像分类、图像处理和图像识别等任务中。

1. TextCNN 模型

2014 年，Kim[9]在 EMNLP 上发表的论文中提出 TextCNN 模型，其是将卷积神经网络应用到文本分类任务，利用多个不同大小的卷积核来提取句子中的关键信息，从而更好地捕捉句子的局部相关性。TextCNN 在图像 CNN 的模型上做了一些改变，改成适合处理文本任务的模型。论文中的模型结构——TextCNN 框架如图 4－5 所示。

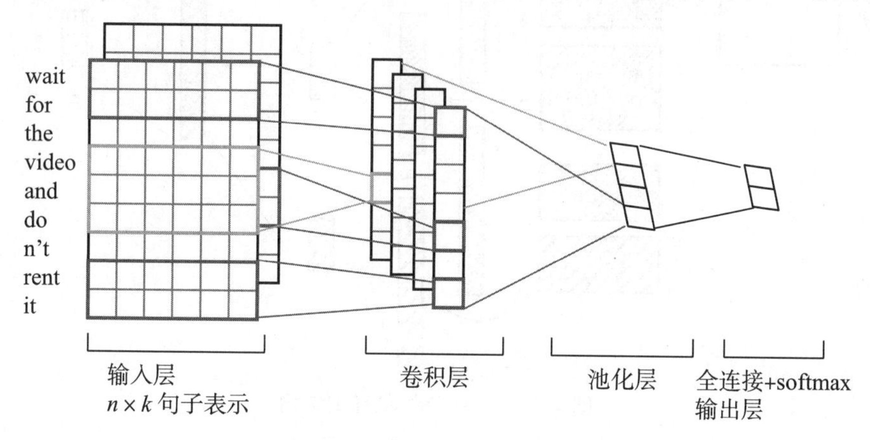

图 4－5 TextCNN **框架**

TextCNN 模型共分为四个层：输入层、卷积层、池化层和全连接＋softmax 输出层。其中，n 为最大句子长度，k 为词向量的维度。输入的是句子中各个词的词向量，输出的是代表句子特征的句向量。

Zhang 和 Wallace[10]在 *IJCNLP* 上发表的文章对 TextCNN 模型用于句子分类任务还进行了各种各样的对比试验，并给出了调参建议，进而得到了一些关于超参数的设置经验。他们给出了 TextCNN 的详细结构，如图 4－6 所示。

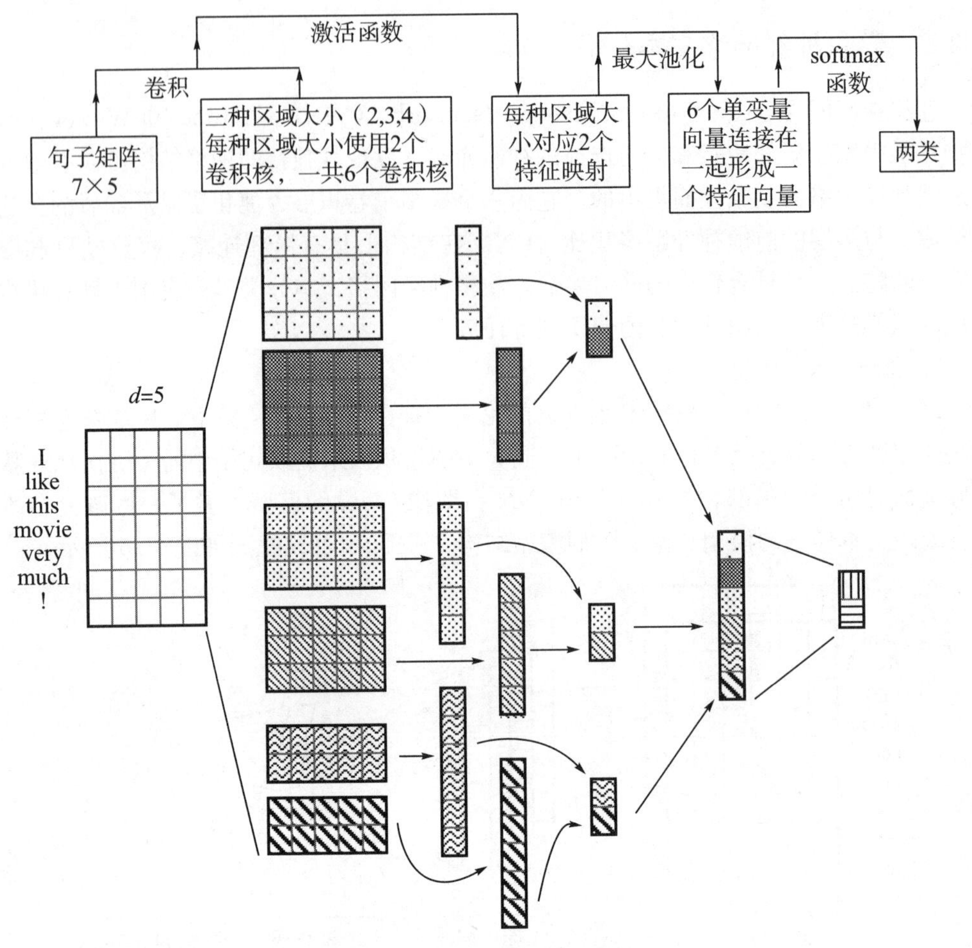

图 4－6　TextCNN 的详细结构

基于 CNN 建立文本分类模型，通常需要如下几个步骤：

(1) 对输入文本进行预处理后得到词序列，使用词向量（如 Word2vec 预训练的词向量）对词进行初始化，得到输入文本的矩阵表示形式，作为神经网络的输入。图 4－6中句子为"I like this movie very much!"，一共有 6 个单词加上一个感叹号共 7 个词，词向量维度为 5，那么整个句子矩阵大小为 7×5。

(2) 通过卷积层对输入数据进行特征提取。图 4－6 中卷积层设置了 3 种尺寸的卷积核，大小分别为 2×5、3×5、4×5，每种尺寸具有两个卷积核，对应 2 个特征映射 (feature map) 输出。下面我们用例子简单介绍一下卷积操作。例如，取 2×5 的卷积核与句子矩阵进行卷积操作，如图 4－7 所示，句子矩阵的前两行与卷积核相乘再相加得到 $0.6\times0.2+0.5\times0.1+\cdots+0.1\times0.1=0.51$，然后将卷积核向下移动 1 个位置再计算得到 0.53，以此类推，最终卷积操作的输出大小为（7－2＋1×1）＝6。为了获得特征映射，通常还需要添加一个偏置项和一个激活函数，如 Relu。

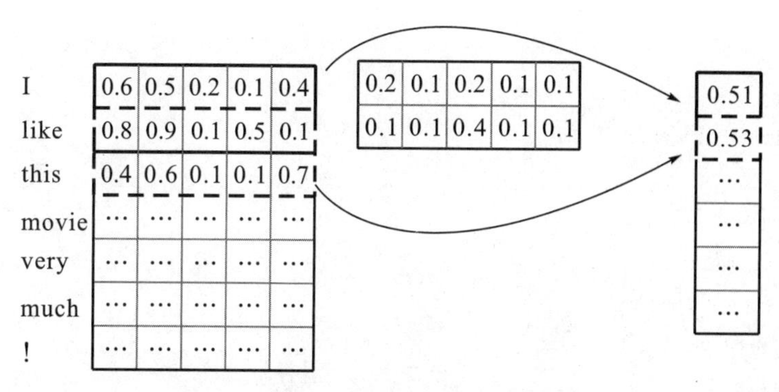

图 4—7 卷积操作示例

(3) 池化层对卷积层输出的特征向量分别进行下采样，之后拼接得到进一步抽象的文本表示。因为不同大小的卷积核获取到的特征映射大小也不一样，添加最大池化层，即选取特征映射中最大的一个值，这样不同长度句子经过池化层之后就能变成定长的表示了。

(4) 通过全连接层将池化层获得的向量表示映射到样本的标注空间，维度与类别数一致，再通过 softmax 函数输出每个类别的预测概率，完成文本分类。

需要特别注意的是，由于该模型是用于文本的，因此在 CNN 的操作上相应地做了一些调整，输入层使用词嵌入来作为数据表示。接下来的卷积层，卷积核的宽度和词嵌入的宽度是一致的，因此卷积核只在高度上进行滑动，这样每次窗口滑动过的位置都是完整的单词，保证“词”作为语言中最小粒度的合理性。

另外，输入的词嵌入可以分为静态（static）和非静态（non-static）两种方式。采用静态方式，训练过程不更新词向量，实质上属于迁移学习，特别是数据量比较小的情况下，采用静态的词向量效果往往不错。非静态方式则是在训练过程中会微调词向量，并且可以加速收敛。

Kalchbrenner 等[11]在 2014 年提出了一种动态卷积神经网络模型，在卷积层对句子的词向量句子进行二维卷积后，使用动态 k-max 池化操作对其进行下采样，且使用最重要的几个特征值表示局部特征。Zhang 等[12]在 2015 年针对英文单词是由字符组成的这个特性，提出了字符级别的卷积神经网络，在更细粒度上对英文单词进行卷积处理，在相关数据集上取得了较好的分类效果。

2. 使用 pytorch 实现 TextCNN 模型

pytorch 是 torch 的 Python 版本，是由 Facebook 开源的神经网络框架。与 Tensorflow 的静态计算图不同，pytorch 的计算图是动态的，可以根据计算需要实时改变计算图，而且 pytorch 的设计遵循“张量→变量（自动求导）→神经网络模块”三个由低到高的抽象层次，简洁的设计使得代码易于理解与阅读，在科研领域受到一致认可和广泛使用。

这里由于篇幅限制，只给出了利用 pytorch 搭建 TextCNN 模型和训练的代码，包含嵌入层、卷积层、池化层、全连接＋softmax 层。新建 model. py 文件，具体代码示例如下：

```
import torch
import torch.nn as nn
from torch.nn import functional as F
import math

class textCNN(nn.Module):
    def __init__(self, param):
        super(textCNN, self).__init__()
        ci = 1
        kernel_num = param['kernel_num']
        kernel_size = param['kernel_size']
        vocab_size = param['vocab_size']
        embed_dim = param['embed_dim']
        dropout = param['dropout']
        class_num = param['class_num']
        self.param = param
        self.embed = nn.Embedding(vocab_size, embed_dim, padding_idx = 1)
        self.conv11 = nn.Conv1d(in_channels = embed_dim, out_channels = kernel_num,
kernel_size = 3)
        self.conv12 = nn.Conv1d(in_channels = embed_dim, out_channels = kernel_num,
kernel_size = 4)
        self.conv13 = nn.Conv1d(in_channels = embed_dim, out_channels = kernel_num,
kernel_size = 5)
        self.dropout = nn.Dropout(dropout)
        self.fc = nn.Linear(len(kernel_size) * kernel_num, class_num)

#嵌入层
    def init_embed(self, embed_matrix):
        self.embed.weight = nn.Parameter(torch.Tensor(embed_matrix))

@staticmethod

#卷积和池化层
    def conv_and_pool(x, conv):
        # x: batch_size * embed_dim * sentence_length
        x = conv(x)
        # x: batch_size * kernel_num * (sentence_length-kernel_size+1)
        x = F.relu(x)
        x = F.max_pool1d(x, x.size(2)).squeeze(2)    #在最后一个维度上进行最大池化,输出 x:
batch_size * kernel_num
```

```
        return x

#前向反馈
def forward(self, x):
        # x: (batch, sentence_length)
        x = self.embed(x)
        # x: (batch, sentence_length, embed_dim)
        x = x.permute(0, 2, 1)
        # x: (batch, embed_dim, sentence_length)
        x1 = self.conv_and_pool(x, self.conv11)   # (batch, kernel_num)
        x2 = self.conv_and_pool(x, self.conv12)   # (batch, kernel_num)
        x3 = self.conv_and_pool(x, self.conv13)   # (batch, kernel_num)
        x = torch.cat((x1, x2, x3), 1)   # (batch, 3 * kernel_num)
        x = self.dropout(x)
        logit = F.log_softmax(self.fc(x), dim = 1)
        return logit

#初始化各层权重参数
    def init_weight(self):
        for m in self.modules():
            if isinstance(m, nn.Conv2d):
                n = m.kernel_size[0] * m.kernel_size[1] * m.out_channels
                m.weight.data.normal_(0, math.sqrt(2. / n))
                if m.bias is not None:
                    m.bias.data.zero_()
            elif isinstance(m, nn.BatchNorm2d):
                m.weight.data.fill_(1)
                m.bias.data.zero_()
            elif isinstance(m, nn.Linear):
                m.weight.data.normal_(0, 0.01)
                m.bias.data.zero_()
```

上述代码中，卷积层用的是一维卷积函数 Conv1d()，一定要特别注意该函数作为文本任务时与二维卷积函数 Conv2d()的区别。

搭建好模型，接下来就是训练模型和对模型进行测试。下面是模型训练的代码，保存在 train.py 文件中。模型中词向量的嵌入维度为 60，卷积核的数目为 16，核的大小分别为 3，4，5，使用 Adam 优化算法进行网络参数的优化。

```
import torch
import os
import torch.nn as nn
import numpy as np
import time

from model import textCNN
import sen2id
import textCNN_data

word2id, id2word = sen2id.get_worddict('word2id.txt')
label2id, id2label = sen2id.read_labelFile('labelFile.txt')

#模型参数
textCNN_param = {
    'vocab_size': len(word2id),
    'embed_dim': 60,
    'class_num': len(label2id),
    "kernel_num": 16,
    "kernel_size": [3, 4, 5],
    "dropout": 0.5,
}
#数据载入参数
dataLoader_param = {
    'batch_size': 128,
    'shuffle': True
}
#训练
def train():
    print("init net...")
    net = textCNN(textCNN_param)
    weightFile = 'weight.pkl'   #用于保存训练的结果参数的文件
    if os.path.exists(weightFile):
        print('load weight')
        net.load_state_dict(torch.load(weightFile))
    else:
        net.init_weight()
    print(net)
```

```
#初始化数据集
    print('init dataset...')
    dataLoader = textCNN_data.textCNN_dataLoader(dataLoader_param)
    valdata = textCNN_data.get_valdata()

    optimizer = torch.optim.Adam(net.parameters(), lr = 0.01)
    criterion = nn.NLLLoss()

    log = open('log_{}.txt'.format(time.strftime('%y%m%d%H')), 'w')
    log.write('epoch step loss\n')
    log_test = open('log_test_{}.txt'.format(time.strftime('%y%m%d%H')), 'w')
    log_test.write('epoch step test_acc \n')
    print("training...")
    for epoch in range(100):
        for i, (clas, sentences) in enumerate(dataLoader):
            optimizer.zero_grad()
            sentences = sentences.type(torch.LongTensor)
            clas = clas.type(torch.LongTensor)
            out = net(sentences)
            loss = criterion(out, clas)
            loss.backward()
            optimizer.step()

            if (i+1) % 1 == 0:
                print("epoch:", epoch+1, "step:", i+1, "loss:", loss.item())
                data = str(epoch+1)+' '+str(i+1)+' '+str(loss.item())+'\n'
                log.write(data)
        print("save model...")
        torch.save(net.state_dict(), weightFile)
        torch.save(net.state_dict(), "model\{}_model_iter_{}_{}_loss_{:.2f}.pkl".format
(time.strftime('%y%m%d%H'), epoch, i, loss.item()))
        print("epoch:", epoch+1, "step:", i+1, "loss:", loss.item())
```

4.3.3 循环神经网络文本分类

递归神经网络是时间递归网络和结构递归神经网络的总称。通常将时间递归神经网络称为循环神经网络（Recurrent Neural Network，RNN），而将结构递归神经网络称为递归神经网络（Recursive Neural Network，RNN）。本节要给大家介绍的是循环神经网络，故下文中的 RNN 均指循环神经网络。

1. RNN

RNN 有着特殊的神经网络结构，它是根据“人的认知是基于过往的经验和记忆”

这一观点提出的。与 CNN 不同，它不仅接收当前时刻的输入信息，还考虑了前一时刻的信息，而且赋予网络对前面内容的一种“记忆”功能。

RNN 具体表现形式为，网络会对前面的信息进行记忆并应用于当前输出的计算中，即隐藏层的神经元之间是存在连接的，如图 4−8 所示。RNN 神经网络中隐藏层节点之间的箭头表示数据的循环更新，这就是实现时间记忆功能的方法。

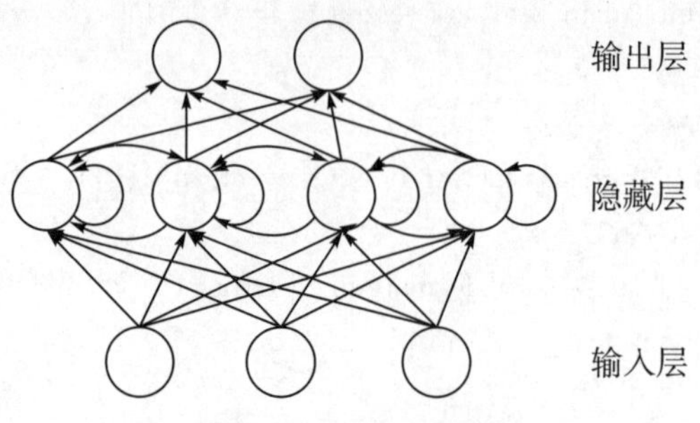

图 4−8　RNN 结构图

（1）前向传播。

图 4−9 为 RNN 隐藏层的层级展开图。

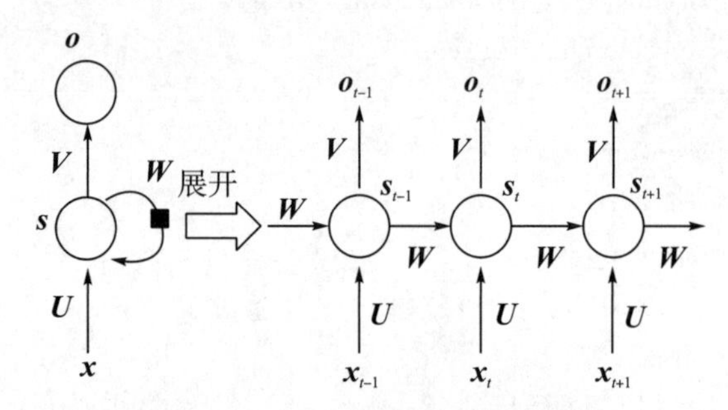

图 4−9　RNN 隐藏层的层级展开图

图 4−9 的左侧是按时序循环运行的网络结构图，右侧为按时序展开后的网络结构。$\boldsymbol{x}_t$ 表示 t 时刻的输入，$\boldsymbol{o}_t$ 表示 t 时刻的输出，$\boldsymbol{s}_t$ 表示样本在时刻 t 处的的记忆。$\boldsymbol{U}$ 表示输入样本的权重矩阵，$\boldsymbol{W}$ 表示隐藏层到隐藏层的权重矩阵，$\boldsymbol{V}$ 表示输出的样本权重矩阵。$\boldsymbol{x}_t$ 和 $\boldsymbol{o}_t$ 之间的关系可以用下面的公式来表示：

$$\begin{cases} \boldsymbol{s}_t = f(\boldsymbol{U}\boldsymbol{x}_t + \boldsymbol{W}\boldsymbol{s}_{t-1} + \boldsymbol{b}) \\ \boldsymbol{o}_t = \boldsymbol{V}\boldsymbol{s}_t + c \\ \widehat{y_t} = g(\boldsymbol{o}_t) \end{cases} \tag{4.63}$$

式（4.63）中，f 和 g 均为非线性激活函数。f 可以是 tanh、relu、sigmoid 等激活函数，这里使用的是 tanh 函数；g 通常是 softmax 函数，得到各类的输出概率。如果反复把式（4.63）中的第 2 个式子代入第 1 个式子中，将得到

$$\begin{aligned} \boldsymbol{o}_t &= \boldsymbol{V}\boldsymbol{s}_t = \boldsymbol{V}f(\boldsymbol{U}\boldsymbol{x}_t + \boldsymbol{W}\boldsymbol{s}_{t-1}) \\ &= \boldsymbol{V}f(\boldsymbol{U}\boldsymbol{x}_t + \boldsymbol{W}f(\boldsymbol{U}\boldsymbol{x}_{t-1} + \boldsymbol{W}\boldsymbol{s}_{t-2})) \\ &= \boldsymbol{V}f(\boldsymbol{U}\boldsymbol{x}_t + \boldsymbol{W}f(\boldsymbol{U}\boldsymbol{x}_{t-1} + \boldsymbol{W}f(\boldsymbol{U}\boldsymbol{x}_{t-2} + \boldsymbol{W}\boldsymbol{s}_{t-3}))) \\ &= \boldsymbol{V}f(\boldsymbol{U}\boldsymbol{x}_t + \boldsymbol{W}f(\boldsymbol{U}\boldsymbol{x}_{t-1} + \boldsymbol{W}f(\boldsymbol{U}\boldsymbol{x}_{t-2} + \boldsymbol{W}f(\boldsymbol{U}\boldsymbol{x}_{t-3} + \cdots)))) \end{aligned} \tag{4.64}$$

从式（4.64）可以看出，RNN 的输出值 $\boldsymbol{o}_t$ 是受前面各次输入值 $\boldsymbol{x}_t$，$\boldsymbol{x}_{t-1}$，$\boldsymbol{x}_{t-2}$，$\boldsymbol{x}_{t-3}$，…影响的，这就是 RNN 可以往前看任意多个输入值的原因。另外需注意的是，$\boldsymbol{W}$、$\boldsymbol{U}$ 和 $\boldsymbol{V}$ 在每个时刻都是相等的，即权重是共享的。

（2）反向传播。

对 RNN 模型的学习主要是要获得权重参数 $\boldsymbol{W}$、$\boldsymbol{U}$ 和 $\boldsymbol{V}$。由于 RNN 每个时刻的输出既依赖当前时刻的信息又需要前若干时刻网络的记忆链，所以 RNN 模型的学习通常采用沿时间反向传播算法（Backpropagation Through Time，BPTT）。

对于 RNN 模型每次的预测输出值 $\hat{y}_t$，与真实值 y_t 之间会产生一个误差值 $L^{(t)}$，因此最终的损失 L 为

$$L=\sum_{t=1}^{T}L^{(t)}=\frac{1}{2}\sum_{t=1}^{T}(\hat{y}_t-y_t)^2 \tag{4.65}$$

①更新参数 $\boldsymbol{V}$。

因为 $\boldsymbol{V}$ 和 c 只与输出 $\boldsymbol{o}$ 有关，所以 $\nabla\boldsymbol{V}=\dfrac{\partial L}{\partial \boldsymbol{V}}=\sum_{t=1}^{T}\dfrac{\partial L^{(t)}}{\partial \boldsymbol{V}}=\sum_{t=1}^{T}(\hat{y}_t-y_t)\boldsymbol{s}_t^{\mathrm{T}}$，$\nabla c=\dfrac{\partial L}{\partial c}=\sum_{t=1}^{T}\dfrac{\partial L^{(t)}}{\partial c}=\sum_{t=1}^{T}(\hat{y}_t-y_t)$，因此 $\boldsymbol{V}$ 和 c 更新为

$$\begin{cases}\boldsymbol{V}'=\boldsymbol{V}+\eta\sum_{t=1}^{T}(\hat{y}_t-y_t)\boldsymbol{s}_t^{\mathrm{T}}\\ c'=c+\eta\sum_{t=1}^{T}(\hat{y}_t-y_t)\end{cases} \tag{4.66}$$

②更新参数 $\boldsymbol{W}$ 和 $\boldsymbol{U}$。

从 RNN 的模型可以看出，在反向传播时，某一序列位置 t 的损失由当前位置的输出对应的梯度损失和序列位置 $t+1$ 时的梯度损失两部分共同决定。对于 $\boldsymbol{W}$ 在某一序列位置 t 的梯度损失需要反向传播一步步计算。我们定义序列 t 位置的隐藏状态的梯度 $\boldsymbol{\delta}^{(t)}=\dfrac{\partial L}{\partial \boldsymbol{s}_t}$，这样可以从 $\boldsymbol{\delta}^{(t+1)}$ 递推 $\boldsymbol{\delta}^{(t)}$：

$$\begin{aligned}\boldsymbol{\delta}^{(t)}&=\frac{\partial L}{\partial \boldsymbol{o}_t}\cdot\frac{\partial \boldsymbol{o}_t}{\partial \boldsymbol{s}_t}+\frac{\partial L}{\partial \boldsymbol{s}_{t+1}}\cdot\frac{\partial \boldsymbol{s}_{t+1}}{\partial \boldsymbol{s}_t}\\&=\boldsymbol{V}^{\mathrm{T}}(\hat{y}_t-y_t)+\boldsymbol{W}^{\mathrm{T}}\mathrm{diag}(1-(\boldsymbol{s}_{t+1})^2)\boldsymbol{\delta}^{(t+1)}\end{aligned} \tag{4.67}$$

对于 $\boldsymbol{\delta}^{(T)}$，因为它后面没有其他的序列索引了，因此有

$$\boldsymbol{\delta}^{(T)}=\frac{\partial L}{\partial \boldsymbol{o}_T}\cdot\frac{\partial \boldsymbol{o}_T}{\partial \boldsymbol{s}_T}=\boldsymbol{V}^{\mathrm{T}}(\hat{y}_T-y_T) \tag{4.68}$$

接下来计算 $\boldsymbol{W}$ 和 $\boldsymbol{U}$ 的梯度：

$$\nabla\boldsymbol{W}=\frac{\partial L}{\partial \boldsymbol{W}}=\sum_{t=1}^{T}\frac{\partial L^{(t)}}{\partial \boldsymbol{s}_t}\cdot\frac{\partial \boldsymbol{s}_t}{\partial \boldsymbol{W}}=\sum_{t=1}^{T}\boldsymbol{\delta}^{(t)}(1-(\boldsymbol{s}_t)^2)\boldsymbol{s}_{t-1}^{\mathrm{T}} \tag{4.69}$$

$$\nabla\boldsymbol{U}=\frac{\partial L}{\partial \boldsymbol{U}}=\sum_{t=1}^{T}\frac{\partial L^{(t)}}{\partial \boldsymbol{s}_t}\cdot\frac{\partial \boldsymbol{s}_t}{\partial \boldsymbol{U}}=\sum_{t=1}^{T}\boldsymbol{\delta}^{(t)}(1-(\boldsymbol{s}_t)^2)\boldsymbol{x}_t^{\mathrm{T}} \tag{4.70}$$

因此 $\boldsymbol{W}$ 和 $\boldsymbol{U}$ 更新为

$$\begin{cases} \boldsymbol{W}' = \boldsymbol{W} + \eta \sum_{t=1}^{T} \boldsymbol{\delta}^{(t)} (1 - (\boldsymbol{s}_t)^2) \boldsymbol{s}_{t-1}^{\mathrm{T}} \\ \boldsymbol{U}' = \boldsymbol{U} + \eta \sum_{t=1}^{T} \boldsymbol{\delta}^{(t)} (1 - (\boldsymbol{s}_t)^2) \boldsymbol{x}_t^{\mathrm{T}} \end{cases} \tag{4.71}$$

RNN 的这种训练方法也是一种梯度下降法。但是当网络结构太深，网络权重会变得不稳定，本质上来说是梯度反向传播中引起的连乘效应——梯度消失，造成神经网络参数无法更新；梯度爆炸，更新速率太快，大幅度更新网络权重，可能无法学习到权重最佳值，也可能造成权重值为 NaN 而无法更新权重。针对这一问题，有研究者提出了一系列改进的算法，下面就主要介绍一下 LSTM 和 GRU 算法。

2. LSTM 和 GRU

(1) LSTM。

长短时记忆（Long Short Term Memory，LSTM）网络，是一种改进之后的循环神经网络，可以解决 RNN 无法处理长距离的依赖问题，由 Hochreiter 和 Schmidhuber 在 1997 年提出，并被 Alex Graves 进行了改良和推广。在很多任务中，LSTM 都取得了巨大的成功，并得到了广泛使用。

图 4－10 给出了 LSTM 细胞图，一般将图中的圆角矩形称为一个细胞。LSTM 的关键在于细胞状态，细胞状态指细胞和穿过细胞的那条线，类似于传送带，直接在整个链上运行，只有一些少量的线性交互，如图 4－11 所示。信息在上面流传、保持不变，会很容易。若只有上面的那条水平线是没办法实现信息的添加或者删除的。LSTM 是通过一种叫作门（gates）的结构来实现的。

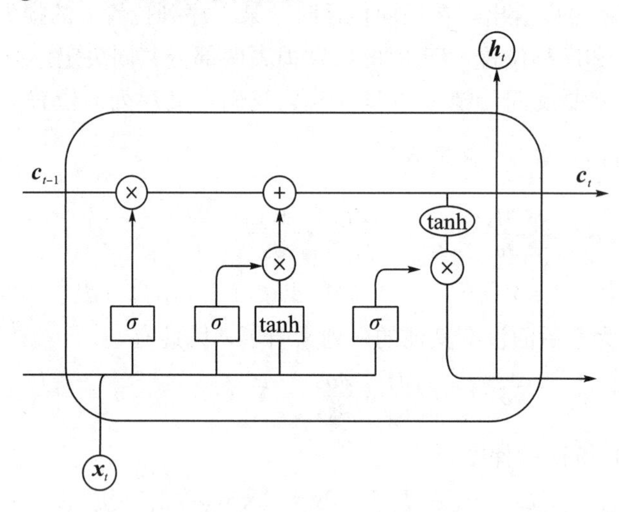

图 4－10 LSTM 细胞图

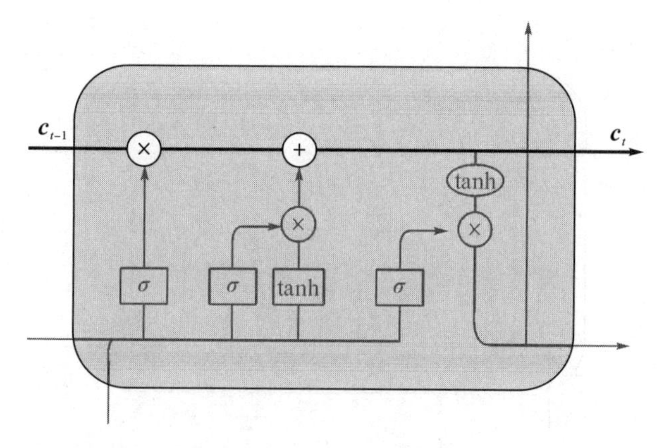

图 4-11 LSTM 主线图

门可以实现选择性地让信息通过，主要是通过一个 sigmoid 的神经层和一个逐点相乘的操作来实现的。sigmoid 层输出（是一个向量）是一个在 0 和 1 之间的实数，表示让对应信息通过的权重。如 0 表示“不让任何信息通过”，1 表示“让所有信息通过”。如图 4-12 所示就是一个门结构。

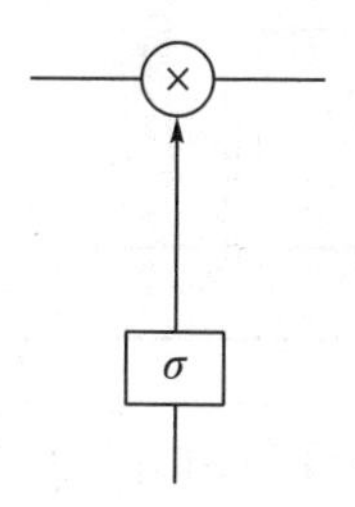

图 4-12 门结构

LSTM 相比 RNN，增加了三个门结构来实现信息的保护和控制，这三个门分别为遗忘门（forget gate）、输入门（input gate）和输出门（output gate）。

遗忘门：它决定了上一时刻的细胞状态 $\boldsymbol{c}_{t-1}$ 有多少保留到当前时刻 $\boldsymbol{c}_t$，也就是决定从细胞状态 $\boldsymbol{c}_{t-1}$ 中丢弃什么信息。该门会读取上一时刻细胞的输出 $\boldsymbol{h}_{t-1}$ 和当前细胞的输入 $\boldsymbol{x}_t$，经过 sigmoid 函数输出一个遗忘概率值给细胞状态 $\boldsymbol{c}_{t-1}$，如图 4-13 所示。对应的 t 时刻遗忘门的公式表示为 $\boldsymbol{f}_t = \sigma(\boldsymbol{W}_f \cdot [\boldsymbol{h}_{t-1}, \boldsymbol{x}_t] + \boldsymbol{b}_f)$。

输入门：它决定了当前时刻网络的输入 $\boldsymbol{x}_t$ 有多少保存到细胞状态 $\boldsymbol{c}_t$ 中来。LSTM 输入门结构如图 4-14 所示。实现这个需要有两个步骤：首先，一个 sigmoid 层决定哪些信息需要更新；一个 tanh 层生成一个向量，也就是备选的用来更新的内容。我们把细胞状态 $\boldsymbol{c}_{t-1}$ 与 $\boldsymbol{f}_t$ 相乘，丢掉需要丢弃的信息，接着加上 $\boldsymbol{i}_t \circ \tilde{\boldsymbol{c}}_t$，这就是新的细胞状态候选值，有时我们将这个操作叫作长记忆，对应式（4.72）中的第三个式子。

$$\begin{cases} \boldsymbol{i}_t = \sigma(\boldsymbol{W}_i \cdot [\boldsymbol{h}_{t-1}, \boldsymbol{x}_t] + \boldsymbol{b}_i) \\ \tilde{\boldsymbol{c}}_t = \tanh(\boldsymbol{W}_c \cdot [\boldsymbol{h}_{t-1}, \boldsymbol{x}_t] + \boldsymbol{b}_c) \\ \boldsymbol{c}_t = \boldsymbol{f}_t \circ \boldsymbol{c}_{t-1} + \boldsymbol{i}_t \circ \tilde{\boldsymbol{c}}_t \end{cases} \tag{4.72}$$

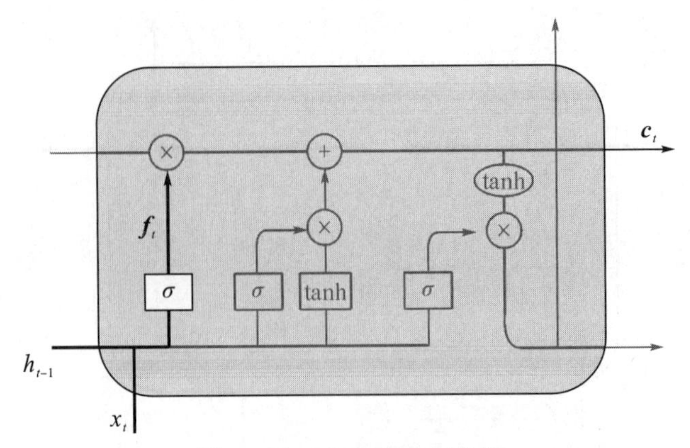

图 4－13　LSTM 遗忘门结构

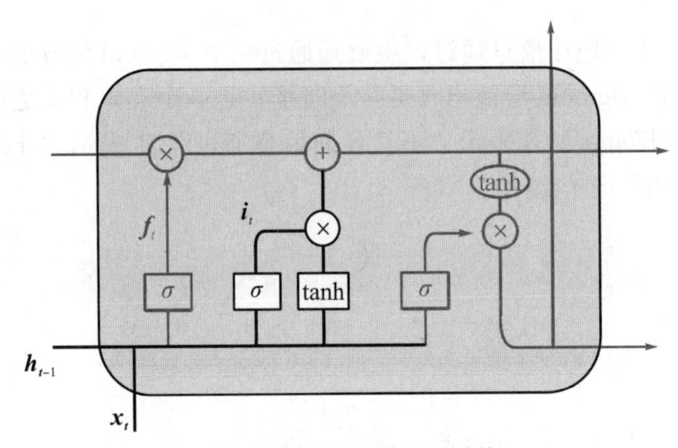

图 4－14　LSTM 输入门结构

输出门：控制细胞状态 c_t 有多少输出到 LSTM 的当前输出值 h_t。LSTM 输出门结构如图 4－15 所示。首先，我们运行一个 sigmoid 层来确定上一时刻细胞状态的哪些部分将输出去。其次，把当前时刻候选细胞状态 c_t 通过 tanh 处理（得到－1 到 1 之间的值）并将其和 sigmoid 门的输出相乘，最终输出确定输出的那部分 h_t，有时我们也将它叫作短记忆，对应式（4.73）中的第二个式子。

$$\begin{cases} \boldsymbol{o}_t = \sigma(\boldsymbol{W}_o \cdot [\boldsymbol{h}_{t-1}, \boldsymbol{x}_t] + \boldsymbol{b}_o) \\ \boldsymbol{h}_t = \boldsymbol{o}_t \cdot \tanh(\boldsymbol{c}_t) \end{cases} \tag{4.73}$$

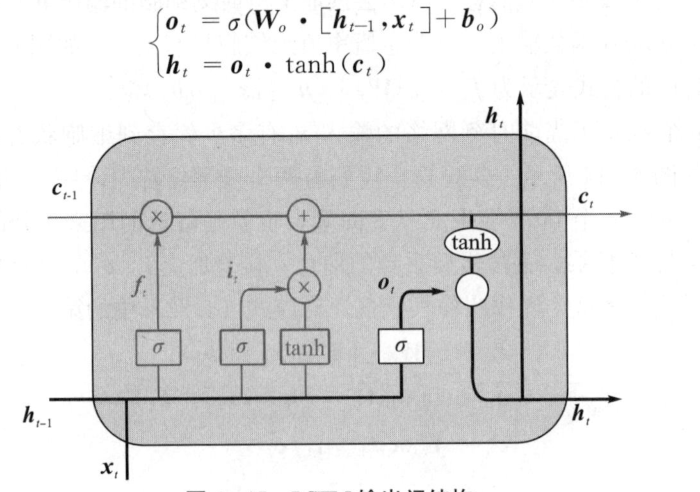

图 4－15　LSTM 输出门结构

到这里，我们就把 LSTM 模型介绍完了。归结起来，LSTM 模型的公式包括了三个控制门公式和两个记忆公式。至于 LSTM 模型的反向传播，感兴趣的读者可以查阅相关的文献资料进行学习。另外，有研究人员针对 LSTM 的缺点提出了许多基于 LSTM 的变体模型，改动较大的一个变体是由 Cho 等在 2014 年提出的 GRU（Gated Recurrent Unit）模型，它将遗忘门和输入门合并为更新门，同时将细胞状态和隐藏层进行了合并，进一步简化了 LSTM，是一种非常流行的变体。

（2）GRU。

GRU 主要包括更新门（update gate）和重置门（reset gate）两种门控制操作。图 4－16 中的 $\boldsymbol{z}_t$ 和 $\boldsymbol{r}_t$ 分别表示 t 时刻的更新门和重置门。

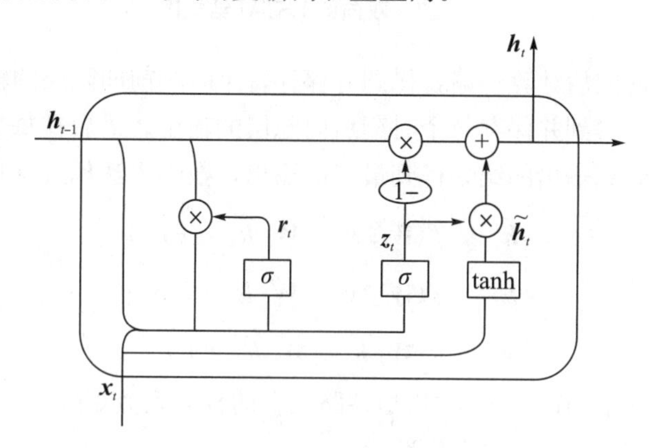

图 4－16 GRU 网络结构图

更新门用于控制前一时刻的状态信息被带入当前状态中的程度，更新门的值越大说明前一时刻的状态信息带入越多。重置门控制前一状态有多少信息被写入当前的候选集 $\tilde{\boldsymbol{h}}_t$ 上，重置门越小，前一状态的信息被写入得越少。最后通过线性组合，基于更新门对隐藏层状态进行更新，相应的公式表示如下：

$$\begin{cases} \boldsymbol{z}_t = \sigma(\boldsymbol{W}_z \cdot [\boldsymbol{h}_{t-1}, \boldsymbol{x}_t] + \boldsymbol{b}_z) \\ \boldsymbol{r}_t = \sigma(\boldsymbol{W}_r \cdot [\boldsymbol{h}_{t-1}, \boldsymbol{x}_t] + \boldsymbol{b}_r) \\ \tilde{\boldsymbol{h}}_t = \tanh(\boldsymbol{W}_h \cdot [\boldsymbol{r}_t \circ \boldsymbol{h}_{t-1}, \boldsymbol{x}_t] + \boldsymbol{b}_h) \\ \boldsymbol{h}_t = (1 - \boldsymbol{z}_t) \circ \boldsymbol{h}_{t-1} + \boldsymbol{z}_t \circ \tilde{\boldsymbol{h}}_t \end{cases} \tag{4.74}$$

GRU 相对于 LSTM 少了一个门函数，因此在参数的数量上要少于 LSTM，所以整体上 GRU 的训练速度要快于 LSTM，但在实际应用中 GRU 在某些任务上效果会更好。

从上面介绍的 LSTM 模型可以发现，它每个时刻的输出只受之前信息的影响，而没有考虑之后信息的影响。而在实际应用中，为了更好地利用前向和后向的上下文信息，Graves 等提出了双向的 LSTM（Bi-LSTM）网络结构，如图 4－17 所示，分别是从前向后和从后向前对序列单元进行编码表示。

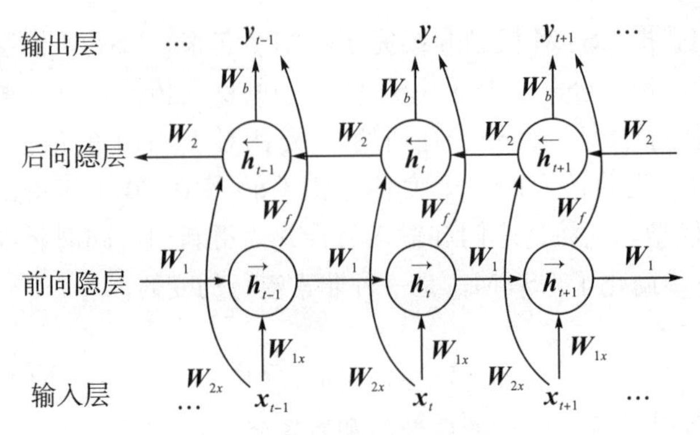

图 4—17　双向的 LSTM 结构图

在前向隐层从前向后计算一遍，得到并保存每个时刻前向隐层的输出。在后向隐层从后向前计算一遍，得到并保存每个时刻后向隐层的输出。最后在每个时刻结合前向隐层和后向隐层相应时刻输出的结果得到最终的输出，数学表达如式（4.75）：

$$\begin{cases} \overrightarrow{\boldsymbol{h}}_t = f(\boldsymbol{W}_{1x}\,\boldsymbol{x}_t + \boldsymbol{W}_1\,\overrightarrow{\boldsymbol{h}}_{t-1} + \boldsymbol{b}_1) \\ \overleftarrow{\boldsymbol{h}}_t = f(\boldsymbol{W}_{2x}\,\boldsymbol{x}_t + \boldsymbol{W}_2\,\overleftarrow{\boldsymbol{h}}_{t+1} + \boldsymbol{b}_2) \\ \boldsymbol{y}_t = g(\boldsymbol{W}_f\,\overrightarrow{\boldsymbol{h}}_t + \boldsymbol{W}_b\,\overleftarrow{\boldsymbol{h}}_t + \boldsymbol{b}) \end{cases} \tag{4.75}$$

式中，$\boldsymbol{W}_{1x}$，$\boldsymbol{W}_{2x}$，$\boldsymbol{W}_1$，$\boldsymbol{W}_2$，$\boldsymbol{W}_f$，$\boldsymbol{W}_b$是各路径上的权重系数矩阵。

3. Bi-LSTM+Attention 文本分类

（1）注意力机制。

注意力机制无论是在图像处理、语音识别还是自然语言处理的各种不同类型的任务中，都有广泛使用，所以了解注意力机制的工作原理很必要。就如上面我们介绍的 RNN、LSTM 模型，当它们在处理序列信息时，文本的序列编码通常取序列中最后一个词的隐藏层状态 $\boldsymbol{r} = \boldsymbol{h}_T$，或者取所有词的隐藏层状态的均值 $\boldsymbol{r} = (\sum_{t=1}^{T} \boldsymbol{h}_t)/T$ 作为最终文档的表示。但是在文本处理任务中，语义组合要考虑不同单元的重要性，有区分地进行信息的组合和集成。例如，在句子情感分类任务中，文本序列中表示情绪的词显然应该起到重要作用。于是借鉴人类的注意力机制，从大量输入的序列信息中获取更多需要关注的细节信息，抑制无用信息，从而提高模型的性能和效率。

图 4—18 为注意力机制结构图。

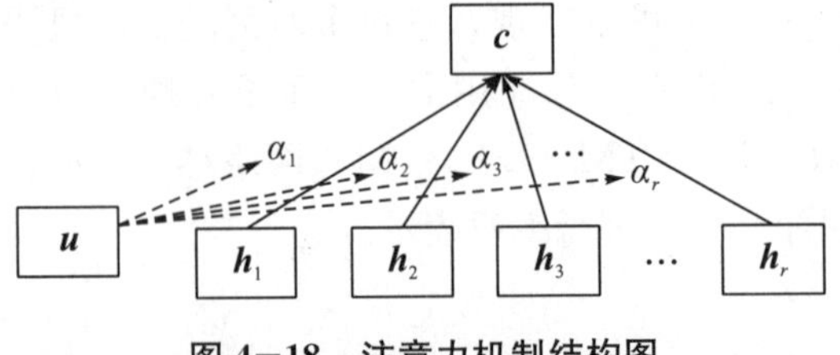

图 4—18　注意力机制结构图

图 4—18 中 α 为序列中每个单元的学习权重：

$$\alpha_t = \text{softmax}(s_t) = \frac{\exp(s_t)}{\sum_{t'} \exp(s_{t'})} \tag{4.76}$$

式（4.76）中，s_t为注意力打分函数，它定义为当前时刻的向量与上下文向量的内积：

$$s_t = \boldsymbol{u}_t^{\mathrm{T}} \boldsymbol{u}_w \tag{4.77}$$

式（4.77）中，$\boldsymbol{u}_t = \tanh(\boldsymbol{W}\boldsymbol{h}_t + \boldsymbol{b})$，表示通过全连接层的当前向量；$\boldsymbol{u}_w$ 是上下文向量。最后，通过加权求平均的方式进行语义组合，如式（4.78）：

$$\boldsymbol{c} = \sum_t \alpha_t \boldsymbol{h}_t \tag{4.78}$$

（2）文本分类。

接下来介绍中科大自动化所 Zhou[13] 提出的以 Bi-LSTM+Attention 模型进行句子级别文本分类。Bi-LSTM+Attention 模型就是在 Bi-LSTM 的模型上加入注意力层，注意力机制本质上就是加权求和。在关系分类任务中，Bi-LSTM+Attention 模型可以自动聚焦于对分类有决定性影响的词语，捕捉句子中最重要的语义信息。其模型结构如图 4−19 所示。

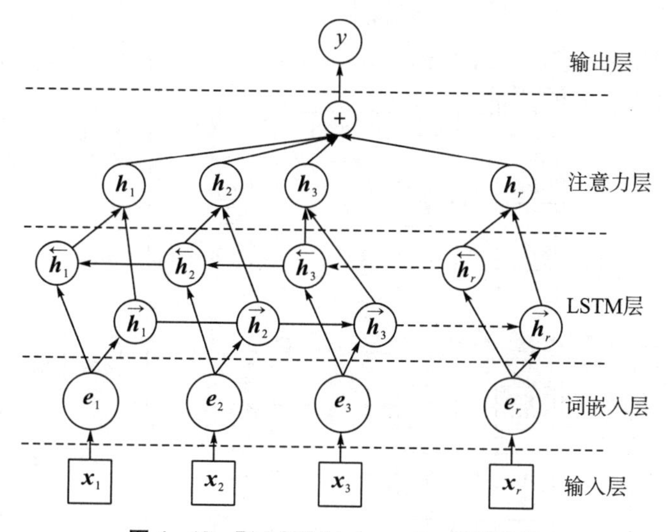

图 4−19 Bi-LSTM+Attention **模型结构**

由图 4−19 可以看出，Bi-LSTM+Attention 模型从下到上共分为四个层次，下面分别进行介绍。

输入层：将以句子为单位的样本输入模型中。

词嵌入层：对于一个给定的包含 r 个词的句子 $S=\{\boldsymbol{x}_1, \boldsymbol{x}_2, \cdots, \boldsymbol{x}_r\}$，将每个词 $\boldsymbol{x}_i$ 都转换为一个实数词向量 $\boldsymbol{e}_i$。

LSTM 层：使用双向的 LSTM 从词嵌入层得到隐层特征。

注意力层：基于注意力机制生成每个词的权重，基于权重对各个词的隐层特征进行线性加权，获得句子级的向量表示。

输出层：将句子级的特征向量通过 softmax 函数用于关系分类，得到各类别的预测概率。模型以文档真实标签 y 和分类预测 p 的交叉熵作为优化目标，并且基于 BPTT 算法进行模型参数的学习。

4. 层次文档级文本分类

文档分类是指在整篇文档级别上进行的文本分类，目标是给每篇文档分配一个类别标签。最简单直接的方式是将文档看作一个长句子，然后再利用各种分类模型进行分类。然而，由于文档通常包含多个句子，每个句子又包含多个词，是具有层次结构的。而且不同的词和句子对文档信息的表达有不同的影响，词和句子的重要性是严重依赖于上下文的，即使是相同的词和句子，在不同的上下文中重要性也不一样。就像人在阅读一篇文章时，对文章不同的内容是有着不同的关注度的。Yang 等[14]在 NAACL2016 上提出了针对文档分类的一种带注意力机制的层次化网络模型。文献［14］将文档表示为“词—句子—文档”的层次结构，提出用词向量来表示句子向量，再由句子向量表示文档向量，并且在词层次和句子层次分别引入注意力机制的模型。如图 4－20 所示，为带注意力机制的层次化文档分类结构模型。

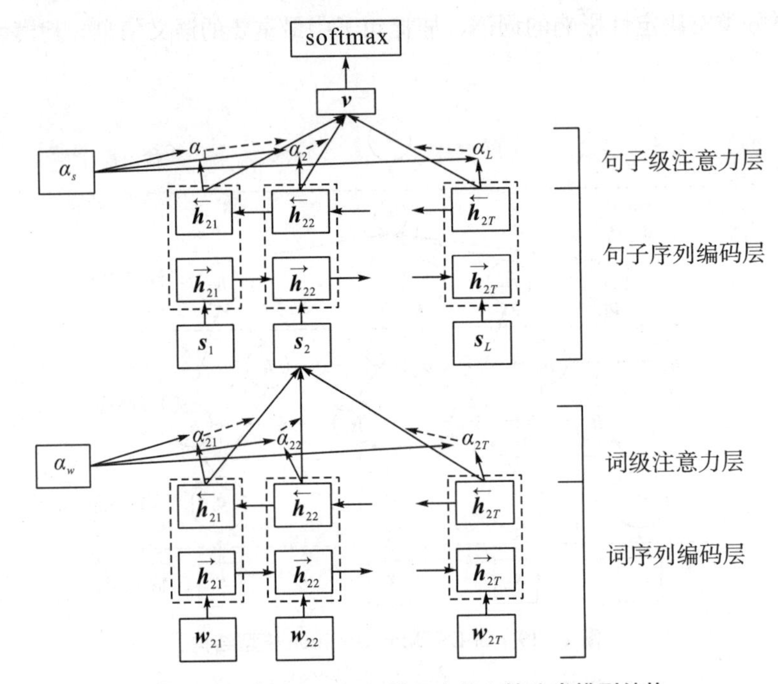

图 4－20　带注意力机制的层次化文档分类模型结构

由图 4－20 可以看出，带注意力机制的层次化文档分类模型共分为四个层次，下面将从下到上依次进行介绍。

（1）词序列编码（word encoder）层：该层将每个句子的每个词向量初始化后送入双向的 GRU 网络中，将前向和后向的隐层状态向量拼接起来，获得每个词隐藏层输出 $\boldsymbol{h}_{it}=[\overrightarrow{\boldsymbol{h}}_{it},\overleftarrow{\boldsymbol{h}}_{it}]$。

（2）词级注意力（word attention）层：注意力机制的目的是把一个句子中对表达句子含义重要的贡献大的词语赋予大的权重。将 $\boldsymbol{h}_{it}$ 输入一个单层感知机中得到的结果 $\boldsymbol{u}_{it}$ 作为 $\boldsymbol{h}_{it}$ 的隐含表示。

$$u_{it} = \tanh(\boldsymbol{W}_w \boldsymbol{h}_{it} + \boldsymbol{b}_w) \tag{4.79}$$

为了衡量单词的重要性，先计算 $\boldsymbol{u}_{it}$ 和一个随机初始化的上下文向量 $\boldsymbol{u}_w$ 的相似度，然后经过 softmax 操作获得一个归一化的注意力权重矩阵，α_{it} 表示句子 i 中第 t 个词的权重。

$$\alpha_{it} = \frac{\exp(\boldsymbol{u}_{it}^{\mathrm{T}} \boldsymbol{u}_w)}{\sum_t \exp(\boldsymbol{u}_{it}^{\mathrm{T}} \boldsymbol{u}_w)} \tag{4.80}$$

将组成句子的各词的词向量加权求和，以此来表示句子向量 $\boldsymbol{s}_i = \sum_t \alpha_{it} \boldsymbol{h}_{it}$ 。

（3）句子序列编码（sentence encoder）层：经过词级注意力层之后，便得到每个句子的表示向量。然后，以句子为单元送入双向的 GRU 网络中，得到该句子的隐层表示向量 $\boldsymbol{h}_i = [\overrightarrow{\boldsymbol{h}}_i, \overleftarrow{\boldsymbol{h}}_i]$ 。

（4）句子级注意力（sentence attention）层：为了区分不同句子对于文档表示的重要性，再次引入注意力机制，计算每个句子的权重 $\alpha_i = \frac{\exp(\boldsymbol{u}_i^{\mathrm{T}} \boldsymbol{u}_s)}{\sum_t \exp(\boldsymbol{u}_i^{\mathrm{T}} \boldsymbol{u}_s)}$ ，其中 $\boldsymbol{u}_i = \tanh(\boldsymbol{W}_s \boldsymbol{h}_i + \boldsymbol{b}_s)$ ，$\boldsymbol{u}_s$ 是句子的上下文信息，对句子进行线性加权后即得到文档的表示向量 $\boldsymbol{v}_i = \sum_t \alpha_i \boldsymbol{h}_i$ 。

最后将得到的文档向量 $\boldsymbol{v}$ 送到 softmax 函数就可以得到文档类别的预测概率：$p = \mathrm{softmax}(\boldsymbol{W}_c \boldsymbol{v} + \boldsymbol{b}_c)$ 。该模型以文档真实标签 y 和分类预测 p 的交叉熵作为优化目标，并且基于 BPTT 算法进行模型参数的学习。

5. 使用 pytorch 实现 Bi-LSTM+Attention

GRU 是 LSTM 的变体，由于 GRU 参数更少，收敛速度更快，而且在性能表现上二者的差距往往不是很大，远没有调参带来的效果明显，因此在实际应用中，常常用 GRU 代替 LSTM。下面是用 pytorch 实现的基于注意力机制的双向的 LSTM 模型的代码：

```
import torch
import torch.nn as nn
from torch.autograd import Variable
from torch.nn import functional as F
import numpy as np

class GRUWithAttention(nn.Module):
    def __init__(self, vocab_size, embedding_dim, n_hidden, n_out, bidirectional = True):
        super().__init__()
        self.vocab_size = vocab_size
        self.embedding_dim = embedding_dim
        self.n_hidden = n_hidden
```

```
        self.n_out = n_out
        self.bidirectional = bidirectional

        self.emb = nn.Embedding(self.vocab_size, self.embedding_dim)
        self.emb_drop = nn.Dropout(0.3)
        self.gru = nn.GRU(self.embedding_dim, self.n_hidden, dropout = 0.3, bidirectional =
bidirectional)
        weight = torch.zeros(1, self.n_hidden * 2)
        nn.init.kaiming_uniform_(weight)
        self.attention_weights = nn.Parameter(weight)
        if bidirectional:
            self.fc = nn.Linear(self.n_hidden * 2, self.n_out)
        else:
            self.fc = nn.Linear(self.n_hidden, self.n_out)

    #前向传播
    def forward(self, seq, lengths):
        self.h = self.init_hidden(seq.size(1))
        embs = self.emb_drop(self.emb(seq))
        embs = pack_padded_sequence(embs, lengths)

        gru_out, self.h = self.gru(embs, self.h)
        gru_out, lengths = pad_packed_sequence(gru_out)
        gru_out = gru_out.permute(1, 0, 2)

        attention_out = self.attention(gru_out)
        outp = self.fc(attention_out)
        return F.log_softmax(outp, dim = -1)

    #初始化隐藏层
    def init_hidden(self, batch_size):
        number = 1
        if self.bidirectional:
            number = 2
        return torch.zeros((number, batch_size, self.n_hidden), requires_grad = True).
to(device)

    #注意力层
    def attention(self, h):
```

```
batch_size = h.size()[0]
m = F.tanh(h)
# apply attention layer
mw = torch.bmm(m, # (batch_size,  time_step, hidden_size*2)
               self.attention_weights  # (1, hidden_size*2)
               .permute(1, 0)  # (hidden_size, 1)
               .unsqueeze(0)  # (1, hidden_size, 1)
               .repeat(batch_size, 1, 1) # (batch_size, hidden_size*2, 1)
               )

alpha = F.softmax(mw, dim = -1)
context = torch.bmm(h.transpose(1,2), alpha)
result = F.tanh(torch.sum(context, dim = -1))
return result
```

4.4 文本分类评价

人们根据不同的文本分类应用背景提出了多种评估分类系统性能的标准。常用的评估标准：召回率（recall）、准确率（precision）、F_1-评测值（F_1-measure）、微平均（micro-average）和宏平均（macro-average）。另外，还有P-R曲线和ROC曲线，本节就对这些评价指标进行一一介绍。

这里假设一个文本分类系统，其针对类别 C_i 的分类标注结果（混淆矩阵）见表4-2。

表4-2 混淆矩阵

分类器分类判断	属于 C_i	不属于 C_i
标记为“是”	a	b
标记为“否”	c	d

注：a 表示测试文档被正确分类为类别 C_i 的文档数量，又叫真正例；b 表示测试文档被错误分类为类别 C_i 的文档数量，又叫假正例；c 表示测试文档被错误分类为不属于类别 C_i 的文档数量，又叫假负例；d 表示测试文档被正确分类为不属于类别 C_i 的文档数量，又叫真负例。

4.4.1 微观评价指标

1. 准确率（precision）

准确率又称查准率，分类器在类别 C_i 的准确率定义为

$$precision_i = \frac{a}{a+b} \cdot 100\% \tag{4.81}$$

2. 召回率（recall）

召回率又称查全率，分类器在类别 C_i 上的召回率定义为

$$recall_i = \frac{a}{a + c} \cdot 100\% \tag{4.82}$$

3. F_1 值

分类器在类别 C_i 上的 F_1 值定义为

$$F_{1i} = \frac{2 \times precision_i \times recall_i}{precision_i + recall_i} \tag{4.83}$$

召回率和准确率分别从两个方面考察分类器的分类性能。准确率和召回率是相互矛盾的，召回率过高可能导致准确率过低；反之亦然。所以综合考虑分类结果召回率和准确率的平衡，采用 F_1 值比较合理。

4.4.2 宏观评价指标

文本分类系统的分类结果，每个类对应都有一个召回率和准确率，它们评价的是单个类别上的分类精度。为了考察整个分类系统的整体性能，可以使用正确率（accuracy）和错误率（error）；除此之外，还可以使用各类指标的宏平均（macro-average）和微平均（mirco-average）。

1. 正确率

正确率的计算如下：

$$Accuracy = \frac{\#correct}{N} \cdot 100\% \tag{4.84}$$

式中，N 为样本总数；$\#correct$ 为被模型正确预测的样本数。

2. 错误率

错误率的计算如下：

$$Error = \frac{\#error}{N} \cdot 100\% \tag{4.85}$$

3. 微平均

微平均从分类器的整体角度考虑，首先将微观指标 a，b，c 和 d 按类求平均后，再计算准确率、召回率和 F_1 值。那么微平均准确率、微平均召回率与微平均 F_1 值的计算如下：

$$MicroP = \frac{\sum_{i=1}^{p} a_i}{\sum_{i=1}^{p} (a_i + b_i)} \tag{4.86}$$

$$MicroR = \frac{\sum_{i=1}^{p} a_i}{\sum_{i=1}^{p} (a_i + c_i)} \tag{4.87}$$

$$MicroF_1 = \frac{2 \times MicroP \times MicroR}{MicroP + MicroR} \tag{4.88}$$

式中，p 为分类体系类别数目。

4. 宏平均

宏平均是从分类器小类别的整体考虑的，首先计算出每一类别的召回率与准确率，其次对召回率与准确率分别取算术平均。宏平均准确率、宏平均召回率和宏平均 F_1 值的计算如下：

$$MacroP = \frac{1}{p}\sum_{i=1}^{p} precision_i \tag{4.89}$$

$$MacroR = \frac{1}{p}\sum_{i=1}^{p} recall_i \tag{4.90}$$

$$MacroF_1 = \frac{2 \times MacroP \times MacroR}{MacroP + MacroR} \tag{4.91}$$

式中，p 为分类体系类别数目。

宏平均考察分类器对不同类别的处理能力。尤其在非平衡数据集上，宏平均能够更好地衡量分类器处理小样本类别的分类能力。换句话说，微平均从文本分类标注正确总数的角度衡量分类精度，宏平均是从每一类别文本标注正确的角度衡量分类精度。

4.4.3 P-R 曲线和 ROC 曲线

1. P-R 曲线

P-R 曲线（Precision Recall Curve）是描述准确率和召回率变化的曲线，P-R 曲线定义如下：根据学习器的预测结果（一般为一个实值或概率）对测试样本进行排序，将最可能是“正例”的样本排在前面，最不可能是“正例”的排在后面，按此顺序逐个计算出当前的准确率（P 值）和召回率（R 值），然后以召回率作为横轴、准确率作为纵轴，绘制出准确率和召回率曲线。P-R 曲线图如图 4−21 所示。

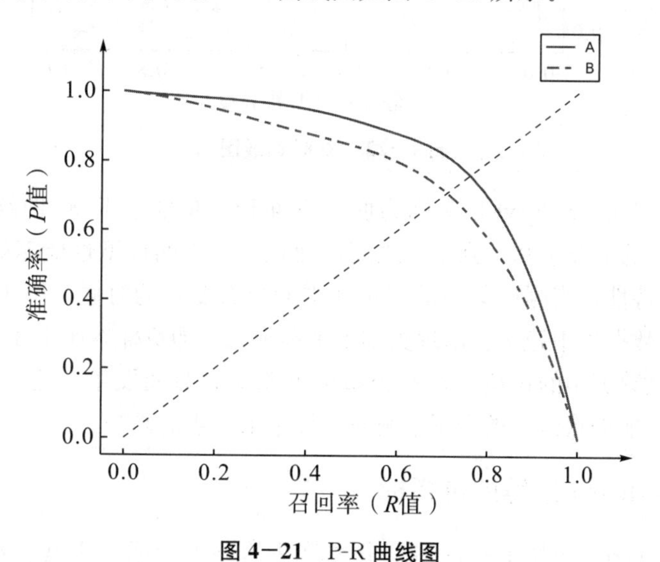

图 4−21 P-R **曲线图**

若一个学习器 B 的 P-R 曲线被另一个学习器 A 的 P-R 曲线完全包住，则称 A 的性能优于 B。若 A 和 B 的曲线发生了交叉，则谁的曲线下的面积大，谁的性能更优。但一般来说，曲线下的面积是很难进行估算的，所以衍生出了“平衡点”（Break-Event

Point，BEP），即当 $P=R$ 时的取值，平衡点的取值越高，性能更优，在图 4－21 中两条曲线与虚线的交叉点为 BEP 点。

2. ROC 曲线

ROC（Receiver Operating Characteristic）曲线，又称接受者操作特征曲线。该曲线最早应用于雷达信号检测领域，用于区分信号与噪声。后来人们将其用于评价模型的预测能力。ROC 曲线中的两个主要指标是灵敏度（sensitivity）和特异度（specificity），也叫作真正率和假正率。灵敏度和特异度的计算如式（4.92）和式（4.93）：

$$Sensitivity = \frac{a}{a+c} \cdot 100\% \tag{4.92}$$

$$Specificity = \frac{d}{b+d} \cdot 100\% \tag{4.93}$$

ROC 曲线的横坐标为假正率（1-特异度），纵坐标为真正率（灵敏度），图 4－22 就是一个标准的 ROC 曲线图。

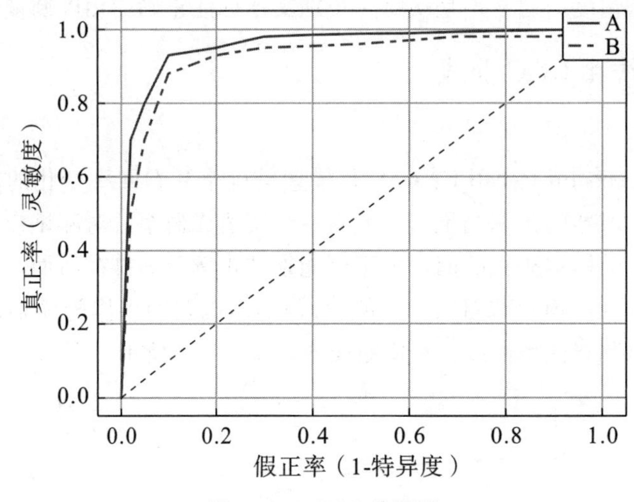

图 4－22　ROC 曲线图

AUC（Area Under Curve）又称为曲线下面积，是处于 ROC 曲线下方面积的大小。通常，*AUC* 的值介于 0.5 到 1.0 之间，面积越大表明模型性能越好。另外，ROC 曲线有个很好的特性：当测试集中的正负样本的分布变化的时候，ROC 曲线能够保持不变。在实际的数据集中经常会出现类别不平衡现象，即负样本比正样本多很多（或者相反），而且测试数据中的正负样本的分布也可能随着时间发生变化，而 ROC 曲线及 AUC 则可以很好地消除样本类别不平衡对指标结果产生的影响。

4.4.4　使用 sklearn 分类评价指标

sklearn 的 metrics 模块下有许多二分类算法的评价指标，这里主要讨论最常用的几种。

1. 正确率

正确率可以通过调用 metrics 模块下的 accuracy _ score 函数获得，主要参数如下：

```
sklearn.metrics.accuracy _ score(y _ true, y _ pred, normalize=True, sample _ weight=None)
```

参数说明：

y _ true：数据的真实标签值。

y _ pred：数据的预测标签值。

normalize：默认为 True，返回预测正确的个数；若为 False，返回正确预测的比例。

sample _ weight：样本权重。

该方法返回结果为预测正确的个数或者比例，由 normalize 确定。

2. 分类报告

分类报告可以通过调用 metrics 模块下的 classification _ report 函数获得，主要参数如下：

```
sklearn.metrics.classification _ report(y _ true, y _ pred, labels=None, target _ names=None, sample _
weight=None, digits=2, output _ dict=False)
```

参数说明：

y _ true：数据的真实标签值。

y _ pred：数据的预测标签值。

labels：类别标签的索引列表，默认为 None。

sample _ weight：样本权重，默认为 None。

target _ names：与类别标签相匹配的名称。

digits：整数类型的值，表示小数的位数。

output _ dict：输出格式，默认为 False；若为 True，输出字典格式的分类报告。

3. P-R 曲线

P-R 曲线可以通过调用 metrics 模块下的 plot _ precision _ recall _ curve 函数来进行绘制，主要参数如下：

```
sklearn.metrics.plot _ precision _ recall _ curve(estimator, X, y, *, sample _ weight=None, response _
method='auto', name=None, ax=None, * * kwargs)
```

参数说明：

estimator：分类器或估计器。

X：测试样本集。

y：测试样本标签。

sample _ weight：样本权重。

response _ method：可选值为｛'predict _ proba', 'decision _ function', 'auto'｝，默

认为'auto'。该参数用于指定是使用 'predict _ proba 还是 decision _ function' 作为目标响应。如果设置为'auto'，首先尝试'predict _ proba'；如果不存在，接下来尝试'decision _ function'。

name：指定曲线的名称。如果没有，则使用分类器的名称。

4. ROC-AUC 值

ROC-AUC 值可以通过调用 metrics 模块下的 roc _ auc _ score 函数获得，主要参数如下：

```
sklearn.metrics.roc_auc_score(y_true, y_score, average='macro', sample_weight=None, max_fpr=None)
```

参数说明：

y _ true：真实的标签。

y _ score：模型预测正例的概率值。

average：有多个参数可选 {'micro', 'macro', 'samples', 'weighted'} 或者 None，默认为 macro。

sample _ weight：样本权重。

max _ fpr：取值范围 [0,1)，如果不是 None，则会标准化，使得最大值为 max _ fpr。

函数返回值为 auc 的值。

5. ROC 曲线

ROC 曲线可以通过调用 metrics 模块下的 roc _ curve 函数来进行绘制，主要参数如下：

```
sklearn.metrics.roc_curve(y_true, y_score, *, pos_label=None, sample_weight=None, drop_intermediate=True)
```

参数说明：

y _ true：数据的真实标签。

y _ score：目标分值，可以是正类的概率估计、置信度值，或者是非阈值的决策度量（由一些分类器上的“decision _ function”返回）。

pos _ label：正例标签。当 pos _ label=None 时，如果 y _ true 在 {−1,1} 或 {0,1}中，pos _ label 设置为 1，否则会引发错误。

sample _ weight：样本权重。

drop _ intermediate：布尔类型，默认取值为 True。丢弃掉一些在 ROC 曲线上不会出现的次优阈值。该参数对于创建较轻的 ROC 曲线是有用的。

绘制 ROC 曲线函数的返回值有三个，分别为假正率 FPR，真正率 TPR 和用于计算 FPR 和 TPR 决策函数的阈值 thresholds。

实例：

这里仍然使用 NTLK 语料库中的影评数据集，采用贝叶斯分类器，得到各种分类指标。

```
import sklearn
from sklearn.naive_bayes import BernoulliNB
from sklearn.pipeline import Pipeline
from sklearn.feature_extraction.text import TfidfVectorizer
from sklearn.metrics import accuracy_score
from sklearn.metrics import classification_report
from sklearn.metrics import plot_precision_recall_curve
from sklearn.metrics import roc_auc_score
from sklearn.metrics import roc_curve
import matplotlib.pyplot as plt
data = getData()
train_data, train_target, test_data, test_target = train_and_test_data(data)
nbc = Pipeline([
    ('vect', TfidfVectorizer()),
    ('clf', BernoulliNB(alpha = 0.1)),
])
nbc.fit(train_data, train_target)   #训练多项式模型贝叶斯分类器
predict = nbc.predict(test_data)   #在测试集上预测结果
target_names = ['class_pos', 'class_neg']
#打印输出准确率
print('Accuracy:', accuracy_score(test_target, predict))
#打印输出分类报告
print('分类报告:\n', classification_report(test_target, predict, target_names = target_names))

#绘制 P-R 曲线
disp = plot_precision_recall_curve(nbc, test_data, test_target)
disp.ax_.set_title('Precision-Recall curve: ')
plt.legend(['NB'], loc = 'best')
plt.show()
#计算 AUC 值
y_score = nbc.predict_proba(test_data)
pos_y_score = y_score[:, 1]
roc_auc = roc_auc_score(test_target, y_score[:, 1], average = 'macro')

#绘制 ROC 曲线
fpr, tpr, thresholds = roc_curve(test_target, pos_y_score, pos_label = 'pos')
plt.figure()
```

```
plt.plot(fpr, tpr, color = 'darkorange', label = 'ROC curve (AUC = %0.2f)' % roc_auc)
plt.plot([0, 1], [0, 1], color = 'navy', linestyle = '--')
plt.xlim([0.0, 1.0])
plt.ylim([0.0, 1.05])
plt.xlabel('False Positive Rate')
plt.ylabel('True Positive Rate')
plt.title('ROC')
plt.legend(loc = "lower right")
plt.show()
```

运行结果如下：

```
Accuracy: 0.79
分类报告:
              precision    recall    f1-score    support

class_pos     0.77         0.84      0.80        303
class_neg     0.82         0.74      0.78        297

accuracy                             0.79        600
macro avg     0.79         0.79      0.79        600
weighted avg  0.79         0.79      0.79        600
```

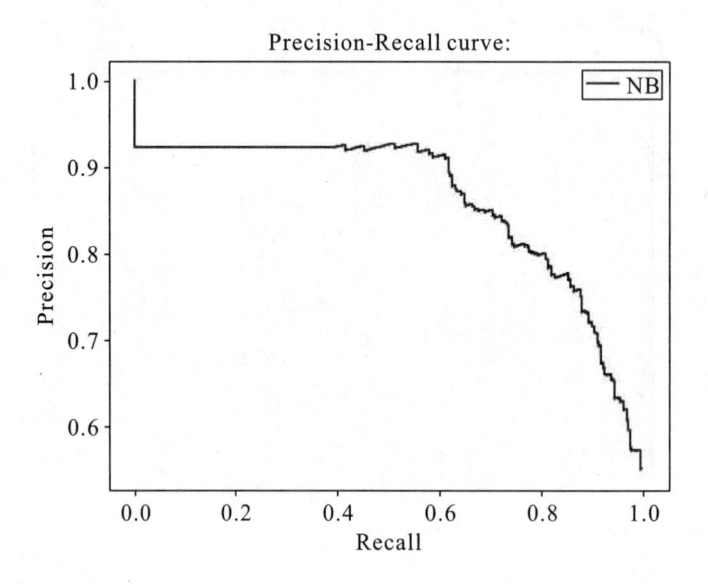

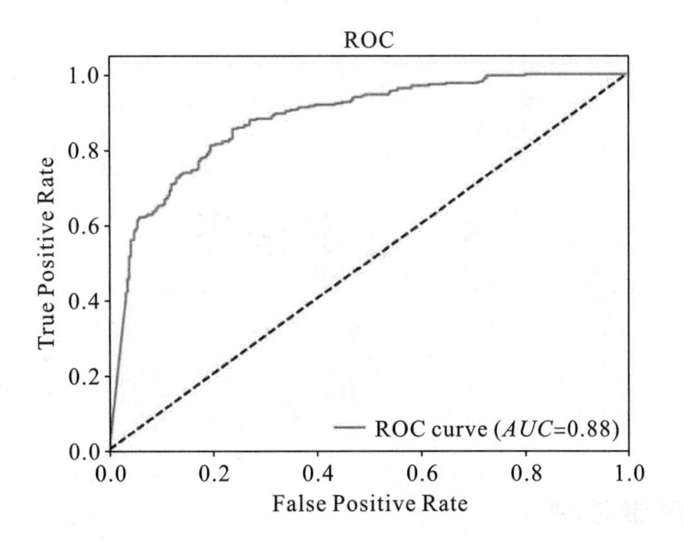

4.5 小结

本章主要介绍了文本分类的方法，其可分为传统的机器学习分类和基于深度学习的文本分类方法。在传统机器学习分类中重点介绍了朴素贝叶斯分类、逻辑回归分类和支持向量机分类的理论基础和基于 sklearn 的实践。在基于深度学习的分类中重点介绍了多层感知机的分类、基于卷积神经网络的文本分类（TextCNN）和基于循环神经网络的文本分类（Bi-LSTM+Attention）的理论基础和相关的 pytorch 实现的网络模型。最后，还介绍了文本分类评价指标的相关知识和利用 sklearn 进行分类的实践。

5　文本聚类

5.1　文本聚类基础

聚类是一种常用的分析大规模数据集的技术。当面对一个大规模的文本数据集时，通过相似的对象聚类（即分组）后，可以发现语料库中的一些固有结构。这些对象可以是文档、句子或者词，而文本聚类的结果有时可以直接作为知识应用。例如，对用户的评论聚类可以发现产品的优缺点，可以有针对性地对产品进行推广。通常，聚类结果可以提供给我们对大规模数据的一个概览，接着深入某个子集进行分析。另外，与分类算法不同，聚类算法大多是无监督的，无需大量人工标注语料作为学习的指导，主要以数据间的相似性作为聚类划分的依据，具有较高的灵活性和自动性。因此聚类算法对于文本挖掘与分析具有重要意义。

5.1.1　概念

聚类的目标非常明确，但形式化描述却相对困难，因此目前聚类尚无统一的定义。常用的一个定义为："聚类是把一个数据对象的集合划分成簇（子集），使簇内对象彼此相似，簇间对象不相似的过程。"这个定义是非形式化的，对计算机来说很难操作。

一个稍具可操作性的定义为："给定 n 个对象的某种表示，根据某种相似度度量，发现 K 个簇，使得簇内对象的相似度高，簇间对象的相似度低。"

但是相似度如何定义？在文本聚类中，常见的相似性度量有：①文本对象之间的相似度；②簇（即文本集合）间的相似度；③文本对象与簇的相似度。一般情况，文本对象与簇间的相似度通常转化为文本间的相似度或文本与簇间的相似度进行计算。例如，用某个簇的均值向量来表示该簇或者将单个文本视为一个簇。下面重点来介绍文档间的相似性度量和簇间的相似性度量。

5.1.2　文档间相似性度量

由第 3 章可知，任何一个文本要进行计算先要进行向量化表示，给定两个文本向量 $\boldsymbol{a}$ 和 $\boldsymbol{b}$，它们之间的相似性可以通过距离、余弦夹角、K-L 散度、Jaccard 系数等进行度量。

1. 基于距离的相似度

基于距离的相似度测量方法是最简单也最常用的计算方法。该方法以向量空间中两个向量之间的距离作为相似度的度量指标，距离越小，相似度越大。常用的距离度量方法有下面四种。

（1）欧式距离定义：

$$d(\boldsymbol{a},\boldsymbol{b}) = \sqrt{\sum_{k=1}^{M}(a_k - b_k)^2} \tag{5.1}$$

（2）曼哈顿距离定义：

$$d(\boldsymbol{a},\boldsymbol{b}) = \sum_{k=1}^{M}|a_k - b_k| \tag{5.2}$$

（3）切比雪夫距离定义：

$$d(\boldsymbol{a},\boldsymbol{b}) = \max|a_k - b_k| \tag{5.3}$$

（4）闵可夫斯基距离定义：

$$d(\boldsymbol{a},\boldsymbol{b}) = \left(\sum_{k=1}^{M}(a_k - b_k)^p\right)^{1/p} \tag{5.4}$$

2. 基于余弦夹角的度量

余弦相似度是通过测量两个向量之间夹角的余弦值来度量它们之间的相似性的。计算如下：

$$\cos(\boldsymbol{a},\boldsymbol{b}) = \frac{\boldsymbol{a}^{\mathrm{T}}\boldsymbol{b}}{\|\boldsymbol{a}\|\|\boldsymbol{b}\|} \tag{5.5}$$

3. K-L 散度的度量

文本有时会通过概率分布来表示，此时，可以用统计距离度量两个文本的相似度。统计距离计算的是两个概率分布之间的差异性，常见的就是 K-L 散度（K-L divergence）。在多项分布假设下，从分布 Q 到分布 P 的 K-L 距离定义为

$$D_{KL}(P\parallel Q) = \sum_{i}P(i)\log\frac{P(i)}{Q(i)} \tag{5.6}$$

K-L 距离不具有对称性，即 $D_{KL}(P\parallel Q)\neq D_{KL}(Q\parallel P)$，因此也常常使用对称的 K-L 距离：

$$D_{KL}(P,Q) = D_{KL}(P\parallel Q) + D_{KL}(Q\parallel P) \tag{5.7}$$

4. Jaccard 相似系数

Jaccard 相似系数也是常用的文本相似性度量指标。该指标以两个文本特征项交集与并集的比例作为文本之间的相似度，计算如下：

$$J(\boldsymbol{a},\boldsymbol{b}) = \frac{|\boldsymbol{a}\cap\boldsymbol{b}|}{|\boldsymbol{a}\cup\boldsymbol{b}|} \tag{5.8}$$

5.1.3 簇间相似性度量

一个簇通常由多个相似的样本组成。簇间的相似性度量是以各簇内样本之间的相似性为基础的。假设 $d(C_m,C_n)$ 表示簇 C_m 和簇 C_n 之间的距离，$d(\boldsymbol{x}_i,\boldsymbol{x}_j)$ 表示样本 $\boldsymbol{x}_i$ 和样本 $\boldsymbol{x}_j$ 之间的距离，常见的簇间相似性度量方法有如下几种。

（1）最短距离法：取分别来自两个簇的两个样本之间距离的最短距离作为两个簇的距离。

$$d(C_m,C_n) = \min_{\boldsymbol{x}_i \in C_m, \boldsymbol{x}_j \in C_n} d(\boldsymbol{x}_i, \boldsymbol{x}_j) \tag{5.9}$$

（2）最长距离法：取分别来自两个簇的两个样本之间距离的最长距离作为两个簇的距离。

$$d(C_m,C_n) = \max_{\boldsymbol{x}_i \in C_m, \boldsymbol{x}_j \in C_n} d(\boldsymbol{x}_i, \boldsymbol{x}_j) \tag{5.10}$$

（3）簇平均法：取分别来自两个簇的两个样本之间距离的平均值作为两个簇的距离。

$$d(C_m,C_n) = \frac{1}{|C_m| \cdot |C_n|} \sum_{\boldsymbol{x}_i \in C_m} \sum_{\boldsymbol{x}_j \in C_n} d(\boldsymbol{x}_i, \boldsymbol{x}_j) \tag{5.11}$$

（4）重心法：取两个簇的重心之间的距离作为两个簇间的距离，用 $\bar{\boldsymbol{x}}(C_m)$ 和 $\bar{\boldsymbol{x}}(C_n)$ 分别表示簇 C_m 和 C_n 的重心，则有

$$d(C_m,C_n) = d(\bar{\boldsymbol{x}}(C_m), \bar{\boldsymbol{x}}(C_n)) \tag{5.12}$$

（5）离差平方和法：两个簇中各样本到两个簇合并后的簇重心之间距离的平方和，相比于合并前各样本到各自簇中心之间的距离平方和的增量。

$$d(C_m,C_n) = \sum_{\boldsymbol{x}_k \in C_m \cup C_n} d(\boldsymbol{x}_k, \bar{\boldsymbol{x}}(C_m \cup C_n)) - \sum_{\boldsymbol{x}_i \in C_m} d(\boldsymbol{x}_i, \bar{\boldsymbol{x}}(C_m)) - \sum_{\boldsymbol{x}_j \in C_n} d(\boldsymbol{x}_j, \bar{\boldsymbol{x}}(C_n)) \tag{5.13}$$

式中，样本点之间的距离 $d(\boldsymbol{a},\boldsymbol{b}) = \|\boldsymbol{a} - \boldsymbol{b}\|^2$ 。

5.1.4 聚类技术概述

聚类是一个具有挑战性的研究领域，到目前为止已经提出了大量的聚类算法，根据任务和方法的发展进程可以将聚类分为三个阶段：经典聚类算法、高级聚类算法和多源数据聚类算法。

经典聚类算法是面向早期的数据库及相关应用开发的算法，包括基于模型的算法、基于划分的算法、基于密度的算法、基于层次的算法和基于网格的算法等。并且，每类中都会涉及多种具体的算法模型，不同的聚类算法从不同的角度出发，产生不同的结果。本书选取了几个比较经典的算法进行理论和实践的介绍。

高级聚类算法是在经典算法的基础上，针对更复杂的数据和任务开发的算法，例如谱聚类算法、高维数据聚类算法和不确定数据聚类算法等。本书重点介绍谱聚类算法的理论基础和实践。

多源数据聚类算法是针对多源相关数据开发的算法，例如多视角聚类算法、多任务聚类算法、多任务多视角聚类算法、迁移聚类算法和多模态聚类算法等。本书对这些聚类算法没有做介绍，感兴趣的读者可以查阅相关文献进行深入学习。

5.2 基于划分的聚类

基于划分的聚类是一种被广泛使用的数据聚类算法，在许多领域都发挥了巨大的作

用。这里对基于划分的聚类算法进行了介绍，以及对相关的算法包括 K-均值算法及其变体和改进进行了说明。

5.2.1　划分思想

基于划分的聚类的基本思想是，对于一个包含了 n 个样本的原始数据集，采用了某种方法对其进行 k 个划分（$k<n$），其中每个划分均表示一个簇。在构建划分的过程中，需要注意以下两点：①每个簇中至少需要包含一个样本；②每个样本都必须要有其所属的簇，且这个所属簇具有唯一性。但是随着研究的发展，在某些模糊算法中，上述第二点要求已经放宽，即一个样本可以从属于多个簇。在划分的过程中，首先需要创建一个初始的划分，这个划分可以是随机构建的。之后，通过迭代的方式反复将样本重新分配到其更合适的划分当中，从而改善划分的整体质量，直至满足划分精度的要求。对于如何评价一个划分的好坏，通常有这样一种准则：处于同一划分中的样本之间的差异要尽可能小，而处于不同划分中的样本之间的差异要尽可能大。图 5−1 给出了基于划分的聚类的大致流程。

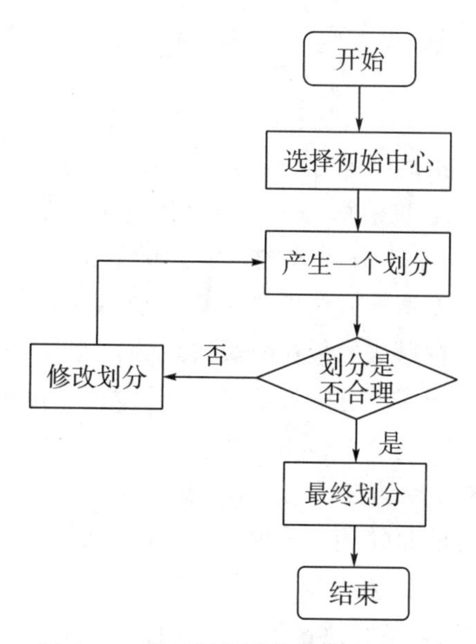

图 5−1　基于划分的聚类的大致流程

5.2.2　相关算法

1. K-均值（K-means）算法

K-均值算法就是基于划分的经典聚类算法，它因速度和稳定性而广受好评。K-均值算法的工作流程：首先，随机确定 K 个初始点作为质心。然后将数据集中的每个点分配到一个簇中，具体来讲，为每个点找距其最近的质心，并将其分配给该质心所对应的簇。完成这一步后，每个簇的质心更新为该簇所有点的平均值，接下来通过迭代的方式逐次更新各聚类中心，直到它们不再发生变化为止。图 5−2 给出了 K-均值算法的具体步骤。

输入：数据集 $D=\{\boldsymbol{x}_1,\boldsymbol{x}_2,\cdots,\boldsymbol{x}_N\}$，类簇数 K
输出：聚类划分 $\{C_1,C_2,\cdots,C_K\}$
1. 随机选择 D 中 K 个样本作为初始质心 $\{\boldsymbol{m}_1,\boldsymbol{m}_2,\cdots,\boldsymbol{m}_K\}$
2. while 未满足收敛条件：
3. for $i=1,\cdots,N$
4. for $k=1,\cdots,K$
5. 计算样本 $\boldsymbol{x}_i$ 到 $\boldsymbol{m}_k$ 的距离 $d(\boldsymbol{x}_i,\boldsymbol{m}_k)=\|\boldsymbol{x}_i-\boldsymbol{m}_k\|^2$
6. 将样本 $\boldsymbol{x}_i$ 划分到距离最近质心所在的类簇 $\underset{k}{\mathrm{argmin}}\{d(\boldsymbol{x}_i,\boldsymbol{m}_k)\}$
7. 计算并更新各类簇的质心：$\boldsymbol{m}_k^{\mathrm{new}}=\frac{1}{|C_k|}\sum_{x_i\in C_k}\boldsymbol{x}_i$

图 5－2　K-均值算法的具体步骤

上面提到的“最近质心”，意味着需要进行某种距离计算。读者可以选用任意距离度量方法进行计算。数据集上 K-均值算法的性能会受到所选距离计算方法的影响。这里我们采用的是欧式距离，采用欧式距离度量相似性的 K-均值算法通常使用误差平方和（Sum of Squared Errors，SSE）作为度量聚类质量的目标函数。

$$SSE(C)=\sum_{k=1}^{K}\sum_{x_i\in C_k}\|\boldsymbol{x}_i-\boldsymbol{\mu}_k\|^2 \tag{5.14}$$

式中，C 表示 K 个类别的集合；$\boldsymbol{\mu}_k$ 代表类簇 C_k 的质心，每个类簇的偏差等于其包含的所有数据点和其质心之间的距离的平方和。对于紧凑的类簇偏差值很小，而对于数据点很分散的类簇偏差值很大。K-均值算法的目标是找到能使得 SSE 最小的聚类结果。

对于 K-均值算法，有几个十分重要的因素影响着效果，其中包括类簇数 K 的选定、初始中心点的选取、聚类度量方法的选择以及收敛条件的设定。其中类簇数 K 的选定和初始中心点的选取是在算法的最初阶段决定的，这两个因素会直接影响能否得到合适的簇。有研究者提出了很多改进的方法来解决这两个问题，以提升聚类的效果。

2. K 值的确定

K-均值中类簇数 K 的选择是需要先验知识的，而在处理实际问题时，往往缺少足够的先验知识。其中一种方法是使用“手肘法”来确定 K 值。

手肘法的核心思想是：随着类簇数 K 的增大，样本划分变精细，每个簇的聚合程度会逐渐提高，那么 SSE 值自然会逐渐变小。并且，当 K 值小于真实类簇数时，由于 K 值的增大会大幅增加每个簇的聚合程度，故 SSE 下降幅度会很大，而当 K 值到达真实类簇数时，再增加 K 值所得到的聚合程度会迅速变小，所以 SSE 的下降幅度会骤减，然后随着 K 值的继续增大而趋于平缓，也就是 SSE 和 K 值的关系图是一个手肘的形状，而这个曲线拐点附近的值就可以作为 K 值的初始值。

3. 初始中心点

基本的 K-均值算法初始点的选取是随机选取 K 个点作为初始中心点的。但是这种随机选取的方式很容易导致算法陷入一个局部最优的解。例如，可能会将两个较小的簇识别为一个簇，或者将一个大的簇分裂的情况。

K-均值＋＋算法有效地解决了关于初始值的选取问题，目前已经成为一种硬聚类算法的标准。K-均值＋＋算法选择初始中心点的基本思想：初始的聚类中心点之间的距离要尽可能远。算法首先随机地选定一个初始中心点，之后选取距离这个中心点最远的点作为下一个初始点。重复这种选取方式直到 K 个中心点全部选取完成。这样就可以充分地考虑数据样本集内的所有样本的分布情况，避免某些大的簇被错误划分或者几个小的簇被错误合并的问题。但是，这样单纯选取距离最大的点的方法会受到数据集中离群点的影响。因此，在点的选取过程中引入了一个概率的思想，将每个点被选中的概率与已选中心点的距离相关联，距离越大，被选为聚类中心点的概率就越大。图 5-3 给出了 K-均值++算法的具体步骤。

输入：数据集 $A=\{\boldsymbol{x}_1,\boldsymbol{x}_2,\cdots,\boldsymbol{x}_N\}$，类簇数 K
输出：K 个聚类中心点
1. 随机选择 A 中一个样本作为第一个中心点 $\boldsymbol{x}_c$
2. repeat
3. 计算每个样本点与已有聚类中心的距离 $d(\boldsymbol{x},\boldsymbol{x}_c)$
4. 计算每个样本被选为下一个聚类中心的概率：

$$p(\boldsymbol{x})=d(\boldsymbol{x},\boldsymbol{x}_c)/\sum d(\boldsymbol{x},\boldsymbol{x}_c)^2$$

5. until 选取了 K 个中心点

图 5-3 K-均值++算法的具体步骤

举个例子，如图 5-4 所示有两个簇，即 $K=2$。假设第一个聚类中心点是 6，那么在选择下一个聚类中心点时需要先计算每个样本和该聚类中心点的距离，当然会取概率最大的作为下一个聚类中心点。在表 5-1 中，计算得到选取第 2 号点作为下一个聚类中心比较合适。值得注意的是，当 $K>2$ 时，对每个样本和多个聚类中心点进行计算，就会有多个距离，需要取距离最小的那个作为 $d(\boldsymbol{x})$ 的值。

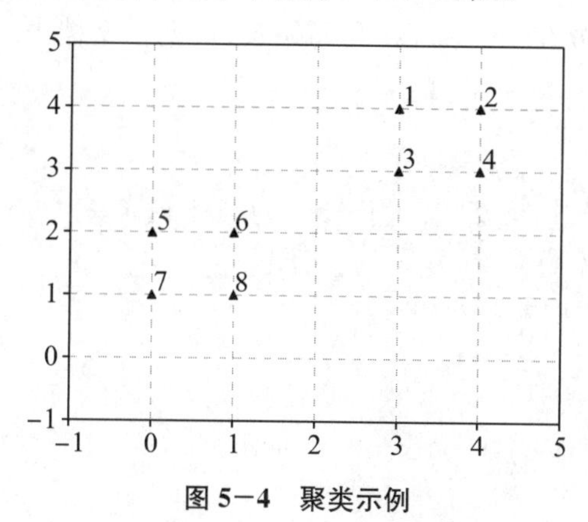

图 5-4 聚类示例

表 5-1 K-均值++聚类算法的中心计算

	1	2	3	4	5	6	7	8
$d(\boldsymbol{x})$	$2\sqrt{2}$	$\sqrt{13}$	$\sqrt{5}$	$\sqrt{10}$	1	0	$\sqrt{2}$	1
$d(\boldsymbol{x})^2$	8	13	5	10	1	0	2	1
$p(\boldsymbol{x})$	0.2	0.325	0.125	0.25	0.025	0	0.05	0.025

5.2.3　使用 sklearn 库的 K-means 进行文本聚类

在 sklearn 库的 cluster 包中有 K-means 模块，在该模块下定义并实现了 K-means 聚类算法的类 KMeans 及相关方法，KMeans 类的实例化方式如下：

```
KMeans(n_clusters=8, init='k-means++', n_init=10, max_iter=300, tol=0.0001, precompute_distances='auto', verbose=0, random_state=None, copy_x=True, n_jobs=1, algorithm='auto')
```

参数说明：

n_clusters：聚类数，也是需要初始化的类中心的个数，默认取值为 8。

init：初始化方法，有以下几种取值方式，默认取值为 'k-means++'。

①k-means++：使用 k-means++算法选取初始聚类中心以加速收敛过程。

②random：随机选取样本点为初始聚类中心。由使用者自行制定初始聚类中心，形如（n_clusters,n_features）的对象。

③n_init：使用不同的初始化类中心进行聚类的次数，最终输出结果为几次聚类中效果最好的，以组内距离衡量。

④max_iter：一次聚类算法所执行的最大迭代次数，默认取值为 300。

实例：

①数据预处理。采用清华大学公开的新闻语料库中的训练集进行实验，读者可以自行到相关网站上下载（http://thuctc.thunlp.org/）。该训练集中包括 50000 条中文数据，共 10 类，每个类别 5000 条数据。先将数据打乱顺序，并且将类别标签与对应的语料文档分离开，分别存放在 cnews.txt 和 labels.txt 两个文档中。代码示例如下：

```
import random

label_id = {'体育':0, '娱乐':1, '家居':2, '房产':3, '教育':4, '时尚':5, '时政':6, '游戏':7, '科技':8, '财经':9, }
def preprocess_data(infile, outfile1, outfile2):
    documents = []
    labels = []
    with open(infile, encoding='UTF-8', errors = 'ignore') as inf:
        line = inf.read()
        line_list = line.split('\n')
        random.shuffle(line_list)
        for item in line_list:
            s = item.split('\t')[1].strip()
            label = item.split('\t')[0].strip()
            documents.append(s)
            labels.append(label_id[label])
```

```
    with open(outfile1, 'a+', encoding = 'UTF-8', errors = 'ignore') as outf1:
        for item in documents:
            outf1.write(item + '\n')
    with open(outfile2, 'a+', encoding = 'UTF-8', errors = 'ignore') as outf2:
        for item in labels:
            outf2.write(str(item) + '\n')

preprocess_data('cnews.train.txt', 'cnews.txt', 'labels.txt')
```

接着将语料文档进行分词，去停用词，并将最后结果保存到文档 cnews_seg.txt 中。代码示例如下：

```
def word_segmentation(infile, outfile):
    with open(infile, encoding = 'UTF-8', errors = 'ignore') as inf:
        text = inf.read().split('\n')
    stop_list = [line[:-1] for line in open("中文停用词表.txt", encoding = 'UTF-8', errors = 'ignore')]
    result = []
    for each in text:
        each_cut = jieba.cut(each)
        each_result = [word for word in each_cut if word not in stop_list]  #去停用词
        s = ' '.join(each_result)
        result.append(s)
    with open(outfile, 'a+', encoding = 'UTF-8', errors = 'ignore') as outf:
        for item in result:
            outf.write(item + '\n')
    return result
b = word_segmentation('cnews.txt', 'cnews_seg.txt')    # 分词
print(b[0:10])
```

②文档向量化表示。利用 gensim 工具包中的 Doc2vec 模型训练得到每篇文档的向量表示，并保存在 cnews_d2v.csv 中。代码示例如下：

```
import os
import gensim
from gensim.models.doc2vec import Doc2Vec
import pandas as pd
import numpy as np

#用 gensim 中 Doc2vec 里的 TaggedDocument 来包装输入的句子
```

```
TaggededDocument = gensim.models.doc2vec.TaggedDocument
def sentences_pack(cut_sentence):
    x_train = []
    for i, text in enumerate(cut_sentence):
        word_list = text.split(' ')
        l = len(word_list)
        word_list[l-1] = word_list[l-1].strip()
        document = TaggededDocument(word_list, tags = [i])
        x_train.append(document)
    return x_train

#模型训练函数
def model_train(x_train, size = 300):
    model = Doc2Vec(x_train, min_count = 1, window = 3, vector_size = size, sample = 1e-3,
negative = 5, workers = 4)
    model.train(x_train, total_examples = model.corpus_count, epochs = 10)
    model.save('model_d2v.vec')    #保存训练好的模型
    return model
def get_doc2vec():
    with open('cnews_seg.txt', 'r', encoding = 'UTF-8') as f1:
        cut_sentences = f1.read().split('\n')
    c = sentences_pack(cut_sentences)
    model_dm = model_train(c)   #训练模型
    #将训练得到的文档向量存入文件中
    vec_list = []
    for i in range(len(cut_sentences)):
        v = model_dm.docvecs[i]
        vec_list.append(v)
    vector_df = pd.DataFrame(vec_list)
    vector_df.to_csv("cnews_d2v.csv", index=None, header=None)
if __name__ == '__main__':
    get_doc2vec()
```

③KMeans 聚类。代码示例如下：

```
#coding = 'UTF-8'
import pandas as pd
from sklearn.cluster import KMeans
import matplotlib.pyplot as plt
```

```
def cluster(K):
    dV = pd.read_csv(r'cnews_d2v.csv')    #读入数据
    doc_vectors_list = dV.values
    print("train kmean model...")
    kmean_model = KMeans(n_clusters = K)
    kmean_model.fit(doc_vectors_list)
    labels = kmean_model.predict(doc_vectors_list)
#将文本和对应的聚类结果标签输出到结果文件 cnews_cluster.txt 中
    with open('cnews.txt', 'r', encoding = 'UTF-8') as inf:
        line_list = inf.read().split('\n')
    with open('cnews_cluster.txt', 'a+', encoding = 'UTF-8') as outf:
        for i, item in enumerate(labels):
            outf.write(str(item) + '\t' + line_list[i] + '\n')
    return labels

if __name__ == '__main__':
    labels = cluster(10)    #返回聚类标签
```

运行结果如下：

```
1  2→文物局批准16家企业第一类文物拍卖经营资质新华网北京6月9日电(记者 璩静)为促进文物拍卖企业规范有序
2  2→香港帆船在台湾苏澳外海沉没船员获救中新社香港四月二十六日电 台北消息：仿明朝战船建造的香港籍帆船
3  1→IMF初定规则 主权基金投资步入阳光地带      国际货币基金组织 资料图      ⊙本报记者 朱周良 经过近四个
4  4→日本新技术使PC游戏满足你的偷窥欲望PC游戏结合摄像头，能满足你的偷窥欲望？你在玩游戏的时候，有没
5  5→孟晓琦：科比扣篮都带着小心 逼湖人拼肌肉等于自戕看科比跟亦师亦父的杰里·韦斯特互露机锋，着实是一
6  9→网游版质量效应或龙腾世纪正在开发中BioWare的老板Dr.Ray Muzyka在接受国外游戏媒体CVG采访的时候，被
7  5→2011年第二十一届国际名校招生巡回展由东西方国际教育研究院主办，威久留学协办的"2011第二十一届国际
8  5→MO&Co. DE PARIS慈善艺术之旅2010不是每个人都会成为艺术家，但艺术在我们生活中从未缺席。来自艺术之
9  5→徐静蕾性感家居照(图)正忙于拍摄《杜拉拉升职记》的才女导演徐静蕾，仍然不忘关爱流浪小动物。日前，
10 5→滨崎步豪宅的客厅(图)据香港媒体报道，乐坛天后滨崎步一直被指挥霍无度，其母最近在博客上公开二人位
```

这里要说明的是，聚类得到的类别标签与训练集中我们分离出来的标签的 id 值不是对应的，K-means 在聚类过程中把它认为是同一类的文本标记为同一个 id 值，我们可以人工观察标记为同一 id 值的文档是不是表述的同一类主题。其实 K-means 中不同的 K 值会导致聚类的结果发生很大的变化。那么如何用手肘法来选取最佳的类簇数？下面就是对 cnews_d2v.csv 中的数据进行 K 值选取的代码示例：

```
import pandas as pd
from sklearn.cluster import KMeans
import matplotlib.pyplot as plt

df_features = pd.read_csv(r'cnews_dzv.csv', encoding = 'UTF-8')    #读入数据
SSE = []    #存放每次的 SSE 结果
for k in range(1,21,2):
    estimator = KMeans(n_clusters = k)    #构造聚类器
```

```
    estimator.fit(df_features.values)
    SSE.append(estimator.inertia_)
X = range(1,21,2)
plt.xlim([0,20,5])
plt.xlabel('K')
plt.ylabel('SSE')
plt.plot(X, SSE, 'o-')
plt.show()
```

结果如图 5-5 所示。

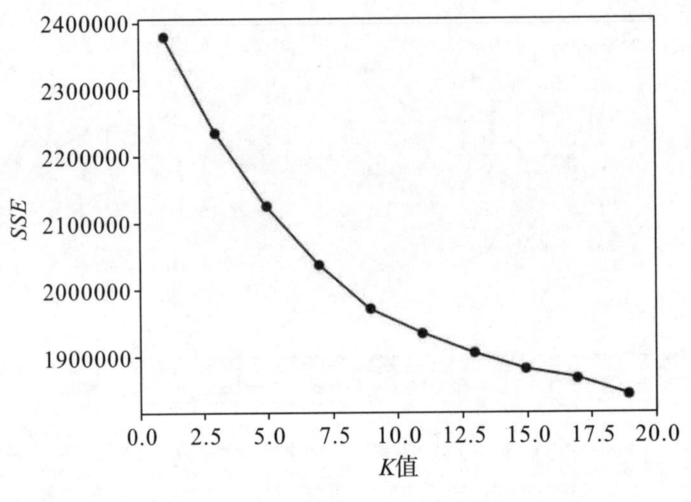

图 5-5　*K* 值与 SSE 的关系图

从图 5-5 来看，显然，肘部对应的 *K* 值在 10.0 附近，故对于这个数据集的聚类而言，最佳聚类数应该选 10.0 左右的值。

5.3　基于层次的聚类

5.3.1　层次聚类概述

层次聚类（Hierarchical Clustering）是聚类算法的一种，通过计算不同类别数据点间的相似度来创建一棵有层次的嵌套聚类树。在聚类树中，不同类别的原始数据点是树的最底层，树的顶层是一个聚类的根节点。层次聚类算法相比划分聚类算法的优点是可以在不同的尺度上（层次）展示数据集的聚类情况。

创建聚类树的两种方式：自下而上合并和自上而下分裂。其分别对应凝聚式层次聚类（Agglomerative Hierarchical Clustering，AHC）和分裂层次聚类（Divisive Hierarchical Clustering，DHC）。凝聚式层次聚类是自下而上的过程，一开始每个样本都是一个类，然后根据某种准则寻找同类，最后形成一个“类”。分裂层次聚类是一种自上而下的过程，一开始所有样本都属于一个“类”，然后根据某种准则每次将一个已有类分割成两个类，最后每个样本都成为一个“类”。图 5−6 为层次聚类示意图。

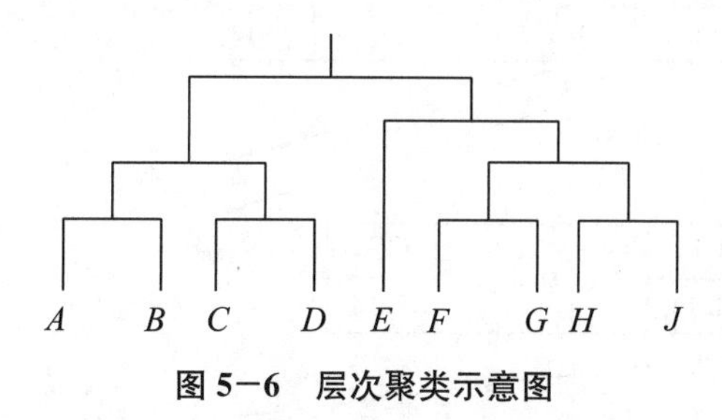

图 5−6　层次聚类示意图

这两种方法没有优劣之分，只是在实际应用的时候要根据数据特点以及想要的“类”的个数来考虑是自上而下更快还是自下而上更快。至于根据某种准则判断“类”的方法有最短距离法、最长距离法、中间距离法、类平均法等。其中类平均法往往被认为是最常用也最好用的方法，一方面因为其良好的单调性，另一方面因为其空间扩张/浓缩的程度适中。为弥补分裂与合并的不足，层次合并经常要与其他聚类方法相结合。

层次聚类中比较新的算法：利用层次方法的平衡迭代规约和聚类（Balanced Iterative Reducing and Clustering using Hierarchies，BIRCH），首先利用树结构对对象集进行划分，其次再利用其他聚类方法对聚类的结果进行优化；ROCK 算法（RObust Clustering using linKs，ROCK）是一种鲁棒的用于分类属性的聚类算法，属于凝聚型的层次聚类算法；Chameleon 算法又称变色龙算法，也是一种层次聚类算法，通过 kNN（k-Nearest-Neighbor）算法凝聚来形成最终的聚类结果。Chameleon 的聚类效果被认为非常强大，比 BIRCH 好用，但运算复杂度很高。下面将重点介绍 BIRCH 算法。

5.3.2　BIRCH 算法

利用层次方法的平衡迭代规约和聚类（Balanced Iterative Reducingand Clustering using Hierarchies，BIRCH）主要是在数据量很大并且数据类型都是数值型时使用的。

BIRCH 算法利用树结构来实现快速聚类，这个树结构类似于平衡 B+树，一般将它称为聚类特征树（Clustering Feature Tree，CF Tree，以下简称 CF-树）。这棵树的每一个节点都是由若干个聚类特征（Clustering Feature，CF）组成的。CF-树结构如图 5−7 所示：每个节点包括的叶子节点都有若干个聚类特征，而内部节点的聚类特征有指向孩子节点的指针，所有的叶子节点用一个双向链表链接起来。这些结构帮助聚类方法在大型数据库甚至在流数据库中取得了好的速度和伸缩性，还使得 BIRCH 算法对新对象增量或动态聚类也非常有效。

$B=7$，$L=5$

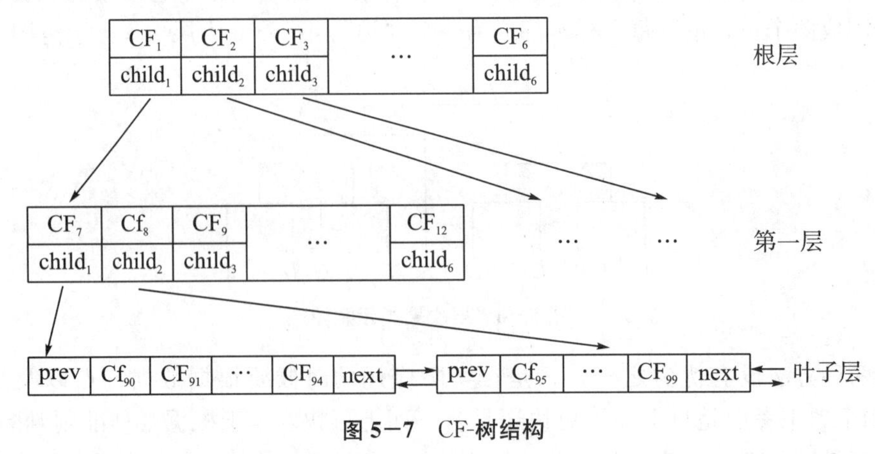

图 5-7　CF-树结构

1. 聚类特征

在 CF-树中，每个聚类特征（CF）都是一个三元组，定义为 $CF=\langle n,\boldsymbol{LS},\boldsymbol{SS}\rangle$。其中，$n$ 代表样本点的数量；$\boldsymbol{LS}$ 代表了聚类特征中拥有的样本点特征的线性和（即 $\sum_{i=1}^{n}\boldsymbol{x}_i$）；$\boldsymbol{SS}$ 代表了聚类特征中拥有的样本点特征的平方和（即 $\sum_{i=1}^{n}\boldsymbol{x}_i^2$）。

聚类特征本质上是给定簇的统计汇总信息。使用聚类特征，我们可以很容易地推导出许多有用的统计量。例如，簇的形心 $\boldsymbol{x}_0$、半径 R 和直径 D 的计算分别如下：

$$\boldsymbol{x}_0=\frac{\sum_{i=1}^{n}\boldsymbol{x}_i}{n}=\frac{\boldsymbol{LS}}{n} \tag{5.15}$$

$$R=\sqrt{\frac{\sum_{i=1}^{n}(\boldsymbol{x}_i-\boldsymbol{x}_0)^2}{n}}=\sqrt{\frac{n\boldsymbol{SS}-2\boldsymbol{LS}^2+n\boldsymbol{LS}}{n^2}} \tag{5.16}$$

$$D=\sqrt{\frac{\sum_{i=1}^{n}\sum_{j=1}^{n}(\boldsymbol{x}_i-\boldsymbol{x}_j)^2}{n(n-1)}}=\sqrt{\frac{2n\boldsymbol{SS}-2\boldsymbol{LS}^2}{n(n-1)}} \tag{5.17}$$

式中，R 是成员对象到形心的平均距离，D 是簇中逐对对象的平均距离。R 和 D 都反映了形心周围簇的紧凑程度。

此外，聚类特征有一个性质，即线性可加性。也就是说，对于两个不相交的簇 C_1 和簇 C_2，其聚类特征分别为 $CF_1=\langle n_1,\boldsymbol{LS}_1,\boldsymbol{SS}_1\rangle$ 和 $CF_2=\langle n_2,\boldsymbol{LS}_2,\boldsymbol{SS}_2\rangle$，合并后的簇的聚类特征：$CF_1+CF_2=\langle n_1+n_2,\boldsymbol{LS}_1+\boldsymbol{LS}_2,\boldsymbol{SS}_1+\boldsymbol{SS}_2\rangle$。如果把这个性质放在 CF-树中，每个父节点的 $\langle n,\boldsymbol{LS},\boldsymbol{SS}\rangle$ 三元组的值等于这个聚类特征节点所指向的所有子节点的三元组之和。如图 5-7 所示，根节点 CF_1 的三元组值，可以从它指向的 6 个子节点（CF_7～CF_{12}）的值相加得到，这样在更新 CF-树时可以很高效。

2. CF-树

CF-树是一棵高度平衡的树，它存储了层次聚类的聚类特征。如图 5-7 所示，树中的非叶子节点都有后代或“子女”。非叶子节点存储了其子女的聚类特征的总和，因而汇总了关于其子女的聚类信息。CF-树有三个参数：枝分支因子 B、叶分支因子 L 和阈值 T。枝分支因子定义了每个非叶子节点的子女的最大数目，叶分支因子定义了每个叶子节点的最大聚类特征数，而阈值给出了存储在树的叶节点中的子簇的最大直径。这两个参数会影响结果树的大小。对于图 5−7 中的 CF-树，限定 B 值为 7，L 值为 5，也就是说内部节点最多有 7 个聚类特征，叶子节点最多有 5 个聚类特征。

3. CF-树的构造

给定 CF-树的三个参数 B、L 和 T，接下来就可以根据样本来构造 CF-树了。CF-树的构造过程实际上是一个数据点的插入过程，随着数据点的插入而动态创建 CF-树，因此是增量的。下面以一个例子来演示 CF-树的生成过程，如图 5−8 所示。

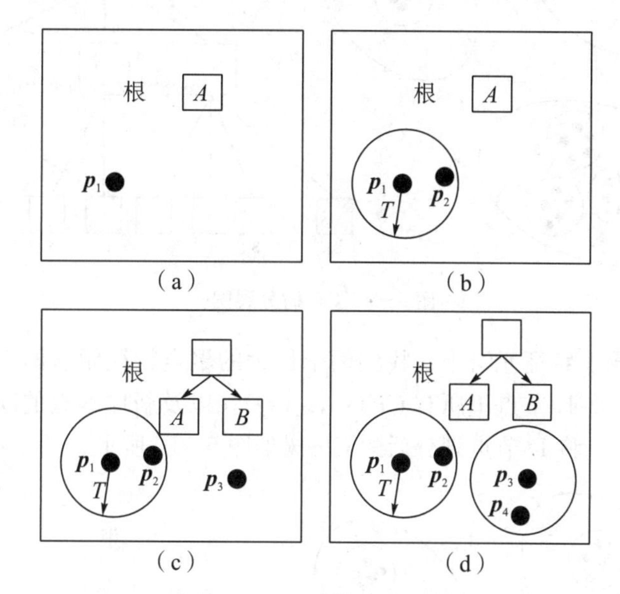

图 5−8　CF-树的生成过程

(1) 开始时，CF-树是空的。

(2) 从数据集中读入第一个样本点 $\boldsymbol{p}_1$，将它放到一个新的聚类特征三元组 A 中，此时树中只有一个节点 A，那么它就是根节点，如图 5−8 (a) 所示。

(3) 读入样本点 $\boldsymbol{p}_2$，这个样本点和第一个样本点在半径为 T 的超球体范围内，即它们属于一个聚类特征，那么第二个点也加入 A 中，此时需要更新三元组 A 的值，如图5−8 (b)所示。

(4) 读入样本点 $\boldsymbol{p}_3$，发现这个样本不能融入前面形成的节点的超球体内，需要一个新的聚类特征三元组 B 来存储该点。此时根节点有两个聚类特征三元组 A 和 B，如图 5−8 (c) 所示。

(5) 读入样本点 $\boldsymbol{p}_4$，发现该点和三元组 B 在半径小于 T 的超球体内，这样更新后的 CF-树如图 5−8 (d) 所示。

然而，由于枝分支因子 B 和叶分支因子 L 的限制，在 CF-树的构造过程中若某节点的聚类特征数超过了限制，就需要对树中节点进行分裂。这里以下面的例子来介绍 CF-树节点的分裂过程，枝分支因子 B 和叶分支因子 L 均设置为 3。现在正在构造的

CF-树如图 5−9 所示，叶子节点 L_1 有三个聚类特征，L_2 和 L_3 各有两个聚类特征。此时一个新的样本点来了，发现它离 L_1 节点最近，因此需要先判断它是否在 s_1、s_2、s_3 这 3 个聚类特征对应的超球体之内，若不在，就需要建立一个新的聚类特征，即 s_8 来容纳它。但是 L 值为 3，L_1 的聚类特征数已经达到最大值，不能再建新的聚类特征了，此时就要将 L_1 叶子节点一分为二。

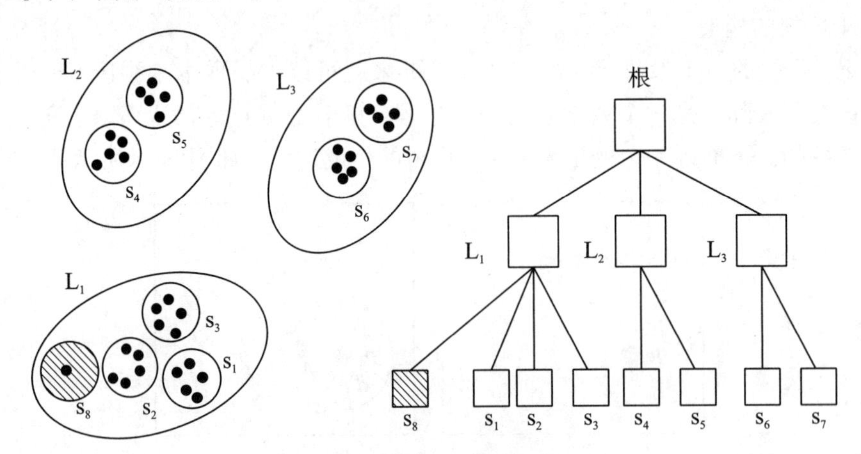

图 5−9　CF-树分裂图一

在 L_1 的所有聚类特征元组中，找到两个最远的聚类特征做这两个新叶子节点的种子聚类特征，然后将 L_1 节点里所有 $CF(s_1, s_2, s_3)$，以及新样本点的新元组 s_8 划分到两个新的叶子节点上。将 L_1 节点划分后的 CF-树如图 5−10 所示。

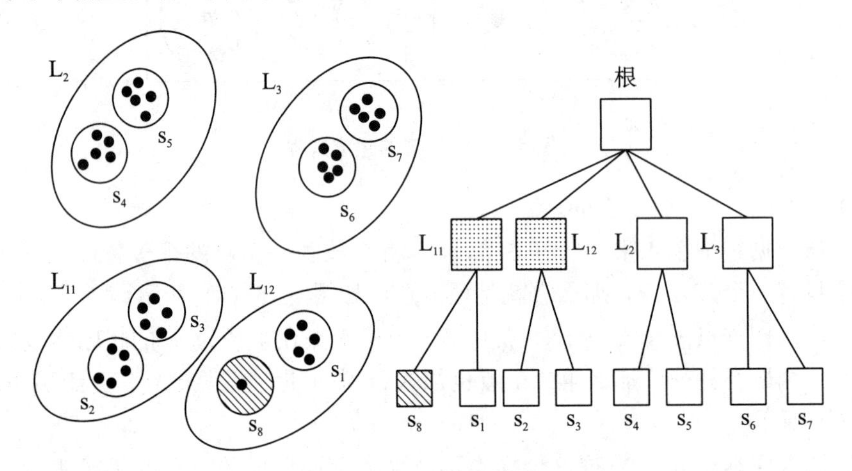

图 5−10　CF-树分裂图二

此时叶子节点一分为二后，会导致根节点的最大聚类特征数超了，所以根节点也需要分裂，分裂的方法和叶子节点分裂的方法一样，分裂后的 CF-树如图 5−11 所示。

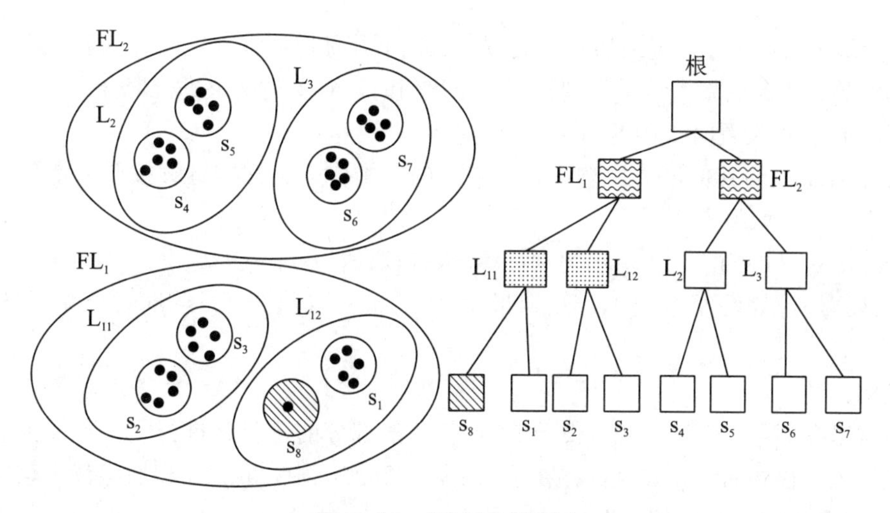

图 5－11　CF-树分裂图三

4. 算法

将所有的样本集建立 CF-树，一个基本的 BIRCH 算法就完成了，对应的输出是若干个聚类特征节点，每个节点里的样本点就是一个聚类的簇。BIRCH 算法的主要过程就是建立 CF-树的过程。BIRCH 算法的具体步骤如图 5－12 所示。

输入：数据集 $A=\{\boldsymbol{x}_1,\boldsymbol{x}_2,\cdots,\boldsymbol{x}_N\}$，阈值 T
输出：m 个聚类簇点
1. 初始化 CF-树为一个空树
2. 　　for $i=1$，…，N
3. 　　　　将 $\boldsymbol{x}_i$ 插入与其最近的一个叶子节点中；
4. 　　　　if 插入后的簇≤T
5. 　　　　　　将 $\boldsymbol{x}_i$ 插入该叶子节点，并且更新从根到此叶子路径上的所有三元组的聚类特征值；
6. 　　　　else if 插入后节点中有剩余空间
7. 　　　　　　把 $\boldsymbol{x}_i$ 作为一个单独的簇插入并且更新从根到此叶子路径上所有三元组的聚类特征值；
8. 　　　　else
9. 　　　　　　分裂该节点并更新从根到此叶节点路径上的三元组的聚类特征值

图 5－12　BIRCH 算法的具体步骤

5.3.3　使用 sklearn 库中的 BIRCH 算法进行文本聚类

在 sklearn 库 cluster 包中有 birch 模块，该模块下定义并实现了 BIRCH 聚类的类 BIRCH 及相关方法。BIRCH 类的实例化方式如下：

```
Birch(threshold=0.5, branching_factor=50, n_clusters=3, compute_labels=True, copy=True)
```

参数说明：

threshold：叶节点簇的直径阈值，如果新的样本点加入后，簇的直径大于该值，则需要新建簇，默认取值为 0.5。

branching_factor：每个节点所能包含的最大聚类特征（CF）数，如果超过该值，则需要分割当前节点，默认取值为 50。

n _ clusters：用于设置最后的聚类数。有以下几种取值方式：

①整数：当原始聚类结果类别数不等于该值时，对聚类结果进行聚合。

②None：不设置时直接返回原始聚类结果。

③cluster 包的其他聚类模型：将叶节点的子类作为新样本继续按照指定聚类模型进行聚类，默认取值为 3。

compute _ labels：是否输出类别标签，默认取值为 True。

copy：是否备份原始数据，默认取值为 True；取值为 False 时，原始数据会被覆盖。

实例：

在这里我们可以继续使用 5.2 节 *K*-均值算法部分的语料来进行实验，因为前面已经训练好了文档的向量，并且保存在了 cnew _ d2v. csv 中，我们可以直接读入该文件进行 BRICH 聚类。代码示例如下：

```
#coding = 'UTF-8'
import pandas as pd
from sklearn.cluster import Birch
import matplotlib.pyplot as plt

def cluster(K):
    dV = pd.read_csv(r'cnews_d2v.csv')    #读入数据
    doc_vectors_list=dV.values
    print("train Brich model...")
    Birch_model = Birch(n_clusters = K)
    labels = Birch_model.fit_predict(doc_vectors_list)
#将文本和对应的聚类结果标签输出到结果文件 cnews_Brich_cluster.txt 中
    with open('cnews.txt', 'r', encoding = 'UTF-8') as inf:
        line_list = inf.read().split('\n')
    with open('cnews_Brich_cluster.txt', 'a+', encoding = 'UTF-8') as outf:
        for i, item in enumerate(labels):
            outf.write(str(item) + '\t' + line_list[i] + '\n')
    return labels

if __name__=='__main__':
    labels=cluster(10)    #返回聚类标签
```

聚类结果这里不再展示。聚类的效果尚佳，读者可以自己运行查看结果，只是数据量大，运行时间会稍长。下面再进行一个简单的实例，对来自教育、科技、体育和文学 4 个类型的 10 条文本进行 BRICH 聚类。先对文本进行分词等处理，然后通过 TF-IDF 权重来进行文本特征的选择和表示，代码示例如下：

```
import jieba
import random
from sklearn.cluster import Birch
from sklearn.feature_extraction.text import TfidfTransformer
from sklearn.feature_extraction.text import CountVectorizer

text=[
    '教育	北京理工大学计算机专业创建于1958年是中国最早设立计算机专业的高校之一',
    '教育	北京理工大学学子在第四届中国计算机博弈锦标赛中夺冠',
    '体育	北京理工大学体育馆是2008年中国北京奥林匹克运动会的排球预赛场地',
    '体育	第五届东亚运动会中国军团奖牌总数创新高男女排球双双夺冠',
    '科技	人工智能也称机器智能是指由人工制造出的系统所表现出来的智能',
    '科技	人工智能是计算机科学的一个分支它企图生产出一种能以人类智能相似的方式做出反应的智能机器',
    '科技	AlphaGo人工智能对决围棋世界冠军柯洁的三场赛事以人类完败结果告终',
    '文学	曲曲折折的荷塘上面弥望的是田田的叶子出水很高像亭亭的舞女的裙',
    '文学	月光如流水一般静静地泻在这一片叶子和花上薄薄的青雾浮起在荷塘里',
    '文学	叶子底下是脉脉的流水遮住了不能见一些颜色而叶子却更见风致了'
]

label_id = {'教育':0, '体育':1, '科技':2, '文学':3}

#将文本的内容和对应的标签分离
def preprocess_data(text):
    documents = []
    labels = []
    for item in text:
        s = item.split('\t')[1].strip()
        label = item.split('\t')[0].strip()
        documents.append(s)
        labels.append(label_id[label])
    return documents, labels
#分词并去停用词处理
def word_segmentation(text):
    stop_list = [line[:-1] for line in open("中文停用词表.txt", encoding = 'UTF-8', errors = 'ignore')]
    result = []
    for each in text:
        each_cut = jieba.cut(each)
```

```
        each_result = [word for word in each_cut if word not in stop_list] #去停用词
    s = ''.join(each_result)
        result.append(s)
    return result

#利用 TFIDF 进行特征选取和文本向量表示
def TFIDF(corpus):
    #将文本中的词语转换成词频矩阵
    vectorizer = CountVectorizer(max_features = 40)
    tf_vec = vectorizer.fit_transform(corpus)
    #该类会统计每个词语 tfidf 权值
    tfidf_vec = TfidfTransformer().fit_transform(tf_vec)
    #获取词袋模型中的所有词语
    word = vectorizer.get_feature_names()
    #将 tf-idf 矩阵抽取出来,元素 w[i][j]表示 j 词在 i 个文本中的 tf-idf 权重
    weight = tfidf_vec.toarray()
    return word, weight

if __name__ == '__main__':
    X, Y = preprocess_data(text)
    X_seg = word_segmentation(X)    #分词
    nums = len(X)   #文本总数
    word, weight = TFIDF(X_seg)
    #pcaMatrix = matrixPCA(w, 10)
    #print(pcaMatrix)
    y_pred = Birch(n_clusters = 4).fit_predict(weight)
    #打印输出类别和对应的文本内容
    for i in range(nums):
        print(str(y_pred[i]) + '\t' + str(X[i]))
```

运行结果如下：

```
3  北京理工大学计算机专业创建于 1958 年是中国最早设立计算机专业的高校之一
1  北京理工大学学子在第四届中国计算机博弈锦标赛中夺冠
1  北京理工大学体育馆是 2008 年中国北京奥林匹克运动会的排球预赛场地
1  第五届东亚运动会中国军团奖牌总数创新高男女排球双双夺冠
2  人工智能也称机器智能是指由人工制造出的系统所表现出来的智能
2  人工智能是计算机科学的一个分支它企图生产出一种能以人类智能相似的方式做出反应的智能
机器
2  AlphaGo 人工智能对决围棋世界冠军柯洁的三场赛事以人类完败结果告终
```

```
0 曲曲折折的荷塘上面弥望的是田田的叶子出水很高像亭亭的舞女的裙
0 月光如流水一般静静地泻在这一片叶子和花上薄薄的青雾浮起在荷塘里
0 叶子底下是脉脉的流水遮住了不能见一些颜色而叶子却更见风致了
```

这里仍然要提醒读者，结果中输出的类别 id 与代码中用到的字典中的 label _ id 不是一一对应的。这里只是将属于同类的文本进行了同一数字的标记。结果显示，第 1 句聚为一类，第 2~4 句聚为一类，5~7 句聚为一类，最后 3 句聚为一类。显然 BRICH 聚类效果还是不错的。

5.4 基于密度的聚类

5.4.1 概述

基于划分和层次的聚类方法的目的是发现球状簇，它们很难发现任意形状的簇。对于如图 5－13 所示的不同形状结构的数据，前面介绍的聚类算法很难正确地识别出来。然而在许多现实场景中，例如，商业部门想根据客户的某种在线行为特征把当前的潜在客户划分成若干组，或者在医学领域，研究部门想利用某种疾病的信息来研究不同类型疾病的子类别，这些客户的行为数据和疾病的信息数据等都相对复杂，对应的簇结构也千姿百态，因此，为了发现任意形状的簇，有研究者提出了基于密度的聚类。

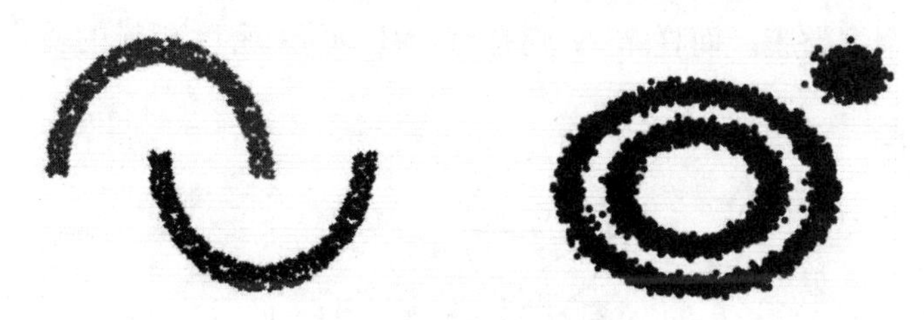

图 5－13 任意形状的数据结构

基于密度的聚类做了如下假设：它们假设在给定的数据集中，各个目标簇是由一群密集数据点组成的，而这些密集数据点被稀疏区域分割。算法的最终目的就是要从稀疏区域中发现密集数据点，并将稀疏区域中的数据点标记为噪声。目前，最具代表性的基于密度的聚类算法有 DBSCAN 算法、OPTICS 算法和 DENCLUE 算法。下面将重点介绍 DBSCAN 算法。

5.4.2 DBSCAN 算法

DBSCAN（Density-Based Spatial Clustering of Applications with Noise）算法可以发现任意形状的簇，是最著名的基于密度的聚类算法。它通过寻找数据点密度相连的最大集合来寻找聚类的最终结果。

DBSCAN 算法的核心思想就是先发现密度较高的点，然后把相近的高密度点逐步连成一片，进而生成各种簇。DBSCAN 算法有两个参数：一个是邻域半径 ε，另一个是形成高密度区域所需要的最少样本数 n。基于这两个参数，DBSCAN 算法定义了以下基本概念。

(1) ε 邻域：某样本 P 的 ε 邻域指以 P 为中心，ε 为半径形成的圆形区域。

(2) 核心样本：如果某点 P 的 ε 邻域中的样本数不少于 n，则称 P 为核心样本。

(3) 密度直达：如果样本 Q 在核心样本 P 的 ε 邻域内，则称 Q 从 P 密度直达。

(4) 密度可达：如果存在一个样本序列 P_1，P_2，…，P_T，且对任意 $t=1$，…，$T-1$，P_{t+1} 可由 P_t 密度可达，则称 P_T 从 P_1 密度可达。根据密度直达的定义，序列中的传递样本 P_1，P_2，…，P_T 均为核心样本。

(5) 密度相连：如果存在核心样本 P，使得 Q_1 和 Q_2 均从 P 密度可达，则称 Q_1 和 Q_2 密度相连。

DBSCAN 算法本质上是以每个数据点为圆心，先以 ε 为半径画个圈（称为 ε-邻域），再数有多少个点在这个圈内，数得的这个数就是该点密度值。然后可以选取一个密度阈值（n），如圈内点数小于 n 的圆心点为低密度点，而大于或等于 n 的圆心点为高密度点（也称为核心点）。如果有一个高密度点在另一个高密度点的圈内，就把这两个点连接起来，这样可以把好多点不断地串联出来。之后，如果有低密度点也在高密度点的圈内，就把它也连到最近的高密度点上，称之为边界点。这样所有能连到一起的点就成了一个簇，而不在任何高密度点的圈内的低密度点就是异常点。图 5－14 展示了 DBSCAN 的工作原理。图 5－14 中，$n=4$，A 为核心样本，边界样本 B 和 C 为非核心样本。样本 B 和 C 都是从 A 密度可达的，即 B 和 C 是密度相连的，所以它们和 A 等核心样本形成一个聚类簇。而样本 N 则是 A，B，C 未密度相连的噪声点，称为离群点（噪声点）。

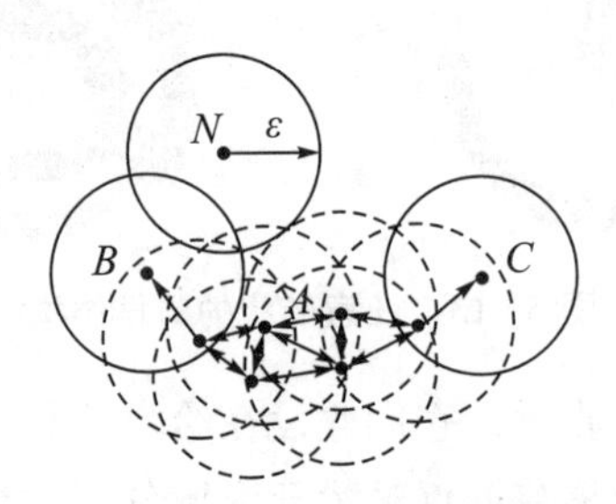

图 5－14　DBSCAN 工作原理示意图

通俗地讲，核心样本对应稠密区域内部的样本，边界样本对应稠密区域边缘的样本，而噪声样本对应稀疏区域中的样本。

DBSCAN 算法从某个核心样本出发，不断向密度可达的区域扩张，从而得到一个包含核心样本和边界样本的最大区域，该区域中任意两点密度相连，聚合为一个簇。接着寻找未被标记的核心样本，重复上述过程，直到样本集中没有新的核心样本为止。样本集中没有包含在任何簇中的样本点就构成噪声点簇。DBSCAN 算法的具体步骤如图 5－15 所示。另外，笔者在此给大家推荐一个网站（https://www.naftaliharris.com/blog/visualizing-dbscan-clustering/），它是国外的一位学者的博客，上面用可视化的方法清晰地展示了 DBSCAN 聚类的过程，感兴趣的读者可以登录查看。

输入：数据集 A，半径 ε，形成高密度区域所需要的最少样本数 n；
输出：目标类簇集合 C
1. $C=\varnothing$
2. for P in A：
3.   if P 已被访问：continue
4.   找出 P 的 ε 邻域包含的样本集 R_P；
5.   if $|R_P|<n$
6.   标记 P 为噪声样本簇
7.   else：
8.   新建一个类簇 c，并将 P 加入 c 中
9.   找出 P 的 ε 邻域中的所有密度直达样本集 S_P
10.   for Q in S_P：
11.   若 Q 为噪声样本，将 Q 标记为类簇 c
12.   若 Q 还未被访问，将 Q 标记为类簇 c
13.   找出 Q 的 ε 邻域中包含的样本集 R_Q
14.   if $|R_P|\geqslant n$：
15. $S_P=S_P\cup R_Q$
16.   将 c 添加至 C

图 5－15 DBSCAN **算法的具体步骤**

要特别注意的是，DBSCAN 算法对输入参数半径（ε）和形成高密度区域所需要的最少样本数（n）非常敏感，参数稍有变化，其聚类结果就会发生明显变化。此外，在实际应用中，需要大规模数据集对这两个参数进行调优选择。DBSCAN 算法对噪声不敏感，可以自动发现簇的数量，而且适用于大型数据集。

5.4.3 使用 sklearn 库的 DBSCAN 算法进行文本聚类

在 sklearn 库的 cluster 包中定义并实现了 DBSCAN 聚类的类及相关方法，类对象的实例化方式如下：

```
class sklearn.cluster.DBSCAN(eps=0.5, *, min_samples=5, metric='euclidean', metric_params=None, algorithm='auto', leaf_size=30, p=None, n_jobs=None)
```

参数说明：

eps：ε-邻域的距离阈值，默认值是 0.5。一般需要通过在多组值里选择一个合适的阈值。如 eps 过大，则更多的点会落在核心对象的 ε-邻域，此时类别数可能会减少，本来不应该是一类的样本也会被划为一类。反之，则类别数可能会增大，本来是一类的样本却被划分开。

min_samples：样本点要成为核心对象所需要的 ε-邻域的样本数阈值，默认值是 5。一般需要通过在多组值里选择一个合适的阈值。通常和 eps 一起调参。在 eps 一定的情况下，min_samples 过大，核心对象会过少，此时簇内部分本来是一类的样本可能会被标为噪音点，类别数也会变多。反之，min_samples 过小的话，会产生大量的核心对象，可能会导致类别数过少。

metric：最近邻距离度量参数。可以使用的距离度量较多，一般来说 DBSCAN 使用默认的欧式距离（即 $p=2$ 的闵可夫斯基距离）就可以满足使用者的需求。可以使用

的距离度量参数有：欧式距离'euclidean'、曼哈顿距离'manhattan'、切比雪夫距离'chebyshev'、闵可夫斯基距离'minkowski'、带权重闵可夫斯基距离'wminkowski'、标准化欧式距离'seuclidean'、马氏距离'mahalanobis'。

algorithm：最近邻搜索算法参数。对于这个参数，一共有 4 种可选输入：'brute'为蛮力实现；'kd_tree'为 KD 树实现；'ball_tree'为球树实现；'auto'则会在上面三种算法中做权衡，选择一个拟合最好的最优算法。需要注意的是，如果输入样本的特征稀疏时，无论使用者选择哪种算法，最后 scikit-learn 都会去用蛮力实现'brute'。一般情况使用默认的'auto'就够了。如果数据量很大或者特征也很多，用'auto'建树时间可能会很长，效率不高，建议选择 KD 树实现'kd_tree'；如果发现'kd_tree'速度比较慢或者已经知道样本分布不是很均匀时，可以尝试用'ball_tree'。而如果输入样本是稀疏的，无论使用者选择哪个算法最后实际运行的都是'brute'。

leaf_size：最近邻搜索算法参数，为使用 KD 树或者球树时，停止建子树的叶子节点数量的阈值。这个值越小，则生成的 KD 树或者球树就越大，层数越深，建树时间越长；反之，则生成的 KD 树或者球树会小，层数较浅，建树时间较短。默认是 30。因为这个值一般只影响算法的运行速度和使用内存大小，因此一般情况下可以不管它。

p：最近邻距离度量参数。只用于闵可夫斯基距离和带权重闵可夫斯基距离中 p 值的选择，p=1 为曼哈顿距离，p=2 为欧式距离。如果使用默认的欧式距离不需要管这个参数。

实例：

由于 DBSCAN 算法适用于大数据集，为了方便查看结果和调试聚类参数，这里使用 5.3 节的数据来进行 DBSCAN 聚类。具体的代码跟 5.3 节类似，只是在主函数部分进行了相关修改：

```
from sklearn.cluster import DBSCAN
if __name__ == '__main__':
    X, Y = preprocess_data(text)
    X_seg = word_segmentation(X)   #分词
    nums = len(X)   #文本总数
    word, weight = TFIDF(X_seg)

    DBSCAN_model = DBSCAN(eps = 1.2, min_samples = 2)
    labels = DBSCAN_model.fit_predict(weight)
    #打印输出类别和对应的文本内容
    for i in range(nums):
        print(str(labels[i]) + '\t' + str(X[i]))
```

当 eps=1.2，min_samples=2 时得到的聚类结果如下：

```
-1 北京理工大学计算机专业创建于1958年是中国最早设立计算机专业的高校之一
-1 北京理工大学学子在第四届中国计算机博弈锦标赛中夺冠
0 北京理工大学体育馆是2008年中国北京奥林匹克运动会的排球预赛场地
0 第五届东亚运动会中国军团奖牌总数创新高男女排球双双夺冠
1 人工智能也称机器智能是指由人工制造出的系统所表现出来的智能
1 人工智能是计算机科学的一个分支它企图生产出一种能以人类智能相似的方式做出反应的智能机器
-1 AlphaGo人工智能对决围棋世界冠军柯洁的三场赛事以人类完败结果告终
-1 曲曲折折的荷塘上面弥望的是田田的叶子出水很高像亭亭的舞女的裙
2 月光如流水一般静静地泻在这一片叶子和花上薄薄的青雾浮起在荷塘里
2 叶子底下是脉脉的流水遮住了不能见一些颜色而叶子却更见风致了
```

当 eps=1.3，min_samples=2 时得到的聚类结果如下：

```
0 北京理工大学计算机专业创建于1958年是中国最早设立计算机专业的高校之一
0 北京理工大学学子在第四届中国计算机博弈锦标赛中夺冠
0 北京理工大学体育馆是2008年中国北京奥林匹克运动会的排球预赛场地
0 第五届东亚运动会中国军团奖牌总数创新高男女排球双双夺冠
1 人工智能也称机器智能是指由人工制造出的系统所表现出来的智能
1 人工智能是计算机科学的一个分支它企图生产出一种能以人类智能相似的方式做出反应的智能机器
1 AlphaGo人工智能对决围棋世界冠军柯洁的三场赛事以人类完败结果告终
2 曲曲折折的荷塘上面弥望的是田田的叶子出水很高像亭亭的舞女的裙
2 月光如流水一般静静地泻在这一片叶子和花上薄薄的青雾浮起在荷塘里
2 叶子底下是脉脉的流水遮住了不能见一些颜色而叶子却更见风致了
```

可见，DBSCAN 算法对参数 eps 和 min_samples 非常敏感，我们在实验中使用的数据量比较小，当数据量非常大时训练时间会很长。

5.5 谱聚类

谱聚类（Spectral Clustering）是处理实际聚类问题时广泛使用的算法，易于实现，且能够划分任意形状（非线性可分）的数据集，聚类效果很好。

5.5.1 相关知识

谱聚类是从图论中演化出来的算法，它的主要思想是把所有的数据看作空间中的点，这些点之间可以用边连接起来。距离较远的两个点之间的边权重值较低，而距离较近的两个点之间的边权重值较高，通过对所有数据点组成的图进行切图，让切图后不同的子图间边权重之和尽可能低，而子图内的边权重和尽可能高，从而达到聚类的目的。

这个算法原理很简单，但是要完全理解，需要对图论中的无向图和线性代数与矩阵分析都有一定的了解。下面就从这些需要的基础知识开始，一步步学习谱聚类。

1. 无向权重图

首先看图的概念，对于一个图 G，一般用点的集合 V 和边的集合 E 来描述，即为 $G(V,E)$。其中 V 即为我们数据集里面所有的点，$V=(v_1,v_2,\cdots,v_n)$。对于 V 中的任意两个点，可以有边连接，也可以没有边连接。我们定义权重 w_{ij} 为点 v_i 和点 v_j 之间的权重，由于是无向图，所以 $w_{ij}=w_{ji}$，如图 5-16 所示。

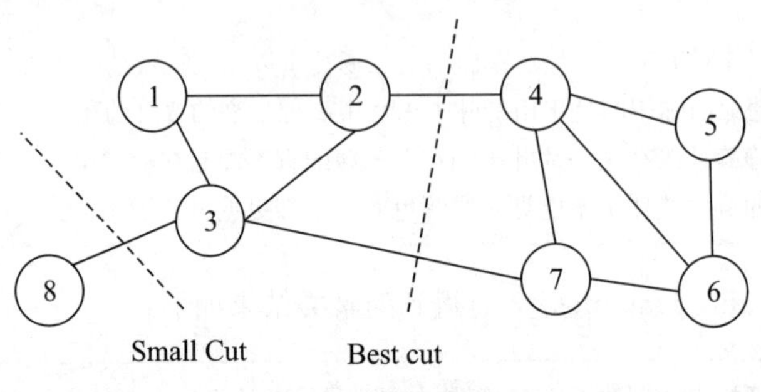

图 5-16　无向图

2. 相似矩阵

对于无向图，我们可以用矩阵的方式表示它，例如，对于有边连接的两个点权重值设置为 1，没有边连接的两个点权重值设置为 0，这样就可以得到上述图的矩阵表示：

$$\boldsymbol{W}=\begin{pmatrix}0&1&1&0&0&0&0&0\\1&0&1&1&0&0&0&0\\1&1&0&0&0&0&1&1\\0&1&0&0&1&1&1&0\\0&0&0&1&0&1&0&0\\0&0&0&1&1&0&1&0\\0&0&1&1&0&1&0&0\\0&0&1&0&0&0&0&0\end{pmatrix}\tag{5.18}$$

不过这仅仅是定性表示，我们还需要用定量的权重值来表示。基本思想是：距离较远的两个点之间的边权重值较低，而距离较近的两个点之间的边权重值较高。一般来说，可以通过样本点距离度量来获得相似矩阵 $\boldsymbol{W}$。构建相似矩阵 $\boldsymbol{W}$ 的方法有三种：ε-邻近法、K 邻近法和全连接法。

（1）ε-邻近法。

设置一个距离阈值（ε），然后用欧式距离度量任意两点 x_i 和 x_j 之间的距离，即相似距离 $s_{ij}=\|x_i-x_j\|_2^2$，然后根据 s_{ij} 和 ε 的大小关系来定义相似矩阵的权值。

$$w_{ij}=\begin{cases}0, s_{ij}<\varepsilon\\ \varepsilon, s_{ij}>\varepsilon\end{cases}\tag{5.19}$$

由式（5.19）可知，两点之间的权重非 ε 即 0，没有距离远近度量，因此在实际应用中很少使用 ε-邻近法。

（2）K 邻近法。

利用 KNN 算法遍历所有的样本点，取每个样本最近的 k 个点作为近邻，只有和样本距离最近的 k 个点之间的 $w_{ij}>0$，但是这种方法会造成重构之后的相似矩阵 $\boldsymbol{S}$ 非对称，而后面的算法需要对称相似矩阵。为了解决这个问题，一般采取下面两种方法之一：

第一种 K 邻近法——只要一个点在另一个点的 K 近邻中，则保留 w_{ij}。

$$w_{ij}=w_{ji}=\begin{cases}0, x_i \notin KNN(x_j) \text{ and } x_j \notin KNN(x_i) \\ \exp\left(-\dfrac{\|x_i-x_j\|}{2\sigma^2}\right), x_i \in KNN(x_j) \text{ or } x_j \in KNN(x_i)\end{cases} \tag{5.20}$$

第二种 K 邻近法——必须两个点互为 K 近邻，才能保留 w_{ij}。

$$w_{ij}=w_{ji}=\begin{cases}0, x_i \notin KNN(x_j) \text{ or } x_j \notin KNN(x_i) \\ \exp\left(-\dfrac{\|x_i-x_j\|}{2\sigma^2}\right), x_i \in KNN(x_j) \text{ and } x_j \in KNN(x_i)\end{cases} \tag{5.21}$$

（3）全连接法。

相比前两种方法，第三种方法所有的点之间的权重值都大于 0，因此称为全连接法。通过选择不同的核函数来定义边权重，常用的有多项式核函数、高斯核函数和 sigmoid 核函数。

在实际应用中，使用全连接法来建立邻接矩阵是最普遍的，而在全连接法中使用高斯核函数是最普遍的，如式（5.22）：

$$w_{ij}=\exp\left(-\frac{\|x_i-x_j\|_2^2}{2\sigma^2}\right) \tag{5.22}$$

3. 度矩阵

图论中定义无向图中每个节点的度为该节点与其他节点连接的权值之和 $d_i=\sum_{j=1}^{N} w_{ij}$。那么利用每个节点度的定义，可以得到一个 $n \times n$ 的度矩阵 $\boldsymbol{D}$，它是一个对角矩阵，只有主对角线有值，对应第 i 行第 i 个节点的度。度矩阵定义如下：

$$\boldsymbol{D}=\begin{pmatrix} d_1 & 0 & \cdots & 0 \\ 0 & d_2 & \cdots & 0 \\ \vdots & \vdots & & \vdots \\ 0 & 0 & \cdots & d_n \end{pmatrix} \tag{5.23}$$

由度矩阵的定义可知，图 5-16 对应的度矩阵为

$$\boldsymbol{D}=\begin{pmatrix} 2&0&0&0&0&0&0&0 \\ 0&3&0&0&0&0&0&0 \\ 0&0&4&0&0&0&0&0 \\ 0&0&0&4&0&0&0&0 \\ 0&0&0&0&2&0&0&0 \\ 0&0&0&0&0&3&0&0 \\ 0&0&0&0&0&0&3&0 \\ 0&0&0&0&0&0&0&1 \end{pmatrix} \tag{5.24}$$

4. 拉普拉斯矩阵

拉普拉斯矩阵（Laplacan Matrix），也称为基尔霍夫矩阵，在谱聚类中有着相当重要的作用，谱聚类算法正是依托拉普拉斯矩阵的相关性质得出聚类结果的。下面就来介绍非正则化的拉普拉斯矩阵和正则化的拉普拉斯矩阵。

（1）非正则化的拉普拉斯矩阵。

给定一个有 n 个顶点的图，其非正则化的拉普拉斯矩阵被定义为

$$\boldsymbol{L}=\boldsymbol{D}-\boldsymbol{W}$$

式中，$\boldsymbol{D}$ 为图的度矩阵；$\boldsymbol{W}$ 为图的相似矩阵。

根据拉普拉斯矩阵的定义，可得上述图拉普拉斯矩阵 $\boldsymbol{L}$ 为

$$\boldsymbol{L}=\begin{pmatrix} 2 & -1 & -1 & 0 & 0 & 0 & 0 & 0 \\ -1 & 3 & -1 & -1 & 0 & 0 & 0 & 0 \\ -1 & -1 & 4 & 0 & 0 & 0 & -1 & -1 \\ 0 & -1 & 0 & 4 & -1 & -1 & -1 & 0 \\ 0 & 0 & 0 & -1 & 2 & -1 & 0 & 0 \\ 0 & 0 & 0 & -1 & -1 & 3 & -1 & 0 \\ 0 & 0 & -1 & -1 & 0 & -1 & 3 & 0 \\ 0 & 0 & -1 & 0 & 0 & 0 & 0 & 1 \end{pmatrix} \tag{5.25}$$

（2）正则化的拉普拉斯矩阵。

正则化的拉普拉斯矩阵有两种，分别为对称正则化的拉普拉斯矩阵 $\boldsymbol{L}_{\mathrm{sym}}$ 和非对称正则化的拉普拉斯矩阵 $\boldsymbol{L}_{\mathrm{rm}}$：

$$\begin{cases}\boldsymbol{L}_{\mathrm{sym}}=\boldsymbol{D}^{-\frac{1}{2}}\boldsymbol{L}\,\boldsymbol{D}^{-\frac{1}{2}}=\boldsymbol{I}-\boldsymbol{D}^{-\frac{1}{2}}\boldsymbol{W}\boldsymbol{D}^{-\frac{1}{2}} \\ \boldsymbol{L}_{\mathrm{rm}}=\boldsymbol{D}^{-1}\boldsymbol{L}=\boldsymbol{I}-\boldsymbol{D}^{-1}\boldsymbol{W}\end{cases} \tag{5.26}$$

式中，$\boldsymbol{D}$ 为图的度矩阵；$\boldsymbol{W}$ 为图的相似矩阵。

5. 无向图切割

对于无向图 G 的切割，目标是将图 $G(V,E)$ 切成相互没有连接的 k 个子图，每个子图中点的集合为 A_1，A_2，…，A_k，它们满足 $A_i\cap A_j=\varnothing$，且 $A_1\cup A_2\cup\cdots\cup A_k=V$，我们可以将前面的图切割成两个子图，如图 5-17 所示。

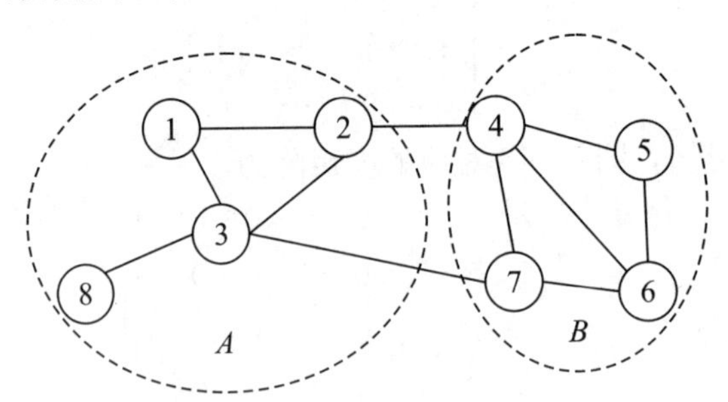

图 5-17 由无向图切割成的两个子图

若图 A 和图 B 是图 G 的两个子图，则定义子图 A 和图 B 的切图权重为

$$\boldsymbol{W}(A,B):=\sum_{i\in A,j\in B}w_{ij} \tag{5.27}$$

那么对于 k 个子图的集合 A_1，A_2，…，A_k，我们定义图切割后各子图的权重之和的计算如式（5.28）：

$$Cut(A_1,A_2,\cdots,A_k)=\frac{1}{2}\sum_{i=1}^{k}\boldsymbol{W}(A_i,\overline{A}_i) \tag{5.28}$$

式中，$\overline{A}_i$ 为 A_i 的补集。

那么，如何切割无向图可以让子图内的节点权重和高、子图间的节点权重和低呢？一个很自然的想法就是最小化上述 Cut 函数，但很容易发现这种极小化的切图方法存在问题，如图 5−16 所示的两条切割虚线所示。我们选择一个权重最小的边缘点，比如 C 和 H 之间进行切割，这样可以使 Cut 值最小，但却不是最优的切割。如何避免这种切割并且找到类似图中"Best Cut"这样的最优切图呢？接下来就来看看谱聚类使用的切图方法。

5.5.2　谱聚类切图

为了避免最小切图导致的切图效果不佳，我们需要对每个子图的规模做出限定。一般来说，谱聚类有两种切图方式，第一种是 RatioCut，第二种是 Ncut。下面分别对其进行介绍。

1. RatioCut

为了避免出现最小切图，RatioCut 切图对于每个切图不仅考虑最小化 Cut 函数，还同时考虑最大化每个子图中点的个数，即

$$RatioCut(A_1,A_2,\cdots,A_k)=\frac{1}{2}\sum_{i=1}^{k}\frac{\boldsymbol{W}(A_i,\overline{A}_i)}{|A_i|} \tag{5.29}$$

最小化 RatioCut 函数可以通过引入指示函数 $\boldsymbol{h}_j=\boldsymbol{h}_1$，$\boldsymbol{h}_2$，…，$\boldsymbol{h}_k$（$j=1,2,\cdots,k$），$\boldsymbol{h}_j$ 是一个 n 维向量，定义如下：

$$h_{ji}=\begin{cases}0, & v_i\notin A_j\\ \dfrac{1}{\sqrt{|A_j|}}, & v_i\in A_j\end{cases} \tag{5.30}$$

对于某一个子图 i，它的 RatioCut 恰好对应于 $\boldsymbol{h}_i^{\mathrm{T}}\boldsymbol{L}\boldsymbol{h}_i$，推导过程如下：

$$\begin{aligned}\boldsymbol{h}_i^{\mathrm{T}}\boldsymbol{L}\,\boldsymbol{h}_i&=\frac{1}{2}\sum_m\sum_n w_{mn}(h_{im}-h_{in})^2\\&=\frac{1}{2}\left(\sum_{m\in A_i,n\notin A_i}w_{mn}\left(\frac{1}{\sqrt{|A_i|}}-0\right)^2+\sum_{m\notin A_i,n\in A_i}w_{mn}\left(0-\frac{1}{\sqrt{|A_i|}}\right)^2\right)\\&=\frac{1}{2}\left(\sum_{m\in A_i,n\notin A_i}w_{mn}\frac{1}{|A_i|}+\sum_{m\notin A_i,n\in A_i}w_{mn}\frac{1}{|A_i|}\right)\\&=\frac{1}{2}\left(Cut(A_i,\overline{A}_i)\frac{1}{|A_i|}+Cut(A_i,\overline{A}_i)\frac{1}{|A_i|}\right)\\&=\frac{Cut(A_i,\overline{A}_i)}{|A_i|}\\&=RatioCut(A_i,\overline{A}_i)\end{aligned} \tag{5.31}$$

那么对于 k 个子图，对应的 RatioCut 函数表达式为

$$RatioCut(A_1,A_2,\cdots,A_k) = \sum_{i=1}^{k} \boldsymbol{h}_i^{\mathrm{T}}\boldsymbol{L}\,\boldsymbol{h}_i = \sum_{i=1}^{k} (\boldsymbol{H}^{\mathrm{T}}\boldsymbol{L}\boldsymbol{H})_{ii} = \mathrm{tr}(\boldsymbol{H}^{\mathrm{T}}\boldsymbol{L}\boldsymbol{H}) \quad (5.32)$$

式中，tr(·) 为求矩阵迹的函数。也就是说，谱聚类切图优化的目标函数为

$$\mathrm{argmin}\ \mathrm{tr}(\boldsymbol{H}^{\mathrm{T}}\boldsymbol{L}\boldsymbol{H}),\mathrm{s.\,t.}\ \boldsymbol{H}^{\mathrm{T}}\boldsymbol{H} = \boldsymbol{I} \quad (5.33)$$

注意到矩阵 $\boldsymbol{H}$ 里面的每一个指示向量都是 n 维的，向量中每个分量的取值为 0 或者 $1/\sqrt{|A_j|}$，有 2^n 种可能的取值，k 个子图有 k 个指示向量，这样下来就共有 $2^n \cdot k$ 种取值，因此找到满足上面优化目标的 $\boldsymbol{H}$ 是一个 NP 难问题。但是 $\mathrm{tr}(\boldsymbol{H}^{\mathrm{T}}\boldsymbol{L}\boldsymbol{H})$ 中每一个优化子目标 $\boldsymbol{h}_i^{\mathrm{T}}\boldsymbol{L}\,\boldsymbol{h}_i$，其中的 $\boldsymbol{h}$ 是单位正交基，$\boldsymbol{L}$ 是对称矩阵，此时 $\boldsymbol{h}_i^{\mathrm{T}}\boldsymbol{L}\,\boldsymbol{h}_i$ 的最大值为 $\boldsymbol{L}$ 的最大特征值，最小值是 $\boldsymbol{L}$ 的最小特征值。在谱聚类中，目的是找到优化目标的最小特征值对应的特征向量，这里用维度规约的思想来近似解决这个 NP 难问题。

对于 $\boldsymbol{h}_i^{\mathrm{T}}\boldsymbol{L}\,\boldsymbol{h}_i$，目标是找到 $\boldsymbol{L}$ 的最小特征值，而对于 $\mathrm{tr}(\boldsymbol{H}^{\mathrm{T}}\boldsymbol{L}\boldsymbol{H})$ 就是找到 k 个最小的特征值，一般来说，k 远远小于 n，也就是说，此时我们进行了维度规约，将维度从 n 降到了 k，从而近似解决了这个 NP 难的问题。

找到 $\boldsymbol{L}$ 的 k 个最小特征值，就可以得到对应的 k 个特征向量，这 k 个特征向量组成一个 $n\times k$ 维的矩阵，即 $\boldsymbol{H}$。一般需要对 $\boldsymbol{H}$ 的每一个特征向量做标准化。

由于在使用维度规约时损失了少量信息，导致优化后的指示向量 $\boldsymbol{h}$ 对应的 $\boldsymbol{H}$ 不能完全指示各样本的归属，因此一般在得到 $n\times k$ 维的矩阵 $\boldsymbol{H}$ 后还需要进行一次传统的聚类，比如使用 K-means 聚类。

2. Ncut

Ncut 切图和 RatioCut 切图很类似，只不过是把 RatioCut 函数的分母 $|A_i|$ 换成 $vol(A_i)$，$vol(A_i)$ 为子图 A_i 中各节点度之和。由于子图样本的数量多并不一定权重就大，在切图时基于权重更符合我们的目标，一般来说 Ncut 切图优于 RatioCut 切图。

Ncut 推导方式和 RatioCut 完全一致，这里不再赘述。只不过，需要优化的目标函数中 $\boldsymbol{H}^{\mathrm{T}}\boldsymbol{H} \neq \boldsymbol{I}$，而是 $\boldsymbol{H}^{\mathrm{T}}\boldsymbol{D}\boldsymbol{H} = \boldsymbol{I}$，相关的证明如下：

$$\boldsymbol{h}_i^{\mathrm{T}}\boldsymbol{D}\,\boldsymbol{h}_i = \sum_{j=1}^{n} h_{ij}^2\, d_j = \frac{1}{vol(A_i)}\sum_{j\in A_i} d_j = \frac{1}{vol(A_i)} vol(A_i) = 1 \quad (5.34)$$

也就是说，此时的优化目标为

$$\mathrm{argmin}\ \mathrm{tr}(\boldsymbol{H}^{\mathrm{T}}\boldsymbol{L}\boldsymbol{H}),\mathrm{s.\,t.}\ \boldsymbol{H}^{\mathrm{T}}\boldsymbol{D}\boldsymbol{H} = \boldsymbol{I} \quad (5.35)$$

$\boldsymbol{H}$ 中的指示向量 $\boldsymbol{h}$ 并不是标准正交基，所以在 RatioCut 里，降维思想不能直接使用，需要将指示向量矩阵 $\boldsymbol{H}$ 进行转化。令 $\boldsymbol{H} = \boldsymbol{D}^{-1/2}\boldsymbol{F}$，则 $\boldsymbol{H}^{\mathrm{T}}\boldsymbol{L}\boldsymbol{H} = \boldsymbol{F}^{\mathrm{T}}\boldsymbol{D}^{-1/2}\boldsymbol{L}\boldsymbol{D}^{-1/2}\boldsymbol{F}$，$\boldsymbol{H}^{\mathrm{T}}\boldsymbol{D}\boldsymbol{H} = \boldsymbol{F}^{\mathrm{T}}\boldsymbol{D}^{-1/2}\boldsymbol{D}\,\boldsymbol{D}^{-1/2}\boldsymbol{F} = \boldsymbol{F}^{\mathrm{T}}\boldsymbol{F} = \boldsymbol{I}$，优化目标就变为

$$\mathrm{argmin}\ \mathrm{tr}(\boldsymbol{F}^{\mathrm{T}}\boldsymbol{D}^{-1/2}\boldsymbol{L}\,\boldsymbol{D}^{-1/2}\boldsymbol{F}),\mathrm{s.\,t.}\ \boldsymbol{F}^{\mathrm{T}}\boldsymbol{F} = \boldsymbol{I} \quad (5.36)$$

可见式（5.36）和 RatioCut 的基本一致，只是中间的 $\boldsymbol{L}$ 变成了 $\boldsymbol{D}^{-1/2}\boldsymbol{L}\boldsymbol{D}^{-1/2}$，其实 $\boldsymbol{D}^{-1/2}\boldsymbol{L}\,\boldsymbol{D}^{-1/2}$ 相当于对拉普拉斯矩阵 $\boldsymbol{L}$ 做了一次标准化，即 $L_{ij}/\sqrt{d_i \cdot d_i}$。按照 RatioCut 的思想，求出 $\boldsymbol{D}^{-1/2}\boldsymbol{L}\,\boldsymbol{D}^{-1/2}$ 的前 k 个最小的特征值对应的特征向量，并标准化，得到特征矩阵 $\boldsymbol{F}$，最后对 $\boldsymbol{F}$ 进行一次传统的聚类（如 K-means）即可。

5.5.3 谱聚类算法

一般来说，谱聚类主要的步骤有相似矩阵的生成、切图以及后续的聚类。最常用的

相似矩阵的生成方式是基于高斯核距离的全连接方式，最常用的切图方式是 Ncut，而常用的聚类方法为 K-means。图 5－18 和图 5－19 分别列出了非正则化和正则化的谱聚类算法的具体步骤。

输入：相似矩阵 $\boldsymbol{W}$
输出：数据点的簇标签
1. 构造非正则化的拉普拉斯矩阵 $\boldsymbol{L}$
2. 计算 $\boldsymbol{L}$ 的 k 个最小的特征值对应的特征向量 $\boldsymbol{f}_1$，$\boldsymbol{f}_2$，…，$\boldsymbol{f}_k$
3. 根据特征向量 $\boldsymbol{f}_1$，$\boldsymbol{f}_2$，…，$\boldsymbol{f}_k$ 构造矩阵 $\boldsymbol{F}$
4. 将矩阵 $\boldsymbol{F}$ 的每一行看作一个数据点，使用 K-mens 算法对 $\boldsymbol{F}$ 进行聚类

图 5－18 非正则化的谱聚类算法的具体步骤

输入：相似矩阵 $\boldsymbol{W}$
输出：数据点的簇标签
1. 构造正则化的拉普拉斯矩阵 $\boldsymbol{L}_{\mathrm{sym}}$，其中 $\boldsymbol{L}_{\mathrm{sym}=\boldsymbol{D}}{}^{-1/2}\boldsymbol{L}_{\boldsymbol{D}}{}^{-1/2}$
2. 计算 $\boldsymbol{L}_{\mathrm{sym}}$ 的 k 个最小的特征值对应的特征向量 $\boldsymbol{f}_1$，$\boldsymbol{f}_2$，…，$\boldsymbol{f}_k$
3. 根据特征向量 $\boldsymbol{f}_1$，$\boldsymbol{f}_2$，…，$\boldsymbol{f}_k$ 构造矩阵 $\boldsymbol{F}$
4. 正则化矩阵 $\boldsymbol{F}$ 的每一行，使每一行元素的平方和为 1
5. 将矩阵 $\boldsymbol{F}$ 的每一行看作一个数据点，使用 K-mens 算法对 $\boldsymbol{F}$ 进行聚类

图 5－19 正则化的谱聚类算法的具体步骤

5.5.4 sklearn 库中的谱聚类的使用方法

在 sklearn 库中，sklearn. cluster. SpectralClustering 实现了基于 Ncut 切图的谱聚类，没有实现基于 RatioCut 切图的谱聚类。同时，对于相似矩阵的建立，也只是实现了基于 K 邻近法和全连接法的方式，没有基于 ε-邻近法的相似矩阵。最后一步的聚类方法则提供了两种，K-means 算法和 discretize 算法。

对于 SpectralClustering，我们主要需要调参的是建立相似矩阵相关的参数和聚类类别数目，它对聚类的结果有很大的影响。当然其他的一些参数也需要理解，在必要时需要修改默认参数。谱聚类对象的实例化方法如下：

```
class sklearn.cluster.SpectralClustering(n_clusters=8, *, eigen_solver=None, n_components=None, random_state=None, n_init=10, gamma=1.0, affinity='rbf', n_neighbors=10, eigen_tol=0.0, assign_labels='kmeans', degree=3, coef0=1, kernel_params=None, n_jobs=None)
```

参数说明：

n_clusters：代表在对谱聚类切图时降维到的维数，同时也是最后一步聚类算法聚类到的维数。也就是说 scikit-learn 中的谱聚类将这两个参数统一到了一起，简化了需要调试的参数个数。虽然这个值是可选的，但是一般推荐调参选择最优参数。

affinity：就是相似矩阵的建立方式。可以选择的方式有三类：第一类'nearest_neighbors'即 K 邻近法；第二类'precomputed'即自定义相似矩阵，选择自定义相似矩阵时，需要自己调用 set_params 来自己设置相似矩阵；第三类是全连接法，可以使用各种核函数来定义相似矩阵，还可以自定义核函数。最常用的是内置高斯核函数'rbf'。其

他比较流行的核函数有'linear'即线性核函数，'poly'即多项式核函数，'sigmoid'即sigmoid核函数。如果选择了这些核函数，对应的核函数参数在后面有单独的参数需要调。affinity默认是高斯核'rbf'。一般相似矩阵推荐使用默认的高斯核函数。

n _ neighbors：如果将参数affinity指定为'nearest _ neighbors'即K邻近法，则可以通过这个参数指定KNN算法中K的个数，默认是10。我们需要根据样本的分布对这个参数进行调参。如果affinity不使用'nearest _ neighbors'，则无需理会这个参数。

assign _ labels：最后聚类方法的选择，有K-means算法和discretize算法两种可选择，默认K-means算法。但由于K-means算法受初始值选择的影响，可能每次结果都不同，如果需要算法可以重现结果，则需要使用discretize。

这里只列出常用的一些参数，若想要了解其他参数的含义可以到sklearn官网的API自行查看。

实例：

为了展示算法的优越性，也为了结果能够可视化，这里没有采用文本类型的数据，而是采用了数值型的数据。不过文本类型的数据也是经过向量化表示后再进行聚类操作的，所以下面的代码足以展示sklearn库中谱聚类算法的使用。

```
import numpy as np
from sklearn.cluster import SpectralClustering
from sklearn import metrics
import matplotlib.pyplot as plt
#载入数据
def load_data(filename):
    data = np.loadtxt(filename, delimiter = '\t')
return data

#对聚类结果进行可视化
def plotRes(data, clusterResult, clusterNum):
    n = len(data)
    scatterMarkers = ['o', '+', '>', 's', 'p', '*', 'h']
    for i in range(clusterNum):
        marker = scatterMarkers[i % len(scatterMarkers)]
        x1 = []; y1 = []
        for j in range(n):
            if clusterResult[j] == i:
                x1.append(data[j, 0])
                y1.append(data[j, 1])
        plt.scatter(x1, y1, c=color, marker = marker)
plt.show()
```

```
if __name__ == '__main__':
    cluster_num = 7
    knn_k = 5
    filename = 'spectral_cluster_data.txt'
    datas = load_data(filename = filename)
    dataMat = np.mat(datas)  #转换为矩阵
    data = np.array(dataMat[:, 0:-1])
    label=np.array(dataMat[:, -1])  #最后一列为标签列
    ##调参数============
    # for i, gamma in enumerate((0.01, 0.1)):
    #     for j, k in enumerate((3, 4, 5, 6, 7, 8)):
    #         y_pred = SpectralClustering(n_clusters=k, gamma = gamma).fit_predict(data)
    #         print("Calinski-Harabasz Score with gamma = ", gamma, "n_clusters=", k, "
score:",
    #                metrics.calinski_harabaz_score(data, y_pred))
    ##########

    y_pred = SpectralClustering(gamma = 0.1, n_clusters = 7).fit_predict(data)
    print("Calinski-Harabasz Score", metrics.calinski_harabaz_score(data, y_pred))
    plotRes(data, y_pred, cluster_num)
```

运行结果图 5-20 所示：

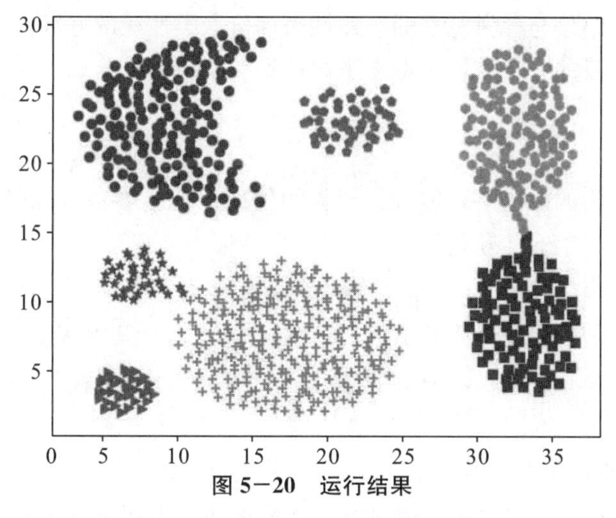

图 5-20 运行结果

上面代码注释掉的部分是用于调参的，谱聚类中需要调试的参数除了最后的类别数 k，还有对应的相似矩阵参数。对于 K 邻近法，需要对 n_neighbors 进行调参，对于全连接法里面最常用的高斯核函数'rbf'，则需要对 gamma 进行调参。当选定一个相似矩阵构建方法后，调参的过程就是对应的参数交叉选择的过程。

5.5.5 谱聚类总结

谱聚类是一种基于数据相似度矩阵的聚类方法，它定义了子图划分的优化目标函数，并做出改进（RatioCut 和 NCut）；引入指示变量，将划分问题转化为求解最优指示变量矩阵 $\boldsymbol{H}$，进一步将问题转化为求解拉普拉斯矩阵的 k 个最小特征值。要理解谱聚类算法需要有一定的数学基础。

谱聚类算法的主要优点有：

（1）谱聚类算法只需要数据之间的相似度矩阵，因此对处理稀疏数据的聚类很有效。这一点传统聚类算法很难做到。

（2）由于使用了降维，因此谱聚类算法在处理高维数据聚类的复杂度方面比传统聚类算法好。

谱聚类算法的主要缺点有：

（1）如果最终聚类的维度非常高是由于降维的幅度不够，谱聚类算法的运行速度和最后的聚类效果均不好。

（2）聚类效果依赖于相似矩阵，不同的相似矩阵得到的最终聚类效果可能有很大差异。

5.6 文本聚类评价

常用的文本聚类的评价方法，根据有无参考基准可以分为两类：一类是外部评价指标，通过测量聚类结果与参考基准的一致性来评价聚类性能的好坏；另一类是内部评价指标，仅从聚类本身的分布结构和形态来评估聚类结果的优劣。

5.6.1 外部评价指标

在参考基准可用的前提下，能进行聚类的外部评价。参考基准是一种理想的聚类，通常由专家构建或人工标注获得。

对于数据集 $D=\{d_1,d_2,\cdots,d_n\}$，假设聚类标准为 $Y=\{Y_1,Y_2,\cdots,Y_m\}$，其中 Y_i 表示一个聚类簇。当前的聚类结果是 $X=\{X_1,X_2,\cdots,X_k\}$，其中 X_i 是一个簇。对于 D 中任意两个不同的样本 d_i 和 d_j，根据它们隶属于 X 和 Y 的情况，可以定义如下四种关系：

（1）SS：d_i 和 d_j 在 X 中属于相同簇，在 Y 中也属于相同簇。

（2）SD：d_i 和 d_j 在 X 中属于相同簇，在 Y 中属于不同簇。

（3）DS：d_i 和 d_j 在 X 中属于不同簇，在 Y 中属于相同簇。

（4）DD：d_i 和 d_j 在 X 中属于不同簇，在 Y 中也属于不同簇。

记 a，b，c，d 分别表示 SS，SD，DS，DD 四种关系的数目，可得到下面的评价指标。

调整兰德指数（Adjusted Rand Index，ARI）：

$$ARI = \frac{a+d}{a+b+c+d} \tag{5.37}$$

Jaccard 指数（Jaccard Index）：

$$JC = \frac{a}{a+b+c} \tag{5.38}$$

FM 指数（Fowlkers and Mallows Index，FMI）：

$$FMI = \sqrt{\frac{a}{a+b} \cdot \frac{a}{a+c}} \tag{5.39}$$

上述调整兰德指数中，$a+b$ 的值越大，反映划分 X 与 Y 之间的一致程度越强；而指标 $c+d$ 的值越大，则反映划分 X 与 Y 之间的差异程度越高。另外，调整兰德指数的取值范围为 $[-1,1]$，取值越靠近 1 聚类性能越好。另外，两个评价指标的取值范围均为 $[0,1]$，取值越大表明 X 和 Y 的吻合程度越高，X 的聚类效果越好。这些指标主要考察了聚类的宏观性能，在传统的聚类有效性分析中被较多地使用，但因缺少大量标注的数据，在文本聚类研究中并不多见。

为了对聚类结果进行更加微观的评估，通常针对聚类标准中的每一簇 Y_j 和聚类结果中的每一簇 X_i，定义如下微观指标。

精确率（precision）：

$$P(Y_j, X_i) = \frac{|Y_j \cap X_i|}{|X_i|} \tag{5.40}$$

召回率（recall）：

$$R(Y_j, X_i) = \frac{|Y_j \cap X_i|}{|Y_j|} \tag{5.41}$$

F_1 值：

$$F_1(Y_j, X_i) = \frac{2 \cdot P(Y_j, X_i) \cdot R(Y_j, X_i)}{P(Y_j, X_i) + R(Y_j, X_i)} \tag{5.42}$$

对于聚类参考标准中的每个簇 P_j 和聚类结果簇 C_i，定义 $F_1(P_j) = \max_i\{F_1(P_j, C_i)\}$，并基于此，导出反映聚类整体性能的宏观 F_1 值指标：

$$F_1 = \frac{\sum |Y_j| \cdot F_1(Y_j)}{\sum |Y_j|} \tag{5.43}$$

式（5.42）和式（5.43）能更加丰富地刻画各簇聚类结果与聚类参考标准之间的吻合程度，是基于外部评价聚类性能时使用较多的一种方法。

5.6.2 内部评价指标

基于内部标准的聚类性能评价方法不依赖于外部标准，而仅靠考察聚类本身的分布结构来评估聚类的性能。一般而言，类簇间越分离，簇内越紧凑，聚类效果越好。许多内部评价方法都利用数据集对象之间的相似性度量，最常用的是轮廓系数（Silhouette Cofficient，SC）。

轮廓系数最早是由 Peter J. Rousseeuw 于 1986 年提出的。对于 n 个对象组成的数据集D，假设D被划分成k个簇C_1，C_2，…，C_k。对于每个对象$s \in D$，计算s与s所属的簇的其他对象之间的平均距离，假设$s \in C_m$（$1 \leqslant m \leqslant k$）：

$$a(s) = \frac{\sum_{s' \in C_m, s' \neq s} d(s, s')}{|C_m| - 1} \tag{5.44}$$

类似地，可计算s与其他簇中样本的最小平均距离：

$$b(s) = \min_{C_j: = 1 \leqslant j \leqslant k, j \neq m} \left\{ \frac{\sum_{s' \in C_m} d(s, s')}{|C_j|} \right\} \tag{5.45}$$

式中，$a(s)$ 反映的是s所属簇的凝聚度，值越小表示s与其所在的簇越凝聚；$b(s)$反映的是样本s与其他簇的分离度，值越大表示s与其他簇越分离。在此基础上定义s的轮廓系数为

$$SC(s) = \frac{b(s) - a(s)}{\max\{a(s), b(s)\}} \tag{5.46}$$

轮廓系数的值在-1至1之间，当s的轮廓系数接近1时，包含s的簇是紧凑的，并且s远离其他簇，这是一种可取的情况；然而，当轮廓系数的值为负时，s距离其他簇对象比距离自己所在簇的对象更近，这是一种很糟糕的情况，应尽量避免。另外，为了度量聚类的质量，可以使用数据集中所有对象的轮廓系数的平均值。

5.6.3 sklearn 库中的聚类评价指标

sklearn. metric 模块给出了多种聚类评价指标，同样也分为有监督和无监督两类聚类评价指标。对于有监督的聚类评价指标，在本书 4.4 节中已作介绍，使用者可以根据实际数据情况自行选择合适的指标，下面对其他三个常用指标的使用方式做简要说明。

1. 调整兰德指数

sklearn 库中提供了调整兰德指数计算函数 adjusted _ rand _ score，调用方式如下：

```
sklearn.metrics.adjusted_rand_score(labels_true, labels_pred)
```

参数说明：

labels _ true：真实标签。

labels _ pred：聚类标签。

2. FM 指数

sklearn 库中提供的 metrics. fowlkes _ mallows _ score()函数可以计算 FM 指数，调用方式如下：

```
sklearn.metrics.fowlkes_mallows_score(labels_true, labels_pred, *, sparse=False)
```

参数说明：

labels _ true：真实标签。

labels _ pred：聚类标签。

3. 轮廓系数

sklearn 库提供了轮廓系数计算函数 silhouette _ score，计算所有样本轮廓系数的均值，调用方式如下：

```
sklearn.metrics. silhouette _ score(X, labels, * , metric='euclidean', sample _ size=None, random _
state=None, * * kwds)
```

参数说明：

X：待聚类样本特征数组或者已经计算好的样本两两之间的距离数组。

labels：聚类得到的每一个样本的类别标签数组。

metric：计算轮廓系数所使用的距离度量方式，有以下两种取值方式。

①字符串：必须是函数 metrics. pairwise. pairwise _ distances 定义下的距离，包括 'cityblock' 'cosine' 'euclidean' 'l1' 'l2' 'manhattan'等。

②"precomputed"：当 X 为已经计算好的样本两两之间的距离数组时，metric 只能取该值。

sample _ size：用于计算轮廓系数的样本个数，取值为整数或 None（不抽样）。

random _ state：当 sample _ size 取值非 None 时，使用该参数设置用于生成指定样本数的随机数生成器。

实例：

这里采用 5.3 节的实例部分的聚类结果来对聚类性能进行评价，所以下面的代码是在 5.3 节第二个实例结果上进行的，只将主函数部分进行了如下修改：

```
if __ name __ == '__ main __':
    X, Y = preprocess _ data(text)
    X _ seg = word _ segmentation(X)    #分词

    word, weight = TFIDF(X _ seg)
    y _ pred = Birch(n _ clusters = 4).fit _ predict(weight)    #聚类

    labels _ true = Y
    labels _ pred = y _ pred
    ARI = metrics.adjusted _ rand _ score(labels _ true, labels _ pred)
    FMI = metrics. fowlkes _ mallows _ score (labels _ true, labels _ pred)
    SC = metrics. silhouette _ score(weight, labels _ pred, metric = 'euclidean')

    print("调整兰德指数:", ARI)
    print("FMI:", FMI)
    print("轮廓系数:", SC)
```

运行结果如下：

```
调整兰德指数：0.782608695652174
FMI：0.8249579113843054
轮廓系数：0.12026791047947542
```

要特别强调的是，在计算轮廓系数时，第一参数是待聚类样本的特征数组；否则会出错。

5.7 小结

本章主要介绍了文本聚类的相关算法。经典的基于划分的聚类中重点讲述了 K-均值算法，由于 K 值的确定和初始质心点的选择会影响聚类的效果，所以还介绍了用手肘法来确定 K 值和利用 K-均值++算法来选取初始中心点。基于层次的聚类中重点介绍了 BIRCH 算法，该算法基于树结构进行聚类，不需要预先指定类别数，也可以发现类别之间的层次关系，但计算复杂度高、速度相对较慢。基于密度的聚类中重点介绍了 DBSCAN 算法，其可以聚类任意形状的数据结构，虽然也不需要指定类别数，但在调参方面比较麻烦。谱聚类是一种基于图切割的聚类方法，对处理高维数据和复杂结构的数据具有很好的效果。最后对文本聚类评价进行了详细介绍，重点要介绍了分类评价指标中的三个指标的使用。

6　主题模型

现实生活中很多方面都需要挖掘和分析文本的主题。例如，要想了解最近半年微博用户关注的主要话题有哪些、近两年某领域的研究热点课题主要有哪些，就需要我们从过往的文献数据中提取出主题。

向量空间模型作为最常用的文本表示方法，将文本表示为词项对应的权重向量，并假设各词项之间相互独立。这种表示方法忽略了词在文章中的顺序，破坏了语法结构，忽略了语义信息，亦即它是无法区分出多义词和同义词的，比如说“苹果”这个词是指我们吃的苹果，还是指品牌。其实从写作的角度来看，文本的生成过程通常都需要围绕预先拟定的“主题思想”展开。而建立主题模型的目的就是根据给定的文档，从文本语料中反推或发现隐藏在词汇背后的主题思想。

为了准确地挖掘出文本信息的主题，有研究者提出了一系列主题模型，包括潜在语义分析（Latent Semantic Analysis，LSA）、非负矩阵分解（Nonnegative Matrix Factorization，NMF）、概率潜在语义分析（Probabilistic Latent Semantic Analysis，PLSA）和潜在狄利克雷分布（Latent Dirichlet Allocation，LDA）等。

6.1　潜在语义分析

潜在语义分析也称 Latent Semantic Indexing（LSI），译为潜在语义索引，是 Dumais 等[15] 在 1998 年提出的，其核心思想是将文档或词矩阵进行奇异值分解（Singular Value Decomposition，SVD），将文档和词汇的高维表示映射到低维的潜在语义空间中，这种低维表示揭示了词汇（文档）在语义上的联系。我们将这种潜在的语义概念称为主题。

6.1.1　奇异值分解

对于任意给定的实数矩阵 $\boldsymbol{X} \in \mathbb{R}^{m\times n}$ ，其秩为 r（$r>0$），则 $\boldsymbol{X}$ 一定可以分解为

$$\boldsymbol{X} = \boldsymbol{U\Sigma V}^{\mathrm{T}} \tag{6.1}$$

式中，$\boldsymbol{U}$ 和 $\boldsymbol{V}$ 均为单位正交矩阵，即有 $\boldsymbol{UU}^{\mathrm{T}} = \boldsymbol{I}$ 和 $\boldsymbol{VV}^{\mathrm{T}} = \boldsymbol{I}$ ，$\boldsymbol{U}$ 的列向量称为 $\boldsymbol{X}$ 的左奇异向量，$\boldsymbol{V}$ 的列向量称为 $\boldsymbol{X}$ 的右奇异向量；$\boldsymbol{\Sigma}$ 是半正定 $m\times n$ 阶对角矩阵，$\boldsymbol{\Sigma}$ 对角线上的元素 $(\boldsymbol{\Sigma})_{ii} = \delta_i$ ，称为 $\boldsymbol{X}$ 的非零奇异值。这样的分解就称作 $\boldsymbol{X}$ 的奇异值分解。

奇异值分解可以将高维向量空间中的数据投影到低维的正交空间中，可以用于度量各正交分量的形态和信息量大小，在机器学习和数据挖掘等领域中得到了广泛应用[16]。但是在应用中大多是通过截断奇异值分解的方式来保留较大的奇异分量，去除较小分量，从而在低维正交空间中实现对高维原始数据的约减和近似。在对 $\boldsymbol{X}$ 进行截断奇异值分解时截取前 k 个最大的奇异值，得到的近似矩阵 $\boldsymbol{X}$ 的表示如下：

$$\widetilde{\boldsymbol{X}} = \boldsymbol{U}_k \boldsymbol{\Sigma}_k \boldsymbol{V}_k^{\mathrm{T}} \tag{6.2}$$

式中，$\boldsymbol{\Sigma}_k = \begin{pmatrix} \delta_1 & & \\ & \ddots & \\ & & \delta_k \end{pmatrix}$，$\boldsymbol{U}_k = (\boldsymbol{u}_1 \cdots \boldsymbol{u}_k)$，$\boldsymbol{V}_k = (\boldsymbol{v}_1 \cdots \boldsymbol{v}_k)$。

6.1.2 词项-文档的概念表示

潜在语义分析（LSA）是通过“矢量语义空间”来提取词项与文档中的“概念”，进而分析文档与词项之间的关系。它的基本假设是：如果两个词多次出现在同一文档中，则这两个词在语义上具有相似性。LSA 在大量文本上构建一个矩阵，这个矩阵的一行代表一个词项，一列代表一个文档，矩阵元素代表该词在该文档中出现的次数（权值），然后在此矩阵上使用奇异值分解（SVD）来保留列信息以减少矩阵行数，之后每两个词项的相似性可以通过其行向量的余弦相似值（或者归一化之后使用向量数量积）来进行表示，此值越接近 1 则说明两个词项越相似，越接近 0 则说明越不相似。

1. 词项-文档矩阵

对于给定的含有 n 个文档的集合 $D=\{d_1,d_2,\cdots,d_n\}$，以及在所有文本中出现的 m 个单词的集合 $W=\{w_1,w_2,\cdots,w_m\}$，则将单词在文本中出现的次数（权值）用词项-文档矩阵表示，记作 $\boldsymbol{X}$。

$$\boldsymbol{X} = (x_{ij})_{m\times n} \tag{6.3}$$

式中，元素 x_{ij} 表示词项 w_i 在档 d_j 中出现的频数或权值。该矩阵是一个稀疏矩阵。这里的权值通常用词项频率-逆文本频率（TF-IDF）表示，其定义在前面章节已经介绍过，不再赘述。

$$TFIDF_{ij} = \frac{tf_{ij}}{tf_{.j}} \log \frac{df}{df_i},\ i=1,2,\cdots,m;j=1,2,\cdots,n \tag{6.4}$$

式中，tf_{ij} 是词项 w_i 出现在文档 d_j 中的频次，$tf_{.j}$ 是文档 d_j 中出现的所有词项的频次之和，df 是文档集合 D 中的全部文档数，df_i 是含有词项 w_i 的文档数。直观上，单词在一个文档中出现的次数越高，那么这个单词在这个文档中的重要度就越高；一个单词在整个文档集合中出现的文档越少，这个单词就越能表示其所在文档的特征，重要程度就越高。

2. 词项-文档矩阵奇异值分解

对上述词项-文档矩阵 $\boldsymbol{X}$ 进行 SVD 分解得到

$$\boldsymbol{X}_{m\times n} = \boldsymbol{T}_{m\times r} \boldsymbol{\Sigma}_{r\times r} (\boldsymbol{D}_{n\times r})^{\mathrm{T}} \tag{6.5}$$

式中，下标 $m\times r$ 中 r 的大小就是矩阵 $\boldsymbol{X}$ 的秩的大小，矩阵 $\boldsymbol{T}$ 和 $\boldsymbol{D}$ 的列向量分别构成一组单位正交向量。上述公式还可以写成下面的形式：

$$\boldsymbol{X} = \sigma_1 \boldsymbol{t}_1 \boldsymbol{d}_1^{\mathrm{T}} + \cdots + \sigma_r \boldsymbol{t}_r \boldsymbol{d}_r^{\mathrm{T}} \tag{6.6}$$

其中，奇异值 $[\sigma_1, \cdots, \sigma_r]$ 反映了词项-文档矩阵 $\boldsymbol{X}$ 中隐含的 r 个独立概念的强度；$\boldsymbol{T}$ 称为词项-主题矩阵，其列向量为 $[\boldsymbol{t}_1, \boldsymbol{t}_2, \cdots, \boldsymbol{t}_r]$，$\boldsymbol{t}_j$ 表示构成第 j 个概念的 m 个词项的权重；将 $\boldsymbol{D}$ 称为文档-主题矩阵，其列向量为 $[\boldsymbol{d}_1, \boldsymbol{d}_2, \cdots, \boldsymbol{d}_r]$，$\boldsymbol{d}_j$ 表示 n 个文档中包含第 j 个概念的权重。LSA 模型的矩阵分解过程如图 6－1 所示。

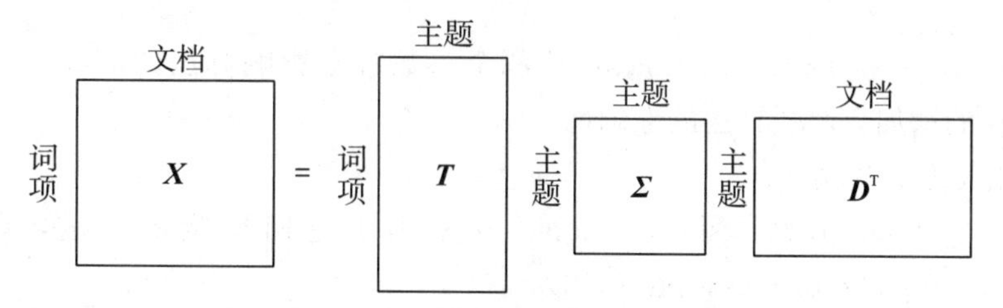

图 6－1　LSA 模型的矩阵分解过程

在文本表示任务中，由于特征维度高并且单个文档长度短，传统的词项-文档矩阵呈现高度的稀疏性。同时，高维词项之间具有较高的线性相关性，LSA 通常对矩阵 $\boldsymbol{X}$ 进行截断的奇异值分解，即保留前 k（$k<r$）个最大的奇异值。

3. 词项间相似度

矩阵 $\boldsymbol{X}$ 中的每一行对应一个单词项在不同文档上的取值，可以用 $\boldsymbol{X}$ 的两个行向量的内积度量不同单词项之间的相似度。这样，矩阵 $\boldsymbol{X}\boldsymbol{X}^{\mathrm{T}}$ 的第 i 行和第 j 列元素表示第 i 个和第 j 个词项之间的相似度。

$$\boldsymbol{X}\boldsymbol{X}^{\mathrm{T}} = \boldsymbol{T}_k \boldsymbol{\Sigma}_k \boldsymbol{D}_k^{\mathrm{T}} \boldsymbol{D}_k \boldsymbol{\Sigma}_k \boldsymbol{T}_k^{\mathrm{T}} = \boldsymbol{T}_k \boldsymbol{\Sigma}_k (\boldsymbol{T}_k \boldsymbol{\Sigma}_k)^{\mathrm{T}} \tag{6.7}$$

4. 文档间相似度

与上述方法相同，矩阵 $\boldsymbol{X}$ 的两个列向量的内积可以用于度量两个文档之间的相似度。

$$\boldsymbol{X}^{\mathrm{T}}\boldsymbol{X} = \boldsymbol{D}_k \boldsymbol{\Sigma}_k \boldsymbol{T}_k^{\mathrm{T}} \boldsymbol{T}_k \boldsymbol{\Sigma}_k \boldsymbol{D}_k^{\mathrm{T}} = \boldsymbol{D}_k \boldsymbol{\Sigma}_k (\boldsymbol{D}_k \boldsymbol{\Sigma}_k)^{\mathrm{T}} \tag{6.8}$$

第 i 个和第 j 个文档之间的相似度即为矩阵 $\boldsymbol{X}^{\mathrm{T}}\boldsymbol{X}$ 中第 i 行第 j 列的元素，等于 $\boldsymbol{D}_k \boldsymbol{\Sigma}_k$ 行向量的内积。

6.1.3 使用 LSI

1. 使用 genim 库中的 LSI

gensim 库的 models 包中的 lsimodel 模块中定义了 LsiModel 类及相关方法，以实现快速的 SVD 分解，将文档映射到潜在语义空间。LsiModel 类的实例化方式如下：

```
LsiModel(corpus = None, num _ topics = 200, id2word = None, chunksize = 20000, decay = 1.0,
distributed=False, onepass=True, power _ iters=2, extra _ samples=100)
```

参数说明：

corpus：用该参数传入的文档语料将会被用来训练模型。

num _ topics：潜在语义空间维度。

id2word：用于设置构建矩阵的词典。

chunksize：一次训练过程中使用的文件块大小，该值较大有利于提高训练速度，但是会占用较大的内存。

distributed：是否开启分布式计算。

onepass：是否使用多次随机算法，取值为 True 时使用多次随机算法，否则使用前端算法。

power _ iters 和 extra _ samples：这两个参数都会影响算法的准确性，迭代参数 ower _ iters 的增加会增强算法的准确性。

主要相关方法及属性：

①show _ topic 方法。show _ topic 方法用于返回指定的主题，调用方式：实例. show _ topic(topicno, topn = 10)。

参数说明：

topicno：待返回的主题序号。

topn：返回的词汇数，默认取值为 10，按对主题贡献度（正值、负值均有）从大到小排序。

②show _ topics 方法。show _ topics 方法可以同时返回多个主题，调用方式：实例. show _ topics(num _ topics = −1, num _ words = 10, log = False, formatted = True)。

参数说明：

num _ topics：控制返回的主题数，默认取值为−1，表示返回全部主题。

num _ words：每个主题包含的词汇数，默认取值为 10。

log：取值为 True 时，同时将结果输出到日志中。

formatted：当取值为 True 时，以字符串形式返回词汇及相应概率；当取值为 False 时，返回词汇和相应概率组成的元组。

③“[]”方法。“[]”方法可以返回文档在各个主题的分布，调用方式：实例. [document]。

④add _ documents 方法。add _ documents 方法可以使用新的文本语料更新已有的 SVD 分解结果，调用方式：实例. add _ documents(corpus, chunksize = None, decay = None)，其中参数 corpus 即为新增文本，当参数 decay 取值小于 1 时，侧重于使用新的语料进行语意定向，而不是原有语料。

⑤print _ debug 方法。print _ debug 方法用于输出不同主题的重要词汇，与 show _ topics方法不同，该方法输出的词汇更能突出不同主题之间的差异，结果更易于解释，调用方式：实例. print _ debug(num _ topics = 5, num _ words = 10)。

实例：

这里选用了知乎上包含科研和游戏两个主题的文本数据。先对文本进行分词和去停用词，然后转换为 gensim 要求的输入格式，接着再构造 TF-IDF 的特征向量，最后利用 LSI 模型将语料映射到二维主题空间。代码示例如下：

```
#encoding:utf-8
import gensim
import jieba
from gensim import corpora, models
from gensim.models.lsimodel import LsiModel
datas = ['科研工作者一般怎么找文献?对学术搜索引擎都有哪些要求?',
        '刚开始搞研究是迷茫的',
        '听完科研报告后提不出问题,没有质疑精神,习惯了听课一样的去接受',
        '为什么越来越多大学生沉溺于游戏中?一打开电脑就是玩游戏',
        '第一次花钱买的正版游戏,都要玩疯了']
#分词并去停用词处理
def word_segmentation(text):
    stop_list = [line[:-1] for line in open("中文停用词表.txt", encoding = 'UTF-8', errors = 'ignore')]
    result = []
    for each in text:
        each_cut = jieba.cut(each)
        each_result = [word for word in each_cut if word not in stop_list]  #去停用词
        s = ' '.join(each_result)
        result.append(s)
    return result
#转换为 gensim 需要的输入格式
def trans_for_train(text):
    train = []
    for line in text:
        line = [word.strip() for word in line.split(' ')]
        train.append(line)
    return train
#构造文本的 TF-IDF 特征向量表示
def TFIDF(text, dictionary):
    corpus = [dictionary.doc2bow(line) for line in text]
    tfidf = models.TfidfModel(corpus)
    corpus_tfidf = tfidf[corpus]
    return corpus_tfidf
#主题提取
def LSI_gensim(datas):
    seg = word_segmentation(datas)
    print("分词结果:        ", seg)
    train = trans_for_train(seg)
    print("gensim 输入格式:", train)
```

```
    dictionary = corpora.Dictionary(train)
    corpus_tfidf = TFIDF(train, dictionary)
    lsi = LsiModel(corpus = corpus_tfidf, id2word = dictionary, num_topics = 2)
    #查看主题关键词
    topics = lsi.show_topics (num_topics = -1, num_words = 5)
        print("主题:关键词")
        for topic in topics:
            print(topic)
if __name__ == '__main__':
    LSI_gensim(datas)
```

运行结果如下：

```
分词结果:['科研  工作者  找  文献  学术  搜索引擎  要求',……]
gensim 输入格式: [['科研', '工作者', '找', '文献', '学术', '搜索引擎', '要求'],……]
主题:关键词
(0, '0.315*"游戏"+0.299*"玩"+0.299*"花钱买"+0.299*"疯"+0.299*"第一次"')
(1, '0.276*"找"+0.276*"学术"+0.276*"文献"+0.276*"要求"+0.276*"工作者"')
```

从运行结果可以看出，LSI 将数据集中的文本分成了两类，第一类关键词是与“游戏”“玩”相关的，第二类关键词是与“学术”“文献”相关的，效果还是相当不错的。

2. 使用 sklearn 库中的 LSI

sklearn 库中的 decomposition 包提供了截断奇异值分解来构建 LSI 模型，主要利用其下定义的类 TruncatedSVD 对文档矩阵进行处理，支持随机规划求解以及使用 ARPACK（http://www.caam.rice.edu/software/ARPACK/）的朴素算法，更多细节可以阅读官方文档（http://scikit-learn.org/stable/modules/decomposition.html#lsa)。该类的实例化方式如下：

```
TruncatedSVD(n_components=2, algorithm='randomized', n_iter=5, random_state=None, tol=0.0)
```

参数说明：

n_components：待输出的语意空间的维度，一定小于原始数据的特征项数目，默认取值为 2，便于可视化展示，在构建 LSI 模型时，建议取值为 100。

algorithm：用于求解的算法，支持'arpack'和'randomized'两种，默认取值为'randomized'。

n_iter：当算法为'randomized'时，用该参数设置算法迭代次数，默认取值为 5。

random_state：伪随机数生成器。

tol：当算法为'arpack'时，用该参数设置残差容忍下限。

实例：

同样的，这里采用跟上面 gensim 库中 LSI 实例部分一样的数据集，分词和去停用词的代码也一样，改动的部分主要是 TF-IDF 特征向量的构建和使用 sklearn 库中的 LSI 提取主题的函数。代码示例如下：

```
#encoding:utf-8
import sklearn
import jieba
from sklearn.decomposition import TruncatedSVD
from sklearn.feature_extraction.text import TfidfVectorizer

#构造文本的 TF-IDF 特征向量表示
def TFIDF(text):
    #利用 TfidfVectorizer 计算 TF-IDF 矩阵
        vectorizer = TfidfVectorizer()
        corpus_tfidf = vectorizer.fit_transform(text).toarray()
        corpus = vectorizer.get_feature_names()  # 特征词
        return corpus_tfidf, corpus

    #主题提取
def LSI_sklearn(datas):
    seg = word_segmentation(datas)
    print("分词结果:         ", seg)
    #计算 TF-IDF 矩阵
    tfidf, corpus = TFIDF(seg)
    #主题提取
    n_topics = 2
    lsa = TruncatedSVD(n_components = n_topics)
    T = lsa.fit_transform(tfidf)
    print("文档在各主题上的概率分布:\n", T)
    #提取每个 topic 中排在前 5 的关键词的索引
    n_keywords = 5
    topic_keywords_id = [lsa.components_[t].argsort()[:-(n_keywords+1):-1] for t in range
(n_topics)]
    #打印输出各个 topic 的关键词
    for t in range(n_topics):
        print("topic %d:" % t)
        print("    keywords: %s" % ", ".join(corpus[topic_keywords_id[t][j]] for j in range(n
_keywords)))
```

```
if __name__=='__main__':
    LSI_sklearn(datas)
```

运行结果如下：

```
分词结果:['科研  工作者  找  文献  学术  搜索引擎  要求', ……]
文档在各主题上的概率分布:
[[ 0.00000000e+00  7.37611576e-01]
[-3.25773073e-15  0.00000000e+00]
[-9.47665759e-16  7.37611576e-01]
[ 7.52360976e-01  0.00000000e+00]
[ 7.52360976e-01  9.29087575e-16]]
topic 0:
    keywords: 游戏, 花钱买, 第一次, 正版, 大学生
topic 1:
    keywords: 科研, 工作者, 文献, 学术, 要求
```

比较两个工具包中的 LSI 模型我们发现，使用 gensim 库中的 LSI 需要建立字典映射，将每个分好的词建立索引，根据字典，把文档变成 bow 向量形式，进一步构建 TF-IDF 向量作为 LSI 的参数，这些操作在 gensim 的包里都有对应的工具，可以很容易地建立字典、形成向量、建立 LSI 模型等。

使用 sklearn 库搭建 LSI，更多需要自己分步操作。利用 TfidfVectorize 函数得到 TF-IDF 向量和字典映射，再利用 SVD 降维和正则化，得到每篇文档的主题概率分布，然后人工提取各主题中排序靠前的关键词。

6.2 非负矩阵分解（NMF）

前面学习的潜在语义分析主要是运用奇异值分解矩阵的方法来进行主题的提取，奇异值分解的计算复杂度较高，本节将介绍一种计算速度快的矩阵分解方法——非负矩阵分解（Nonnegative Matrix Factorization，NMF）。

著名的科学杂志 *Nature* 于 1999 年刊登了两位科学家 Lee D. D. 和 Seung H. S.[17] 对数学中非负矩阵研究的突出成果。非负矩阵分解是一种将非负矩阵分解为两个非负子矩阵的方法，相比传统矩阵分解方法，它的优势是可以保证分解后的子矩阵的非负性。因为在实际应用中，很多数据的特征都是正的，负值通常是没有意义的。例如，图像、文档和基因数据中的负数元素是无法解释的。非负矩阵分解方法适用于很多领域，这里主要关注它在文本主题模型中的运用。

6.2.1 NMF 基本思想

对于给定的非负数据矩阵 $\boldsymbol{X}\in\mathbb{R}^{d\times n}$，NMF 可以将它分解为两个低秩的非负矩阵

$\boldsymbol{W} \in \mathbb{R}^{d \times k}$ 和 $\boldsymbol{H} \in \mathbb{R}^{k \times n}$，并且要求这两个矩阵的乘积要尽可能接近数据矩阵 $\boldsymbol{X}$。

$$\boldsymbol{X} \approx \boldsymbol{W}\boldsymbol{H} \tag{6.9}$$

NMF 运用到主题模型时，可以这样解释：$\boldsymbol{X}$ 为输入的文档-词项矩阵，而 X_{ij} 对应第 i 个词第 j 篇文档的值，最常用的是基于预处理后的标准化 TF-IDF 值。NMF 分解后，$\boldsymbol{W}$ 为词-主题矩阵，k 为主题数。W_{ik} 对应第 i 个词第 k 个主题的概率相关度，而 H_{kj} 对应第 k 个主题第 j 篇文档的概率相关度。注意，这里我们使用的是“概率相关度”，这是因为使用非负矩阵分解，矩阵 $\boldsymbol{W}$，$\boldsymbol{H}$ 中的值可以从概率的角度去看，从而得到文档和主题的概率分布关系。非负矩阵分解示意图如图 6-2 所示。

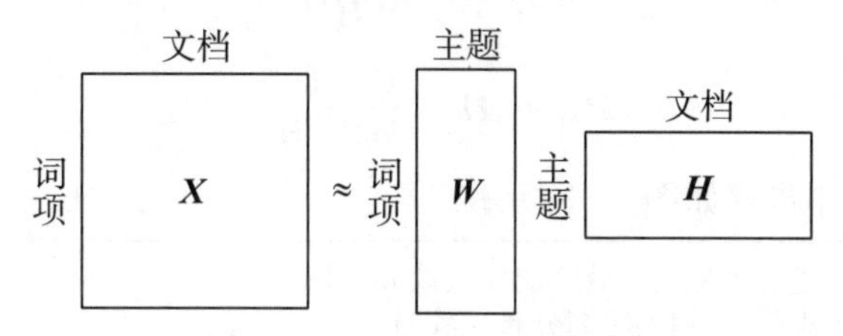

图 6-2　非负矩阵分解示意图

相比 LSI，NMF 不仅能够得到文档和主题的关系，还具有直观的概率解释，同时分解速度快。但是，相比 LSI 的三矩阵分解，NMF 的两矩阵分解，不能解决词和词义的相关性问题，这是需要付出的代价。

数学上，NMF 模型被表示为以下优化问题：

$$\min_{\boldsymbol{W},\boldsymbol{H}} \|\boldsymbol{X} - \boldsymbol{W}\boldsymbol{H}\|_F^2, \text{s. t. } W_{ik} \geqslant 0, H_{kj} \geqslant 0 \tag{6.10}$$

当然，对于式（6.10），也可以加上 L_1 和 L_2 正则项，得到

$$\min_{\boldsymbol{W},\boldsymbol{H}} \frac{1}{2}\|\boldsymbol{X} - \boldsymbol{W}\boldsymbol{H}\|_F^2 + \alpha\rho\|\boldsymbol{W}\|_1 + \alpha\rho\|\boldsymbol{H}\|_1 + \frac{\alpha(1-\rho)}{2}\|\boldsymbol{W}\|_F^2 + \frac{\alpha(1-\rho)}{2}\|\boldsymbol{H}\|_F^2 \tag{6.11}$$

式中，α 为 L_1 和 L_2 正则化参数，而 ρ 为 L_1 正则化占总正则化项的比例。

6.2.2　NMF 优化方法

6.2.1 节的优化目标函数式（6.10），同时考虑了两个变量——$\boldsymbol{W}$ 和 $\boldsymbol{H}$，它是一个非凸的函数，因此要找到一个全局最优的解是不现实的。Lee 等提出了乘法更新的法则来迭代寻找目标函数的最优解。式（6.10）可以表示为下面的形式：

$$J(\boldsymbol{W},\boldsymbol{H}) = \frac{1}{2}\sum_{i,j}[\boldsymbol{X}_{ij} - (\boldsymbol{W}\boldsymbol{H})_{ij}]^2 \tag{6.12}$$

分别求函数 $J(\boldsymbol{W},\boldsymbol{H})$ 关于 $\boldsymbol{W}$ 和 $\boldsymbol{H}$ 的偏导数，得到

$$\begin{aligned}\frac{\partial J(\boldsymbol{W},\boldsymbol{H})}{\partial \boldsymbol{W}_{ik}} &= \sum_j [\boldsymbol{H}_{kj}(\boldsymbol{X}_{ij} - (\boldsymbol{W}\boldsymbol{H})_{ij})] \\ &= \sum_j \boldsymbol{X}_{ij}\boldsymbol{H}_{kj} - \sum_j (\boldsymbol{W}\boldsymbol{H})_{ij}\boldsymbol{H}_{kj} \\ &= (\boldsymbol{X}\boldsymbol{H}^{\mathrm{T}})_{ik} - (\boldsymbol{W}\boldsymbol{H}\boldsymbol{H}^{\mathrm{T}})_{ik}\end{aligned} \tag{6.13}$$

$$\frac{\partial J(\boldsymbol{W},\boldsymbol{H})}{\partial \boldsymbol{H}_{kj}} = (\boldsymbol{W}^{\mathrm{T}}\boldsymbol{X})_{kj} - (\boldsymbol{W}\boldsymbol{W}^{\mathrm{T}}\boldsymbol{H})_{kj} \tag{6.14}$$

接下来就可以通过梯度下降法进行迭代，如下：

$$\boldsymbol{W}_{ik} = \boldsymbol{W}_{ik} - \alpha_1[(\boldsymbol{X}\boldsymbol{H}^{\mathrm{T}})_{ik} - (\boldsymbol{W}\boldsymbol{H}\boldsymbol{H}^{\mathrm{T}})_{ik}] \tag{6.15}$$

$$\boldsymbol{H}_{kj} = \boldsymbol{H}_{kj} - \alpha_2[(\boldsymbol{W}^{\mathrm{T}}\boldsymbol{X})_{ki} - (\boldsymbol{W}\boldsymbol{W}^{\mathrm{T}}\boldsymbol{H})_{kj}] \tag{6.16}$$

如果让 α_1 和 α_2 分别取：

$$\alpha_1 = \frac{\boldsymbol{W}_{ik}}{(\boldsymbol{W}^{\mathrm{T}}\boldsymbol{H}\boldsymbol{H}^{\mathrm{T}})_{ik}}, \alpha_2 = \frac{\boldsymbol{H}_{kj}}{(\boldsymbol{W}^{\mathrm{T}}\boldsymbol{W}\boldsymbol{H})_{kj}} \tag{6.17}$$

那么最终得到迭代式为

$$\boldsymbol{W}_{ik} \leftarrow \boldsymbol{W}_{ik} \frac{(\boldsymbol{X}\boldsymbol{H}^{\mathrm{T}})_{ik}}{(\boldsymbol{W}\boldsymbol{H}\boldsymbol{H}^{\mathrm{T}})_{ik}} \tag{6.18}$$

$$\boldsymbol{H}_{kj} \leftarrow \boldsymbol{H}_{kj} \frac{(\boldsymbol{W}^{\mathrm{T}}\boldsymbol{H})_{kj}}{(\boldsymbol{W}\boldsymbol{W}^{\mathrm{T}}\boldsymbol{H})_{kj}} \tag{6.19}$$

NMF 算法的具体步骤如图 6－3 所示。

输入：文档数据集 $\boldsymbol{X}$，主题个数 k，最大迭代次数 maxIter
输出：文档主题的分布矩阵 $\boldsymbol{H}$ 和主题词分布矩阵 $\boldsymbol{W}$
1. 初始化矩阵 $\boldsymbol{W}$ 和 $\boldsymbol{H}$，同时对 $\boldsymbol{W}$ 的每一列数据进行归一化
2. for *iter*=1 至 max*iter*
3. 利用公式（6.19）更新矩阵 $\boldsymbol{H}$ 的一行元素
4. 利用公式（6.18）更新矩阵 $\boldsymbol{W}$ 的一列元素
5. 重新对 $\boldsymbol{W}$ 进行列归一化
6. end

图 6－3 NMF 算法的具体步骤

6.2.3 使用 sklearn 库中的 NMF

sklearn 库的 decomposition 模块中实现了非负矩阵分解的类 NMF，该类的初始化方式如下：

```
class sklearn.decomposition.NMF(n_components=None, *, init=None, solver='cd', beta_loss='frobenius', tol=0.0001, max_iter=200, random_state=None, alpha=0.0, l1_ratio=0.0, verbose=0, shuffle=False
```

参数说明：

n_components：即主题数 K，选择 K 值需要具备对待分析文本主题大概的先验知识。可以多选择几组 K 值进行 NMF，然后对结果进行人工验证。

init：用于选择 $\boldsymbol{W}$，$\boldsymbol{H}$ 迭代初值的算法，默认是 None，即自动选择值。可以使用选择初值的算法有{'random', 'nndsvd', 'nndsvda', 'nndsvdar', 'custom'}。

solver：求解器，可以选择的项为{'cd', 'mu'}，cd 是坐标下降求解器，mu 是乘法更新求解器。

alpha：即正则化参数 α，需要调参。开始建议选择一个比较小的值，如果发现效果不好再将该参数增大。

l1_ratio：即正则化参数 ρ，0<=l1_ratio<=1。对于 l1_ratio=0 是 L_2 正则化，l1_ratio=1 是 L_1 正则化惩罚。

主要属性：

components _ ：分解矩阵[n _ components，n _ features]，有时称为“字典”。

n _ components _ ：组件的数量。如果给定 n _ components 参数，则它与 n _ components 参数相同。否则，它将与特征的数量相同。

主要方法：

fit(X[，y])：在数据 X 上学习 NMF 模型。

fit _ transform(X[，y，W，H])：学习数据 X 的 NMF 模型并返回转换后的数据。

实例：

这里使用 sklearn 库自带的数据集 20newsgroups 进行实验，用 TF-IDF 进行特征向量的表示，然后再进行 NMF 操作，代码示例如下：

```
import sklearn
from sklearn.feature_extraction.text import TfidfVectorizer
from sklearn.decomposition import NMF
from sklearn.datasets import fetch_20newsgroups
import numpy as py
from time import time

dataset = fetch_20newsgroups(random_state = 1, remove = ('headers', 'footers', 'quotes'))
print("文本总数:", len(dataset['data']))

#使用 tfidf 抽取特征向量
tfidf_vector = TfidfVectorizer(max_df = 0.95, min_df = 2, max_features = 2000, stop_words
= 'english')
tfidf = tfidf_vector.fit_transform(dataset['data'])

#使用 NMF 算法分解矩阵
nmf = NMF(n_components = 10, random_state = 1, alpha = .1, l1_ratio = 0.3).fit(tfidf)

#查看分解效果
feature_names = tfidf_vector.get_feature_names()
for topic_idx, topic in enumerate(nmf.components_):
    keywords = ', '.join([feature_names[i] for i in topic.argsort()[:-11:-1]])
    print(str(topic_idx) + ':' + keywords)
```

运行结果如下：

```
文本总数: 11314
0:just, don, like, think, know, good, ve, time, really, say
1:thanks, does, know, mail, advance, hi, info, looking, anybody, help
2:god, jesus, bible, christ, believe, faith, christians, christian, church, lord
3:people, israel, government, israeli, jews, armenian, state, law, armenians, rights
4:drive, scsi, drives, disk, hard, ide, controller, floppy, bus, card
5:game, team, year, games, season, players, play, hockey, win, league
6:windows, file, dos, files, use, window, program, using, card, problem
7:edu, pitt, gordon, banks, soon, cs, university, article, com, ftp
8:key, chip, encryption, clipper, keys, escrow, government, use, algorithm, nsa
9:new, 00, car, sale, price, 10, offer, shipping, condition, 50
```

从上面的运行结果可以看出，主题4都是关于“硬盘”“磁盘”与“软盘”的，主题5是关于“游戏”“玩家”的，主题6都是关于“程序”“操作系统”与“文件系统”的，模型的运行效果还不错。

6.3 概率潜在语义分析（PLSA）

尽管潜在语义分析（LSA）模型简单直观，但是其奇异值分解的运算瓶颈限制了该模型的应用。Hofmann[18]于1999年提出了概率潜在语义分析（Probabilistic Latent Semantic Analysis，PLSA）模型，之后将潜在语义模型从线性代数的框架发展成为概率统计框架。

6.3.1 模型原理

PLSA认为人在写文章时会首先想到几个主题，比如“家”“购物”“回忆”“春节”。当然，这四个主题在这篇文章中不可能是平均分配的，互相所占的比例不一样。并且在每个主题的影响下，每个单词出现的概率是不同的。例如，在“家”的主题下，“妈妈”“爸爸”等词的出现概率肯定是大的；在“购物”这个主题下，“价格”“超市”等词出现的概率比较大。我们假设“家”“购物”“回忆”“春节”这四个主题在一篇文章中所占的比例分别为10%、20%、30%、40%，而“妈妈”这个词在四个主题下出现的概率分别为30%、1%、20%、10%，那么在整篇文章中，“妈妈”这个词出现的概率应该大致为

$$10\%\times30\%+20\%\times1\%+30\%\times20\%+40\%\times10\%=13.2\%$$

其实，上述例子恰好诠释了PLSA最本质的东西。PLSA是一种概率图模型，通过概率图阐述文本的生成过程。图6-4为一个PLSA概率图模型，图中被涂色的 d、w 表示可观测变量，未被涂色的 z 表示未知的隐变量，总共用到了 N 个单词：$W=\{w_1,\cdots,w_N\}$。共有 M 篇文档：$D=\{d_1,\cdots,d_M\}$。共涉及 K 个主题，z 代表主题：$z_k\in\{z_1,\cdots,z_K\}$。$p(z_k \mid d_i)$ 表示第 i 篇文章中第 k 个主题出现的概率，$p(w_j \mid z_k)$ 表示第 k 个主题下第 j 个单词出现的概率，$p(w_j \mid d_i)$ 表示第 i 篇文章中第 j 个单词

出现的概率。

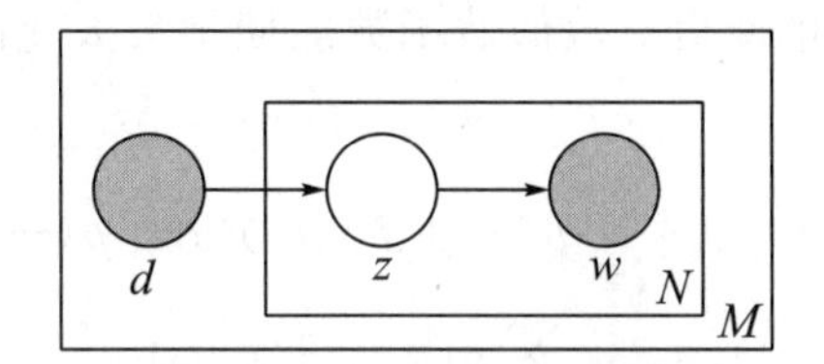

图 6-4 PLSA **概率图模型**

PLSA 假设每个主题在所有单词项上服从多项分布，每篇文档在所有主题上也服从多项分布，也就是说，$p(z_k \mid d_i)$ 和 $p(w_j \mid z_k)$ 均服从多项式分布。每篇文档 d 的每个单词 w 是通过下面的过程生成的：

(1) 依据概率 $p(d_i)$ 选择一篇文档 d_i；

(2) 依据概率 $p(z_k \mid d_i)$ 选择一个主题 z_k；

(3) 依据概率 $p(w_j \mid z_k)$ 生成一个单词 w_j。

那么可观测变量 (d_i, w_j) 的联合概率分布为

$$p(d_i, w_j) = p(d_i)p(w_j \mid d_i) = p(d_i)\sum_{k=1}^{K} p(w_j \mid z_k)p(z_k \mid d_i) \tag{6.20}$$

式中，$p(w_j \mid z_k)$ 和 $p(z_k \mid d_i)$ 是模型需要确定的参数。

6.3.2 EM 算法估计未知参数

PLSA 模型利用最大似然函数来学习上述提到的两个参数，目的是找到使得 (d_i, w_j) 联合概率分布最大的 $p(w_j \mid z_k)$ 和 $p(z_k \mid d_i)$ 的概率组合，得到如下似然函数[19]：

$$\begin{aligned} L &= \log \prod_{i=1}^{N} \prod_{j=1}^{M} p(d_i, w_j)^{n(d_i, w_j)} \\ &= \sum_{i=1}^{N} \sum_{j=1}^{M} n(d_i, w_j) \log p(d_i, w_j) \\ &= \sum_{i=1}^{N} n(d_i)\left[\log p(d_i) + \sum_{j=1}^{M} \frac{n(d_i, w_j)}{n(d_i)} \log \sum_{k=1}^{K} p(w_j \mid z_k)p(z_k \mid d_i)\right] \\ &\propto \sum_{i=1}^{N} \sum_{j=1}^{M} n(d_i, w_j) \log p(w_j \mid z_k)p(z_k \mid d_i) \end{aligned} \tag{6.21}$$

式中，$n(d_i, w_j)$ 表示单词项 w_j 在文档 d_i 中出现的次数；$n(d_i)$ 表示第 i 篇文档的单词总数。由于文档长度 $p(d_i) \propto n(d_i)$ 为常数，去掉它不影响整个公式。比较直接的做法就是对每一个变量求偏导数，使它们都等于 0，然后联立方程组求解。但求偏导数计算量太大，所以采用了更加快速的 EM 算法。

1. E 步

EM 算法的 E 步是求给定当前参数条件下隐变量的后验概率：

$$p(z_k \mid d_i, w_j) = \frac{p(d_i)p(z_k \mid d_i)p(w_j \mid z_k)}{\sum_{k=1}^{K} p(d_i)p(z_k \mid d_i)p(w_j \mid z_k)} = \frac{p(z_k \mid d_i)p(w_j \mid z_k)}{\sum_{k=1}^{K} p(z_k \mid d_i)p(w_j \mid z_k)} \tag{6.22}$$

2. M 步

EM 算法的 M 步是求解使得对数似然函数的期望最大化的参数，那么对数似然函数的期望为

$$E(L) = \sum_{i=1}^{N}\sum_{j=1}^{M} n(d_i, w_j) \sum_{k=1}^{K} p(z_k \mid d_i, w_j) \log[p(w_j \mid z_k) p(z_k \mid d_i)] \tag{6.23}$$

约束条件：$\sum_j p(w_j \mid z_k) = 1$，$\sum_k p(z_k \mid d_i) = 1$。

最大化期望是一个多元函数求极值的问题，可以用拉格朗日乘数法，把条件极值问题转化为无条件极值问题。由此，写成的拉格朗日函数为

$$J = E(L) + \alpha \sum_{k=1}^{K}(1 - \sum_{j=1}^{M} p(w_j \mid z_k)) + \beta \sum_{i=1}^{N}(1 - \sum_{k=1}^{K} p(z_k \mid d_i)) \tag{6.24}$$

式（6.24）是关于 $p(w_j \mid z_k)$ 和 $p(z_k \mid d_i)$ 的函数，分别对其求偏导数，得到

$$\begin{aligned} \frac{\partial J}{\partial p(w_j \mid z_k)} &= \sum_{i=1}^{N} n(d_i, w_j) \sum_{k=1}^{K} p(z_k \mid d_i, w_j) \cdot \frac{p(z_k \mid d_i)}{p(w_j \mid z_k) p(z_k \mid d_i)} - \alpha \\ &= \sum_{i=1}^{N} n(d_i, w_j) \sum_{k=1}^{K} p(z_k \mid d_i, w_j) \cdot \frac{1}{p(w_j \mid z_k)} - \alpha \end{aligned} \tag{6.25}$$

令其等于 0，即

$$\sum_{i=1}^{N} n(d_i, w_j) \sum_{k=1}^{K} p(z_k \mid d_i, w_j) \cdot \frac{1}{p(w_j \mid z_k)} - \alpha = 0 \tag{6.26}$$

对式（6.26）进行推导，得到式（6.27）所示过程：

$$\begin{cases} \Rightarrow \alpha p(w_j \mid z_k) = \sum_{i=1}^{N} n(d_i, w_j) \sum_{k=1}^{K} p(z_k \mid d_i, w_j) \\ \Rightarrow \alpha \sum_{j=1}^{M} p(w_j \mid z_k) = \sum_{i=1}^{N}\sum_{j=1}^{M} n(d_i, w_j) \sum_{k=1}^{K} p(z_k \mid d_i, w_j) \\ \Rightarrow \alpha = \sum_{i=1}^{N}\sum_{j=1}^{M} n(d_i, w_j) \sum_{k=1}^{K} p(z_k \mid d_i, w_j) \end{cases} \tag{6.27}$$

注意式（6.27）从第二行到第三行，是根据 $\sum_{j=1}^{M} p(w_j \mid z_k) = 1$ 推导的。这样将 α 代回式（6.26）就得到 $p(w_j \mid z_k)$ 的迭代式：

$$p(w_j \mid z_k) = \frac{\sum_{i=1}^{N} n(d_i, w_j) p(z_k \mid d_i, w_j)}{\sum_{i=1}^{N}\sum_{j=1}^{M} n(d_i, w_j) p(z_k \mid d_i, w_j)} \tag{6.28}$$

同样的方法，可以求得 $p(z_k \mid d_i)$ 的迭代式：

$$p(z_k \mid d_i) = \frac{\sum_{i=1}^{N} n(d_i, w_j) p(z_k \mid d_i, w_j)}{\sum_{j=1}^{M} n(d_i, w_j)} \tag{6.29}$$

6.3.3 PLSA 算法

至此，PLSA 参数求解完毕，PLSA 算法的具体步骤如图 6-5 所示。

输入：文档数据集 D
输出：文档主题的概率值
1. 初始化参数 $p(w_j \mid z_k)$ 和 $p(z_k \mid d_i)$
2. Repeat
3. E-step，在当前给定参数下，计算隐变量的后验概率
4. M-step，利用式（6.28）和式（6.29），更新参数 $p(w_j \mid z_k)$ 和 $p(z_k \mid d_i)$
5. Until 收敛

图 6−5 PLSA 算法的具体步骤

PLSA 是概率隐语义主题模型中相对简单的一种，推导和实现都相对简单，参看图 6−5中算法的具体步骤，实际上只需要简单的计数迭代而已，所以 PLSA 算法非常适合在线学习。但 PLSA 算法在对文档建模时没有考虑词序，也就是随机将一篇文章的词打散，对于 PLSA 来说是一样的，这一点从式（6.20）就可以看出来。显然在短文本领域，PLSA 表现比较差，但在长文本领域，有研究表明，汉字的顺序并不能影响阅读。不过近年来，PLSA 正在逐渐被更新颖复杂的 LDA 代替，但相对 LDA 来说，PLSA 结构简单，容易实现大规模并行化，所以至今，PLSA 在大规模文本挖掘领域依旧光耀夺目。

6.3.4 PLSA 与 LSA 的关系

PLSA 和 LSA 之间存在一个直接的平行对应关系，如图 6−6 所示。

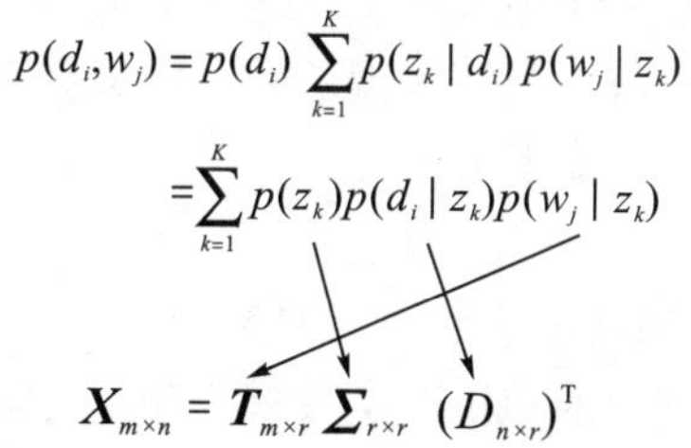

$$p(d_i,w_j)=p(d_i)\sum_{k=1}^{K}p(z_k \mid d_i)\,p(w_j \mid z_k)$$

$$=\sum_{k=1}^{K}p(z_k)p(d_i \mid z_k)p(w_j \mid z_k)$$

$$\boldsymbol{X}_{m\times n}=\boldsymbol{T}_{m\times r}\,\boldsymbol{\Sigma}_{r\times r}\,(D_{n\times r})^{\mathrm{T}}$$

图 6−6 PLSA 与 LSA 的关系图

图 6−6 中，主题 $p(z)$ 的概率对应于奇异主题概率的对角矩阵 $\boldsymbol{\Sigma}$，给定主题 $p(d \mid z)$的文档概率对应于文档-主题矩阵 $\boldsymbol{D}$，给定主题的单词概率 $p(w \mid z)$ 对应于术语-主题矩阵 $\boldsymbol{T}$。

尽管 PLSA 与 LSA 看起来差异很大，且处理问题的方法完全不同，但实际上 PLSA 只是在 LSA 的基础上添加了对主题和词汇的概率处理。PLSA 是一个使用更加灵活的模型，但仍然存在一些问题，尤其表现为：①因为没有参数来给 $p(d)$ 建模，所以不知道如何为新文档分配概率；②PLSA 的参数数量随着我们拥有的文档数增长而增多，因此容易出现过度拟合问题。另外，我们将不会考虑任何 PLSA 的代码，因为很少会单独使用 PLSA。一般来说，当人们在寻找超出 LSA 基准性能的主题模型时，他们会转而使用 LDA 模型。LDA 是最常见的主题模型，它在 PLSA 的基础上进行扩展，从而解决了这些问题。

6.4 潜在狄利克雷分布（LDA）

前文已经介绍了基于矩阵分解的 LSA 和 PLSA 的主题模型，这里讨论一种被广泛使用的主题模型：潜在狄利克雷分布（Latent Dirichlet Allocation，LDA）。LDA 是由 Blei D. M. 等[20]于 2003 年提出来的，用于推测文档的主题分布。它可以将文档集中每篇文档的主题以概率分布的形式给出，从而通过分析一些文档抽取出它们的主题分布，而后便可以根据主题分布进行主题聚类或文本分类。

6.4.1 LDA 数学基础

1. LDA 与贝叶斯

LDA 是基于贝叶斯模型的，涉及贝叶斯模型就离不开“先验分布”“似然函数”“后验分布”三块。在朴素贝叶斯算法原理小结中我们已经讲到了这套贝叶斯理论。在贝叶斯理论中：

$$\text{先验分布}+\text{似然函数}=\text{后验分布}$$

这点其实很好理解，因为这符合人的思维方式，比如你对好人和坏人的认知，先验分布为：100 个好人和 100 个坏人，即你认为好人、坏人各占一半现在你被 2 个好人帮助了和被 1 个坏人骗了，于是你得到了新的后验分布为：102 个好人和 101 个的坏人。现在你的后验分布里面认为好人比坏人多了。这个后验分布接着又变成新的先验分布，之后你又被 1 个好人帮助了和被 3 个坏人骗了后，你又更新你的后验分布为：103 个好人和 104 个的坏人。依次继续更新下去。

2. 二项分布与 Beta 分布

二项分布是从伯努利分布推导过来的。伯努利分布，又称两点分布或 0−1 分布，是一个离散型的随机分布，其中的随机变量只有 0 和 1 两类取值。而二项分布即重复 n 次的伯努利试验，记为 $X \sim B(n,p)$ 。简言之，只做一次试验，是伯努利分布，重复做了 n 次伯努利试验是二项分布。二项分布的概率密度函数为

$$Binom(k \mid n,p) = \mathrm{C}_n^k \, p^k \,(1-p)^{n-k} \tag{6.30}$$

式中，$\mathrm{C}_n^k = \dfrac{n!}{k!(n-k)!}$，是二项式系数。二项分布的共轭分布其实就是 Beta 分布。Beta 分布的概率密度函数为

$$f(x) = \begin{cases} \dfrac{1}{B(p \mid \alpha,\beta)} p^{\alpha-1}\,(1-p)^{\beta-1}, x \in [0,1] \\ 0, \qquad\qquad\qquad\qquad \text{其他} \end{cases} \tag{6.31}$$

式中，系数 $B(p \mid \alpha,\beta) = \int_0^1 p^{\alpha-1}\,(1-p)^{\beta-1}\mathrm{d}x = \dfrac{\Gamma(\alpha)\Gamma(\beta)}{\Gamma(\alpha+\beta)}$，$\Gamma$ 是 Gamma 函数，该函数是阶乘在实数集上的延拓，对于正整数 n 满足 $\Gamma(n) = (n-1)!$ 。

仔细观察 Beta 分布和二项分布，可以发现两者的概率密度函数很相似，区别仅在前面的归一化阶乘项。在贝叶斯概率理论中，如果后验概率和先验概率满足同样的分布律，那么先验分布和后验分布被叫作共轭分布，同时，先验分布叫作似然函数的共轭先

验分布。Beta 分布就是二项分布的共轭先验分布。后验分布推导如下：

$$
\begin{aligned}
P(p \mid n,k,\alpha,\beta) &\propto P(k \mid n,p)P(p \mid \alpha,\beta) \\
&= Binom(k \mid n,p)Beta(p \mid \alpha,\beta) \\
&= \mathrm{C}_n^k\, p^k\,(1-p)^{n-k} \times \frac{\Gamma(\alpha+\beta)}{\Gamma(\alpha)\Gamma(\beta)}\, p^{\alpha-1}\,(1-p)^{\beta-1} \\
&\propto p^{k+\alpha-1}\,(1-p)^{n-k+\beta-1}
\end{aligned}
\tag{6.32}
$$

将式（6.32）最后得到的式子归一化后，得到后验概率为

$$
P(p \mid n,k,\alpha,\beta) = \frac{\Gamma(\alpha+\beta+n)}{\Gamma(\alpha+k)\Gamma(\beta+n-k)}\, p^{k+\alpha-1}\,(1-p)^{n-k+\beta-1} \tag{6.33}
$$

可见后验分布的确是 Beta 分布，而且我们发现：

$$
Beta(p \mid \alpha,\beta) + Binom(k,n-k) = Beta(p \mid \alpha+k,\beta+n-k) \tag{6.34}
$$

式（6.34）完全符合前面提到的好人、坏人例子里的情况，我们的认知会把新出现的好人、坏人数分别加到先验分布上，得到后验分布。

接下来再看 Beta 分布（ $Beta(p \mid \alpha,\beta)$ ）的期望：

$$
\begin{aligned}
E(Beta(p \mid \alpha,\beta)) &= \int_0^1 t Beta(p \mid \alpha,\beta)\mathrm{d}t \\
&= \int_0^1 t\,\frac{\Gamma(\alpha+\beta)}{\Gamma(\alpha)\Gamma(\beta)}\, t^{\alpha-1}\,(1-t)^{\beta-1}\mathrm{d}t \\
&= \int_0^1 \frac{\Gamma(\alpha+\beta)}{\Gamma(\alpha)\Gamma(\beta)}\, t^{\alpha}\,(1-t)^{\beta-1}\mathrm{d}t
\end{aligned}
\tag{6.35}
$$

由于式（6.35）最后得到的乘积$t^{\alpha}(1-t)^{\beta-1}$对应 Beta 分布 $Beta(p \mid \alpha+1,\beta)$，因此 Beta 分布的期望可以表示为

$$
E(Beta(p \mid \alpha,\beta)) = \frac{\Gamma(\alpha+\beta)\Gamma(\alpha+1)\Gamma(\beta)}{\Gamma(\alpha)\Gamma(\beta)\Gamma(\alpha+\beta+1)} = \frac{\alpha}{\alpha+\beta} \tag{6.36}
$$

3. 多项分布与 Dirichlet 分布

现在回到上面好人、坏人的问题，假如我们发现有第三类人，即不好不坏的人，这时候我们如何用贝叶斯来表达这个模型分布呢？之前是二维分布，现在是三维分布。由于二维使用了 Beta 分布和二项分布来表达这个模型，以此类推，可以用三维的 Beta 分布来表达先验后验分布。

三维分布比较好表达，假设数据中的第一类有 m_1 个好人，第二类有 m_2 个坏人，第三类为 $m_3=n-m_1-m_2$ 个不好不坏的人，对应的概率分别为 p_1，p_2，$p_3=1-p_1-p_2$，则对应的多项分布为

$$
Multi(m_1,m_2,m_3 \mid n,p_1,p_2,p_3) = \frac{n!}{m_1!m_2!m_3!}\, p_1^{m_1}\, p_2^{m_2}\, p_3^{m_3} \tag{6.37}
$$

显然，这就是三维的 Beta 分布。超过二维的 Beta 分布一般称为狄利克雷(Dirichlet) 分布。也可以说 Beta 分布是 Dirichlet 分布在二维的特殊形式。从二维的 Beta 分布表达式很容易写出三维的 Dirichlet 分布：

$$
Dirichlet(p_1,p_2,p_3 \mid \alpha_1,\alpha_2,\alpha_3) = \frac{\Gamma(\alpha_1+\alpha_2+\alpha_3)}{\Gamma(\alpha_1)+\Gamma(\alpha_2)+\Gamma(\alpha_3)}\, p_1^{\alpha_1-1}\, p_2^{\alpha_2-1}\, p_3^{\alpha_3-1} \tag{6.38}
$$

以此类推，可以写出更高维的 Dirichlet 分布的概率密度函数。为了简化表达式，我们用向量来表示概率和计数，这样多项分布可以表示为 $Dirichlet(\boldsymbol{p} \mid \boldsymbol{\alpha})$，而多项分布可以表示为 $Multi(\boldsymbol{m} \mid n, \boldsymbol{p})$。

一般 K 维 Dirichlet 分布的表达式为

$$Dirichlet(\boldsymbol{p} \mid \boldsymbol{\alpha}) = \frac{\Gamma\left(\sum_{k=1}^{K} \alpha_k\right)}{\prod_{k=1}^{K} \Gamma(\alpha_k)} \prod_{k=1}^{K} p_k^{\alpha_k - 1} \tag{6.39}$$

多项分布和 Dirichlet 分布也满足共轭关系，同样可以得到下面的结论：

$$Dirchlet(\boldsymbol{p} \mid \boldsymbol{\alpha}) + Multi(\boldsymbol{m}) = Dirichlet(\boldsymbol{p} \mid \boldsymbol{\alpha} + \boldsymbol{m}) \tag{6.40}$$

对于 Dirichlet 分布的期望，也有与 Beta 分布类似的性质：

$$E(Dirichlet(\boldsymbol{p} \mid \boldsymbol{\alpha})) = \left(\frac{\alpha_1}{\sum_{k=1}^{K} \alpha_k}, \frac{\alpha_2}{\sum_{k=1}^{K} \alpha_k}, \cdots, \frac{\alpha_K}{\sum_{k=1}^{K} \alpha_k}\right) \tag{6.41}$$

6.4.2 LDA 模型

LDA 模型，假设有 M 篇文档，对应第 i 篇文档中有 N_i 个词，则 LDA 模型的输入矩阵如图 6-7 所示。

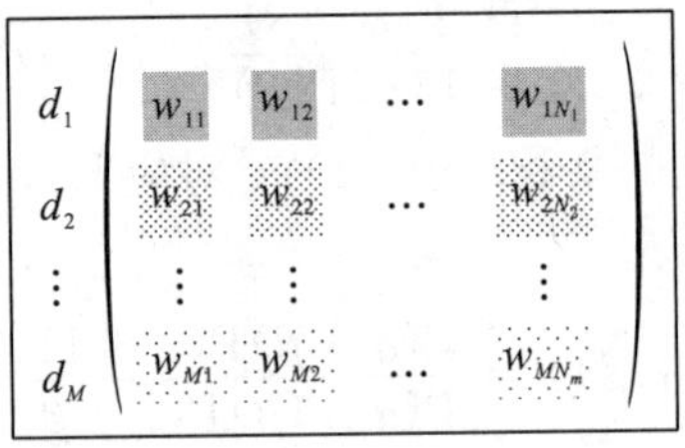

$$\begin{matrix} d_1 \\ d_2 \\ \vdots \\ d_M \end{matrix} \begin{pmatrix} w_{11} & w_{12} & \cdots & w_{1N_1} \\ w_{21} & w_{22} & \cdots & w_{2N_2} \\ \vdots & \vdots & & \vdots \\ w_{M1} & w_{M2} & \cdots & w_{MN_m} \end{pmatrix}$$

图 6-7　LDA 模型的输入矩阵

LDA 模型的目的是找到每一篇文档的主题分布和每一个主题中词的分布。在 LDA 基本模型中，我们需要先假定一个主题数目 K，这样所有的分布就都基于 K 个主题展开。图 6-8 为 LDA 模型原理图。

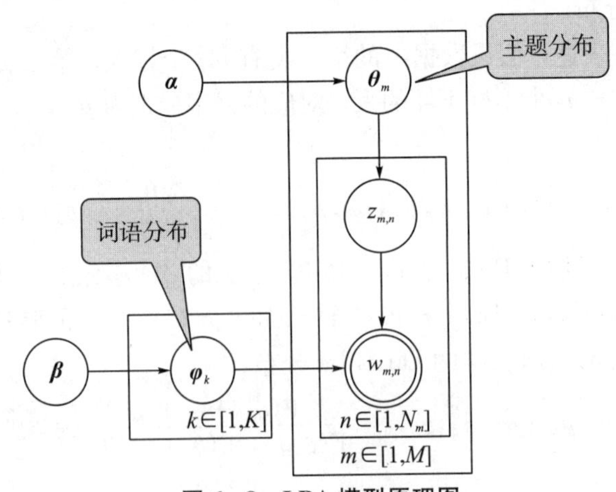

图 6-8　LDA 模型原理图

图 6-8 中双圆圈表示可观测变量，单圆圈表示潜在变量，箭头表示两种变量间的条件依赖性，方框表示重复抽样，重复次数在方框的右下角。LDA 模型的生成过程如下：

(1) LDA 假设文档主题的先验分布是 Dirichlet 分布，即对于任一文档 m，其主题分布 $\boldsymbol{\theta}_m$ 服从 Dirichlet 分布，即 $\boldsymbol{\theta}_m \sim Dirichlet(\boldsymbol{\alpha})$，$\boldsymbol{\alpha}$ 为分布的超参数，是一个 K 维向量。

(2) LDA 假设主题中词的先验分布是 Dirichlet 分布，即对于任一主题 k，其词分布 $\boldsymbol{\varphi}_k$ 也服从 Dirichlet 分布，即 $\boldsymbol{\varphi}_k \sim Dirichlet(\boldsymbol{\beta})$，$\boldsymbol{\beta}$ 为分布的超参数，是一个 V 维向量，V 代表词汇表里所有词的个数。

(3) 对于任意一篇文档 d 中的第 n 个词，我们可以从主题分布 $\boldsymbol{\theta}_m$ 中得到它的主题编号 $z_{d,n}$ 的分布为 $z_{d,n} = Multi(\boldsymbol{\theta}_d)$。

(4) 对上述主题编号，可观测到的词的概率分布为 $w_{d,n} = Multi(\boldsymbol{\varphi}_{z_{d,n}})$。

理解 LDA 模型的主要任务就是理解上面的这个模型。在这个模型里，有 M 个文档主题的 Dirichlet 分布，而对应的数据有 M 个主题编号的多项分布，这样（$\boldsymbol{\alpha} \rightarrow \boldsymbol{\theta}_d \rightarrow z_{d,n}$）就组成了 Dirichlet-Multi 共轭，可以使用前面提到的贝叶斯推断的方法得到基于 Dirichlet 分布的文档主题后验分布。

如果在第 d 个文档中，第 k 个主题的词的个数为 $n_d^{(k)}$，则对应的多项分布的计数可以表示为 $\boldsymbol{n}_d = (n_d^{(1)}, n_d^{(2)}, \cdots, n_d^{(K)})$；利用 Dirichlet-Multi 共轭，得到 $\boldsymbol{\theta}_d$ 的后验分布为 $Dirichlet(\boldsymbol{\theta}_k \mid \boldsymbol{\alpha} + \boldsymbol{n}_d)$。

同样的道理，对于主题与词的分布，我们有 K 个主题与词的 Dirichlet 分布，而对应的数据有 K 个主题编号的多项分布，这样（$\boldsymbol{\beta} \rightarrow \boldsymbol{\varphi}_k \rightarrow w_{k,n}$）就组成了 Dirichlet-Multi 共轭，可以使用前面提到的贝叶斯推断的方法得到基于 Dirichlet 分布的主题词的后验分布。

如果在第 k 个主题中，第 v 个词的个数为 $n_k^{(v)}$，则对应的多项分布的计数可以表示为 $\boldsymbol{n}_k = (n_k^{(1)}, n_k^{(2)}, \cdots, n_k^{(V)})$；利用 Dirichlet-Multi 共轭，得到 $\boldsymbol{\varphi}_k$ 的后验分布为 $Dirichlet(\boldsymbol{\varphi}_k \mid \boldsymbol{\beta} + \boldsymbol{n}_k)$。

由于主题产生词不依赖具体某一个文档，因此文档主题分布和主题词项分布是相互独立的。理解了上面这 $M+K$ 组 Dirichlet-Multi 共轭，就算是理解了 LDA 的基本原理。现在的问题是，基于这个 LDA 模型如何求解我们想要的每一篇文档的主题分布和每一个主题中的词分布。

6.4.3 LDA 模型的 Gibbs 采样算法

超参数 $\boldsymbol{\alpha}$ 和 $\boldsymbol{\beta}$ 是 LDA 模型需要确定的参数，LDA 中的模型参数 $\boldsymbol{\theta}_m$ 和 $\boldsymbol{\varphi}_k$ 是随机变量，符合 Dirichlet 先验分布。在概率图模型背景下，模型推断指的是根据特定的贝叶斯推断方法对主题概率分布 $p(\boldsymbol{z} \mid \boldsymbol{w})$ 进行推断，以及对 $\boldsymbol{\theta}_m$ 和 $\boldsymbol{\varphi}_k$ 后验分布进行估计的过程。

LDA 模型难以进行精确的学习推断。通常的解决方法是使用近似推断算法，如采用变分期望最大化算法、期望传播算法和马尔可夫链蒙特卡罗（Markov Chain Monte

Carlo，MCMC）算法等。Griffiths 和 Steyvers 于 2004 年提出了基于 Gibbs 采样的 LDA 近似推断算法。Gibbs 采样是马尔可夫链蒙特卡罗算法的一种代表。但是，Gibbs 采样算法更加稳定有效，且易于实现，是主题模型中最常采用的参数估计方法。

Gibbs 采样算法求解 LDA 的思路如下：$\boldsymbol{\alpha}$ 和 $\boldsymbol{\beta}$ 是已知的先验输入，目标是得到各个 $z_{m,n}$，$w_{m,n}$ 对应的整体 $\boldsymbol{z}$，$\boldsymbol{w}$ 的概率分布，即文档-主题的分布和主题-词的分布。如果可以先求出 $\boldsymbol{w}$，$\boldsymbol{z}$ 的联合概率分布 $p(\boldsymbol{w},\boldsymbol{z})$，进而就可以求出某文档 $\boldsymbol{w}_i$ 对应主题特征 $\boldsymbol{z}_i$ 的条件概率分布 $p(\boldsymbol{z}_i \mid \boldsymbol{z}_{\neg i},\boldsymbol{w})$。其中，$\boldsymbol{z}_{\neg i}$ 代表去掉第 i 号词后的主题分布。通过对条件分布 $p(\boldsymbol{z}_i \mid \boldsymbol{z}_{\neg i},\boldsymbol{w})$ 进行 Gibbs 采样，最终在采样收敛后得到第 i 个词的主题。这样通过采样可以得到所有词的主题，那么通过统计所有词的主题计数，就可以得到各个主题的词分布。接着统计各个文档对应词的主题计数，就可以得到各个文档的主题分布。

1. 主题-词的分布

从上面使用 Gibbs 采样求解 LDA 的思路可以发现，关键是先计算给定先验输入 $\boldsymbol{\alpha}$ 和 $\boldsymbol{\beta}$ 条件下的主题-词的联合概率分布 $p(\boldsymbol{z},\boldsymbol{w} \mid \boldsymbol{\alpha},\boldsymbol{\beta})$。

$$p(\boldsymbol{z},\boldsymbol{w} \mid \boldsymbol{\alpha},\boldsymbol{\beta}) = p(\boldsymbol{z} \mid \boldsymbol{w},\boldsymbol{\beta})p(\boldsymbol{z} \mid \boldsymbol{\alpha}) \tag{6.42}$$

下面分别计算各因子，不过在计算之前先简化 Dirichlet 分布的表达式，$\boldsymbol{\alpha}$ 与 $\boldsymbol{x}$ 构成 Dirichlet 分布，则可按式（6.43）进行计算，$\Delta(\boldsymbol{\alpha})$ 为归一化参数。

$$Dirichlet(\boldsymbol{x} \mid \boldsymbol{\alpha}) = \frac{\Gamma(\sum_{k=1}^{K} \alpha_k)}{\prod_{k=1}^{K} \Gamma(\alpha_k)} \prod_{k=1}^{K} x_k^{\alpha_k - 1} = \frac{1}{\Delta(\boldsymbol{\alpha})} \prod_{k=1}^{K} x_k^{\alpha_k - 1} \tag{6.43}$$

先计算 $p(\boldsymbol{z} \mid \boldsymbol{\alpha})$，在前面已经提到某个文档的主题分布 $\boldsymbol{\alpha} \to \boldsymbol{\theta}_m \to z_{m,n}$ 组成 Dirichlet-Multi 共轭，那么所有文档的主题分布 $p(\boldsymbol{z} \mid \boldsymbol{\alpha})$ 的计算如式（6.44）：

$$\begin{aligned} p(\boldsymbol{z} \mid \boldsymbol{\alpha}) &= \int p(\boldsymbol{z} \mid \boldsymbol{\Theta}) p(\boldsymbol{\Theta} \mid \boldsymbol{\alpha}) \mathrm{d}\boldsymbol{\Theta} \\ &= \int \prod_{m=1}^{M} \frac{1}{\Delta(\boldsymbol{\alpha})} \prod_{k=1}^{K} \theta_{m,k}^{n_m^{(k)} + \alpha_k - 1} \mathrm{d}\,\boldsymbol{\theta}_m \\ &= \prod_{m=1}^{M} \frac{\Delta(\boldsymbol{n}_m + \boldsymbol{\alpha})}{\Delta(\boldsymbol{\alpha})} \end{aligned} \tag{6.44}$$

式中，$\boldsymbol{\Theta} = [\boldsymbol{\theta}_1,\cdots,\boldsymbol{\theta}_m,\cdots,\boldsymbol{\theta}_M]$，在第 m 篇文档第 k 个主题的词的个数表示为 $n_m^{(k)}$，对应的多项分布表示为 $\boldsymbol{n}_m = \{n_m^{(k)}\}_{k=1}^{K}$。

接下来计算主题-词的条件概率分布 $p(\boldsymbol{w} \mid \boldsymbol{z},\boldsymbol{\beta})$，同样的某个主题的词分布 $\boldsymbol{\beta} \to \boldsymbol{\varphi}_k \to w_{k,n}$ 组成 Dirichlet-Multi 共轭，那么所有主题的词分布 $p(\boldsymbol{w} \mid \boldsymbol{z},\boldsymbol{\beta})$ 的计算如式（6.45）：

$$\begin{aligned} p(\boldsymbol{w} \mid \boldsymbol{z},\boldsymbol{\beta}) &= \int p(\boldsymbol{w} \mid \boldsymbol{z},\boldsymbol{\Phi}) p(\boldsymbol{\Phi} \mid \boldsymbol{\beta}) \mathrm{d}\boldsymbol{\Phi} \\ &= \int \prod_{k=1}^{K} \frac{1}{\Delta(\boldsymbol{\beta})} \prod_{t=1}^{V} \theta_{m,k}^{n_k^{(t)} + \beta_t - 1} \mathrm{d}\,\boldsymbol{\varphi}_k \\ &= \prod_{k=1}^{K} \frac{\Delta(\boldsymbol{n}_k + \boldsymbol{\beta})}{\Delta(\boldsymbol{\beta})} \end{aligned} \tag{6.45}$$

式中，$\boldsymbol{\Phi}=[\boldsymbol{\varphi}_1, \cdots, \boldsymbol{\varphi}_k, \cdots, \boldsymbol{\varphi}_K]$，第 k 个主题第 t 个词的个数表示为 $n_k^{(t)}$ ，对应的多项分布表示为 $\boldsymbol{n}_k=\{n_k^{(t)}\}_{t=1}^{V}$。

现在就可以计算得到主题-词的联合概率分布 $p(\boldsymbol{w},\boldsymbol{z} \mid \boldsymbol{\alpha},\boldsymbol{\beta})$，如式（6.46）：

$$p(\boldsymbol{w},\boldsymbol{z} \mid \boldsymbol{\alpha},\boldsymbol{\beta})=p(\boldsymbol{w} \mid \boldsymbol{z},\boldsymbol{\beta})p(\boldsymbol{z} \mid \boldsymbol{\alpha})=\prod_{m=1}^{M}\frac{\Delta(\boldsymbol{n}_m+\boldsymbol{\alpha})}{\Delta(\boldsymbol{\alpha})}\prod_{k=1}^{K}\frac{\Delta(\boldsymbol{n}_k+\boldsymbol{\beta})}{\Delta(\boldsymbol{\beta})} \tag{6.46}$$

有了主题-词的联合概率分布，就可以求得 Gibbs 采样需要的在给定第 i 号词为第 k 个主题的条件概率分布 $p(z_i=k \mid \boldsymbol{z}_{\neg i},\boldsymbol{w})$，如式（6.47）：

$$\begin{aligned}
p(z_i=k \mid \boldsymbol{z}_{\neg i},\boldsymbol{w}) &= \frac{p(\boldsymbol{w},z_i,\boldsymbol{z}_{\neg i})}{p(\boldsymbol{w},\boldsymbol{z}_{\neg i})}=\frac{p(\boldsymbol{w},\boldsymbol{z})}{p(\boldsymbol{w}_i,\boldsymbol{w}_{\neg i},\boldsymbol{z}_{\neg i})}=\frac{p(\boldsymbol{w},\boldsymbol{z})}{p(\boldsymbol{w}_i)p(\boldsymbol{w}_{\neg i},\boldsymbol{z}_{\neg i})}\\
&=\frac{p(\boldsymbol{w} \mid \boldsymbol{z})}{p(\boldsymbol{w}_{\neg i} \mid \boldsymbol{z}_{\neg i})p(\boldsymbol{w}_i)}\cdot\frac{p(\boldsymbol{z})}{p(\boldsymbol{z}_{\neg i})}\\
&\propto\frac{p(\boldsymbol{w} \mid \boldsymbol{z})}{p(\boldsymbol{w}_{\neg i} \mid \boldsymbol{z}_{\neg i})}\cdot\frac{p(\boldsymbol{z})}{p(\boldsymbol{z}_{\neg i})}
\end{aligned} \tag{6.47}$$

在式（6.47）中，由于词的概率 $p(\boldsymbol{w}_i)$ 是可以观测到的，也就是确定的，去掉不受影响，所以可正比于最后一行的式子。根据式（6.45）和式（6.46），可以进一步得到下面的推导公式：

$$\begin{aligned}
p(z_i=k \mid \boldsymbol{z}_{\neg i},\boldsymbol{w}) &\propto \frac{\Delta(\boldsymbol{n}_k+\boldsymbol{\beta})}{\Delta(\boldsymbol{n}_{k,\neg i}+\boldsymbol{\beta})}\cdot\frac{\Delta(\boldsymbol{n}_m+\boldsymbol{\alpha})}{\Delta(\boldsymbol{n}_{m,\neg i}+\boldsymbol{\alpha})}\\
&=\frac{\Gamma(n_k^{(t)}+\beta_t)\Gamma(\sum_{t=1}^{V}n_{k,\neg i}^{(t)}+\beta_t)}{\Gamma(n_{k,\neg i}^{(t)}+\beta_t)\Gamma(\sum_{t=1}^{V}n_k^{(t)}+\beta_t)}\cdot\frac{\Gamma(n_m^{(k)}+\alpha_k)\Gamma(\sum_{k=1}^{K}n_{m,\neg i}^{(k)}+\alpha_k)}{\Gamma(n_{m,\neg i}^{(k)}+\alpha_k)\Gamma(\sum_{k=1}^{K}n_m^{(k)}+\alpha_k)}\\
&=\frac{n_{k,\neg i}^{(t)}+\beta_t}{\sum_{t=1}^{V}n_k^{(t)}+\beta_t}\cdot\frac{n_{m,\neg i}^{(k)}+\alpha_k}{\left[\sum_{k=1}^{K}n_m^{(k)}+\alpha_k\right]-1}\\
&\propto\frac{n_{k,\neg i}^{(t)}+\beta_t}{\sum_{t=1}^{V}n_k^{(t)}+\beta_t}\cdot(n_{m,\neg i}^{(k)}+\alpha_k)
\end{aligned} \tag{6.48}$$

式（6.48）中的倒数第二行的 $\left[\sum_{k=1}^{K}n_m^{(k)}+\alpha_k\right]-1$，其值不受主题总数 K 的影响，可以看作归一化因子，所以可正比于最后一行的式子。

2. 主题分布和词分布

至此，我们就得到第 i 个词的第 k 个主题分布了，同样的可以用 Gibbs 采样去得到所有词的主题分布。利用得到的词和主题的对应关系，就可以统计得到每篇文档的主题分布 $\theta_{m,k}$ 和每个主题的词分布 $\varphi_{k,t}$ 。

$$\begin{cases}
\theta_{m,k}=\dfrac{n_m^{(k)}+\alpha_k}{\sum_{k=1}^{K}n_m^{(k)}+\alpha_k}\\
\varphi_{k,t}=\dfrac{n_k^{(t)}+\beta_t}{\sum_{t=1}^{V}n_k^{(t)}+\beta_t}
\end{cases} \tag{6.49}$$

3. LDA 的 Gibbs 采样算法流程

利用 LDA 的 Gibbs 采样算法进行文本主题模型的挖掘，是分为训练和测试两个阶段的。首先总结一下 LDA 的 Gibbs 采样算法的训练流程：

（1）选择合适的主题数 K，选择合适的超参数向量 $\boldsymbol{\alpha}$ 和 $\boldsymbol{\beta}$。

（2）对应语料库中每篇文档的每个词，随机赋予一个主题编号。

（3）重新扫描语料库，对于每个词，利用 Gibbs 采样公式更新它的主题编号，并更新语料中该词的编号。

（4）重复第（3）步的基于坐标轴轮换的 Gibbs 采样，直到 Gibbs 采样收敛。

（5）统计语料库中各个文档各个词的主题，得到文档主题分布 $\boldsymbol{\theta}_m$，统计语料库中各个主题词的分布，得到 LDA 的主题与词的分布 $\boldsymbol{\varphi}_k$。

接着再来看，当新文档出现时，LDA 的各个主题的词分布 $\boldsymbol{\varphi}_k$ 已经确定，需要得到的是该文档的主题分布。因此在 Gibbs 采样时，以 $\boldsymbol{\varphi}_k$ 为基础对前 $\boldsymbol{\theta}_m$ 进行采样计算。现在总结一下 LDA 的 Gibbs 采样算法的预测流程：

（1）对应当前文档的每一个词，随机赋予一个主题编号 z。

（2）重新扫描当前文档，对每个词，利用 Gibbs 采样公式更新它的主题编号。

（3）重复第（2）步的基于坐标轴轮换的 Gibbs 采样，直到 Gibbs 采样收敛。

（4）统计文档中各个词的主题，得到该文档主题分布。

6.4.4 LDA 模型的变分推断 EM 算法

首先看 LDA 的概率图模型，它是一个贝叶斯网络，生成单词 $w_{m,n}$ 需要经过两条路径：$\boldsymbol{\alpha} \to \boldsymbol{\theta}_m \to z_{m,n}$ 和 $\boldsymbol{\beta} \to \boldsymbol{\varphi}_k \to w_{k,n}$。我们知道，LDA 的训练过程其实就是给文本语料库中的所有单词打上主题标签，上述第一条路径需要获取单词 $w_{m,n}$ 对应的主题编号 $z_{m,n}$，第二条路径才是生成单词 $w_{m,n}$，在整个过程中，单词 $\boldsymbol{w}$ 和模型的参数 $\boldsymbol{\alpha}$，$\boldsymbol{\beta}$ 都是可以观测到的，而模型里的隐变量 $\boldsymbol{\varphi}_k$，$\boldsymbol{\theta}_m$ 和 $\boldsymbol{z}$ 是无法直接观测到的。由于 $\boldsymbol{\varphi}_k$，$\boldsymbol{\theta}_m$ 和 $\boldsymbol{z}$ 相互耦合，不能直接用 EM 算法求解，所以需要"变分推断"来帮忙。所谓变分推断就是在隐变量存在耦合的情况下，通过变分假设，即假设所有的隐变量都是通过各自的独立分布形成的，这样就去掉了隐变量之间的耦合关系。我们用各个独立分布形成的变分分布来模拟近似隐变量的条件分布，这样就可以顺利地使用 EM 算法了。

1. LDA 的变分推断思路

要使用 EM 算法，需要求出隐变量在给定观测变量下的条件概率分布，如式（6.50）：

$$p(\boldsymbol{\theta},\boldsymbol{\varphi},\boldsymbol{z} \mid \boldsymbol{w},\boldsymbol{\alpha},\boldsymbol{\beta}) = \frac{p(\boldsymbol{\theta},\boldsymbol{\varphi},\boldsymbol{z},\boldsymbol{w} \mid \boldsymbol{\alpha},\boldsymbol{\beta})}{p(\boldsymbol{w} \mid \boldsymbol{\alpha},\boldsymbol{\beta})} \tag{6.50}$$

式（6.50）中 $\boldsymbol{w}$ 表示一篇文档，共有 N 个词，每个词都有一个唯一的主题。这个条件概率是无法直接求解的，于是引入了变分推断，其结构图如图 6-9 所示。

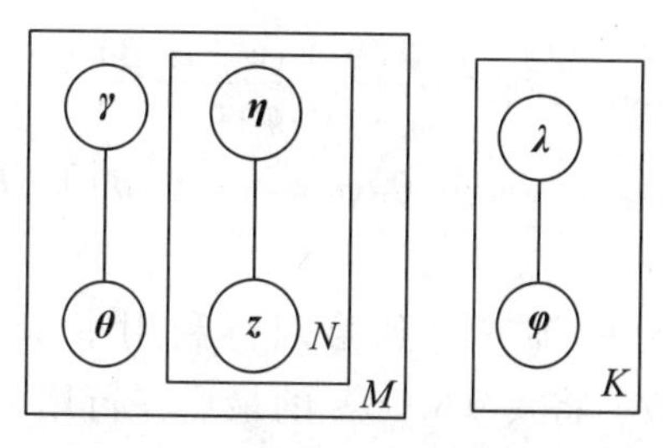

图 6-9 LDA 的变分推断结构图

变分推断是一种近似的估算方法，由于隐变量 $\boldsymbol{\theta}$ 和 $\boldsymbol{\varphi}$ 的耦合，导致无法计算，变分法引入 mean field 假设，假设所有的隐变量都是通过各自独立的分布生成的，如图 6-9 所示，$\boldsymbol{\theta}$，z 和 $\boldsymbol{\varphi}$ 分别是由独立分布 $\boldsymbol{\gamma}$，$\boldsymbol{\eta}$ 和 $\boldsymbol{\lambda}$ 生成的。如此一来去掉了变量之间的耦合关系，就得到了变分分布 q。

$$\begin{aligned} q(\boldsymbol{\theta},z,\boldsymbol{\varphi} \mid \boldsymbol{\gamma},\boldsymbol{\eta},\boldsymbol{\lambda}) &= \prod_{k=1}^{K} q(\boldsymbol{\varphi}_k \mid \boldsymbol{\lambda}_k) \prod_{m=1}^{M} q(\boldsymbol{\theta}_m, z_m \mid \boldsymbol{\gamma}_m, \boldsymbol{\eta}_m) \\ &= \prod_{k=1}^{K} q(\boldsymbol{\varphi}_k \mid \boldsymbol{\lambda}_k) \prod_{m=1}^{M} q(\boldsymbol{\theta}_m \mid \boldsymbol{\gamma}_m) \prod_{n=1}^{N} q(z_{m,n} \mid \eta_{m,n}) \end{aligned} \tag{6.51}$$

式中，$\boldsymbol{\gamma}$，$\boldsymbol{\eta}$ 和 $\boldsymbol{\lambda}$ 都为变分参数，我们就是要用变分分布 $q(\boldsymbol{\theta},z,\boldsymbol{\varphi} \mid \boldsymbol{\gamma},\boldsymbol{\eta},\boldsymbol{\lambda})$ 来近似真实的后验概率分布 $p(\boldsymbol{\theta},\boldsymbol{\varphi},z \mid \boldsymbol{w},\boldsymbol{\alpha},\boldsymbol{\beta})$，因此最优化目标是最小化这两个分布之间的 KL 散度。

$$(\boldsymbol{\gamma}^*,\boldsymbol{\lambda}^*,\boldsymbol{\eta}^*) = \underset{(\boldsymbol{\gamma},\boldsymbol{\lambda},\boldsymbol{\eta})}{\operatorname{argmin}} D(q(\boldsymbol{\theta},\boldsymbol{\varphi},z \mid \boldsymbol{\gamma},\boldsymbol{\lambda},\boldsymbol{\eta}) \parallel p(\boldsymbol{\theta},\boldsymbol{\varphi},z \mid \boldsymbol{w},\boldsymbol{\alpha},\boldsymbol{\beta})) \tag{6.52}$$

KL 散度即相对熵，又称为 KL 距离，常用来衡量两个概率分布之间的距离。假设原有概率分布 p 非常复杂，可以用一个简单的概率分布 q 去近似 p，则 $D_{\mathrm{KL}}(p \parallel q)$ 表示用概率分布 q 来模拟概率分布 p 时产生的信息损耗，其表达式为

$$D_{\mathrm{KL}}(p \parallel q) = \sum_x p(x) \ln \frac{p(x)}{q(x)} = \sum_x p(x)[\ln p(x) - \ln q(x)] \tag{6.53}$$

其实就是函数 $\ln p(x) - \ln q(x)$ 关于原始概率分布 $p(x)$ 的期望，即

$$D_{\mathrm{KL}}(p \parallel q) = E_{p(x)}[\ln p(x) - \ln q(x)] \tag{6.54}$$

很显然，KL 散度的值越小，信息损耗就越小，q 和 p 就越接近。

$$\begin{aligned} & D(q(\boldsymbol{\theta},\boldsymbol{\varphi},z \mid \boldsymbol{\gamma},\boldsymbol{\lambda},\boldsymbol{\eta}) \parallel p(\boldsymbol{\theta},\boldsymbol{\varphi},z \mid \boldsymbol{w},\boldsymbol{\alpha},\boldsymbol{\beta})) \\ & = E_q[\log q(\boldsymbol{\theta},\boldsymbol{\varphi},z \mid \boldsymbol{\gamma},\boldsymbol{\lambda},\boldsymbol{\eta}) - \log p(\boldsymbol{\theta},\boldsymbol{\varphi},z \mid \boldsymbol{w},\boldsymbol{\alpha},\boldsymbol{\beta})] \\ & = E_q[\log q(\boldsymbol{\theta},\boldsymbol{\varphi},z \mid \boldsymbol{\gamma},\boldsymbol{\lambda},\boldsymbol{\eta})] - E_q\left[\log \frac{p(\boldsymbol{\theta},\boldsymbol{\varphi},z,\boldsymbol{w} \mid \boldsymbol{\alpha},\boldsymbol{\beta})}{p(\boldsymbol{w} \mid \boldsymbol{\alpha},\boldsymbol{\beta})}\right] \end{aligned} \tag{6.55}$$

式（6.55）用到了生成文档的对数似然函数 $\log p(\boldsymbol{w} \mid \boldsymbol{\alpha},\boldsymbol{\beta})$ 计算该函数：

$$\begin{aligned} \log p(\boldsymbol{w} \mid \boldsymbol{\alpha},\boldsymbol{\beta}) &= \log \int_{\boldsymbol{\varphi}}\int_{\boldsymbol{\theta}} \sum_z p(\boldsymbol{\theta},\boldsymbol{\varphi},z,\boldsymbol{w} \mid \boldsymbol{\alpha},\boldsymbol{\beta})\, \mathrm{d}_{\boldsymbol{\theta}}\, \mathrm{d}_{\boldsymbol{\varphi}} \\ &= \log \int_{\boldsymbol{\varphi}}\int_{\boldsymbol{\theta}} \sum_z \frac{p(\boldsymbol{\theta},\boldsymbol{\varphi},z,\boldsymbol{w} \mid \boldsymbol{\alpha},\boldsymbol{\beta}) q(\boldsymbol{\theta},\boldsymbol{\varphi},z)}{q(\boldsymbol{\theta},\boldsymbol{\varphi},z)}\, \mathrm{d}_{\boldsymbol{\theta}}\, \mathrm{d}_{\boldsymbol{\varphi}} \\ &= \log E_{q(\boldsymbol{\theta},\boldsymbol{\varphi},z)}\left[\frac{p(\boldsymbol{\theta},\boldsymbol{\varphi},z,\boldsymbol{w} \mid \boldsymbol{\alpha},\boldsymbol{\beta})}{q(\boldsymbol{\theta},\boldsymbol{\varphi},z)}\right] \end{aligned}$$

$$\geqslant E_{q(\boldsymbol{\theta},\boldsymbol{\varphi},z)}[\log \frac{p(\boldsymbol{\theta},\boldsymbol{\varphi},z,w \mid \boldsymbol{\alpha},\boldsymbol{\beta})}{q(\boldsymbol{\theta},\boldsymbol{\varphi},z)}$$
$$= E_{q(\boldsymbol{\theta},\boldsymbol{\varphi},z)}[\log p(\boldsymbol{\theta},\boldsymbol{\varphi},z,w \mid \boldsymbol{\alpha},\boldsymbol{\beta})] - E_{q(\boldsymbol{\theta},\boldsymbol{\varphi},z)}[\log q(\boldsymbol{\theta},\boldsymbol{\varphi},z)] \tag{6.56}$$

式（6.56）中推导过程的第三行到第四行利用了 Jensen 不等式：$f(E[x]) \leqslant E[f(x)]$，$f(x)$ 为凸函数。将式（6.56）的最后一行用 $L(\boldsymbol{\gamma},\boldsymbol{\lambda},\boldsymbol{\eta};\boldsymbol{\alpha},\boldsymbol{\beta})$ 表示，那么将 $L(\boldsymbol{\gamma},\boldsymbol{\lambda},\boldsymbol{\eta};\boldsymbol{\alpha},\boldsymbol{\beta})$ 与 $D(q(\boldsymbol{\theta},\boldsymbol{\varphi},z \mid \boldsymbol{\gamma},\boldsymbol{\lambda},\boldsymbol{\eta}) \parallel p(\boldsymbol{\theta},\boldsymbol{\varphi},z \mid \boldsymbol{w},\boldsymbol{\alpha},\boldsymbol{\beta}))$ 进行相加可得到下面的公式：

$$\log p(\boldsymbol{w} \mid \boldsymbol{\alpha},\boldsymbol{\beta}) = L(\boldsymbol{\gamma},\boldsymbol{\lambda},\boldsymbol{\eta};\boldsymbol{\alpha},\boldsymbol{\beta}) + D(q(\boldsymbol{\theta},\boldsymbol{\varphi},z \mid \boldsymbol{\gamma},\boldsymbol{\lambda},\boldsymbol{\eta}) \parallel p(\boldsymbol{\theta},\boldsymbol{\varphi},z \mid \boldsymbol{w},\boldsymbol{\alpha},\boldsymbol{\beta})) \tag{6.57}$$

由于式（6.57）左边的对数似然函数与变分参数无关，因此式（6.57）的最优化问题就等价于极大化对数似然函数的下界 $L(\boldsymbol{\gamma},\boldsymbol{\lambda},\boldsymbol{\eta};\boldsymbol{\alpha},\boldsymbol{\beta})$。这个 $L(\boldsymbol{\gamma},\boldsymbol{\lambda},\boldsymbol{\eta};\boldsymbol{\alpha},\boldsymbol{\beta})$ 通常被称为 Evidence Lower Bound（ELBO）即下界。现在展开 $L(\boldsymbol{\gamma},\boldsymbol{\lambda},\boldsymbol{\eta};\boldsymbol{\alpha},\boldsymbol{\beta})$：

$$\begin{aligned} L(\boldsymbol{\gamma},\boldsymbol{\lambda},\boldsymbol{\eta};\boldsymbol{\alpha},\boldsymbol{\beta}) = {} & E_q[\log p(\boldsymbol{\varphi} \mid \boldsymbol{\beta})] + E_q[\log p(\boldsymbol{\theta} \mid \boldsymbol{\alpha})] + E_q[\log p(\boldsymbol{z} \mid \boldsymbol{\theta})] + \\ & E_q[\log p(\boldsymbol{w} \mid \boldsymbol{z},\boldsymbol{\varphi})] - E_q[\log q(\boldsymbol{\theta} \mid \boldsymbol{\gamma})] - E_q[\log q(\boldsymbol{\varphi} \mid \boldsymbol{\lambda})] - \\ & E_q[\log q(\boldsymbol{z} \mid \boldsymbol{\eta})] \end{aligned} \tag{6.58}$$

先看式（6.58）等号右边的第一项：

$$\begin{aligned} E_q[\log p(\boldsymbol{\varphi} \mid \boldsymbol{\beta})] = {} & K \cdot \log \Gamma(\sum_{t=1}^{V} \beta_t) - K \cdot \sum_{t=1}^{V} \log \Gamma(\beta_t) + \\ & \sum_{k=1}^{K} E_q[\sum_{t=1}^{V} (\beta_t - 1) \log \sum_{t=1}^{V} \varphi_{k,t}] \end{aligned} \tag{6.59}$$

式中，最后一项期望的求解需要用到指数分布族的性质，$\log \Gamma$ 函数的导数为 Ψ，而 Ψ 为 Digamma 函数，于是得到

$$\begin{aligned} E_q[\sum_{t=1}^{V} (\beta_t - 1) \log \sum_{t=1}^{V} \varphi_{k,t}] &= \sum_{t=1}^{V} (\beta_t - 1) E_{q(\varphi_k \mid \lambda_k)}[\log \varphi_{k,t}] \\ &= \sum_{t=1}^{V} (\beta_t - 1)(\Psi(\lambda_{k,t}) - \Psi(\sum_{t'=1}^{V} \lambda_{k,t'})) \end{aligned} \tag{6.60}$$

式（6.58）等号右边除第一项的每一项：

$$E_q[\log p(\boldsymbol{\theta} \mid \boldsymbol{\alpha})] = \log \Gamma(\sum_{k=1}^{K} \alpha_k) - \sum_{k=1}^{K} \log \Gamma(\alpha_k) + \sum_{k=1}^{K} (\alpha_k - 1)(\Psi(\gamma_k) - \Psi(\sum_{k'=1}^{K} \gamma_{k'})) \tag{6.61}$$

$$\begin{aligned} E_q[\log p(\boldsymbol{z} \mid \boldsymbol{\theta})] &= \sum_{n=1}^{N} \sum_{k=1}^{K} E_q[\log (\boldsymbol{\theta}_k)^{z_n^k}] \\ &= \sum_{n=1}^{N} \sum_{k=1}^{K} E_{q(\boldsymbol{z} \mid \boldsymbol{\eta})}[z_n^k] \cdot E_{q(\boldsymbol{\theta} \mid \boldsymbol{\gamma})}[\log \boldsymbol{\theta}_k] \\ &= \sum_{n=1}^{N} \sum_{k=1}^{K} \eta_{n,k} (\Psi(\gamma_k)) - \Psi(\sum_{k'=1}^{K} \gamma_{k'}) \end{aligned} \tag{6.62}$$

$$E_q[\log p(\boldsymbol{w} \mid \boldsymbol{z},\boldsymbol{\varphi})] = \sum_{n=1}^{N} E_q[\log p(\boldsymbol{w}_n \mid \boldsymbol{z}_n,\boldsymbol{\varphi})]$$

$$= \sum_{n=1}^{N}\sum_{k=1}^{K}\sum_{t=1}^{V} E_q[\log(\varphi_{k,t})^{z_n^k w_n^t}]$$

$$= \sum_{n=1}^{N}\sum_{k=1}^{K}\sum_{t=1}^{V} \eta_{n,k}\, w_n^t(\Psi(\lambda_{k,t}) - \Psi(\sum_{t'=1}^{V}\lambda_{k,t'})) \quad (6.63)$$

$$E_q[\log q(\boldsymbol{\theta} \mid \boldsymbol{\gamma})] = \log\ \Gamma(\sum_{k=1}^{K}\gamma_k) - \sum_{k=1}^{K}\log\ \Gamma(\gamma_k) + \sum_{k=1}^{K}(\gamma_k - 1)(\Psi(\gamma_k) - \Psi(\sum_{k'=1}^{K}\gamma_{k'})) \quad (6.64)$$

$$E_q[\log q(\boldsymbol{\varphi} \mid \boldsymbol{\lambda})] = \sum_{k=1}^{K} E_q\left[\log\left(\frac{\Gamma(\sum_{t=1}^{V}\lambda_{k,t})}{\prod_{t=1}^{V}\Gamma(\lambda_{k,t})}\prod_{t=1}^{V}\varphi_{k,t}^{\lambda_{k,t}-1}\right)\right]$$

$$= \sum_{k=1}^{K}(\log\ \Gamma(\sum_{t=1}^{V}\lambda_{k,t}) - \sum_{t=1}^{V}\log\ \Gamma(\lambda_{k,t})) +$$

$$\sum_{k=1}^{K}\sum_{t=1}^{V}(\lambda_{k,t} - 1)(\Psi(\lambda_{k,t}) - \Psi(\sum_{t'=1}^{V}\lambda_{k,t'})) \quad (6.65)$$

$$E_q[\log q(\boldsymbol{z} \mid \boldsymbol{\eta})] = \sum_{n=1}^{N}\sum_{k=1}^{K} E_q[\log(\eta_{n,k})^{z_n^k}]$$

$$= \sum_{n=1}^{N}\sum_{k=1}^{K}\eta_{n,k}\log\ \eta_{n,k} \quad (6.66)$$

得到了似然下界 $L(\boldsymbol{\gamma},\boldsymbol{\lambda},\boldsymbol{\eta};\boldsymbol{\alpha},\boldsymbol{\beta})$ 后，目标是极大化这个下界得到真实后验概率分布的近似分布 q，也就是 EM 算法的 E 步；然后固定变分参数，极大化关于模型参数的下界，也就是 EM 算法的 M 步。下面就分步来进行计算。

2. EM 算法之 E 步

省略不包含 $\boldsymbol{\eta}$ 的项，构造关于 $\boldsymbol{\eta}$ 的拉格朗日函数：

$$L_{\boldsymbol{\eta}} = \sum_{n=1}^{N}\sum_{k=1}^{K}\eta_{n,k}(\Psi(\gamma_k) - \Psi(\sum_{k'=1}^{K}\gamma_{k'})) + \sum_{n=1}^{N}\sum_{k=1}^{K}\sum_{t=1}^{V}\eta_{n,k}\, w_n^t(\Psi(\lambda_{k,t}) - \Psi(\sum_{t'=1}^{V}\lambda_{k,t'})) -$$

$$\sum_{n=1}^{N}\sum_{k=1}^{K}\eta_{n,k}\log\ \eta_{n,k} + \sum_{n=1}^{N}v_n(\sum_{k=1}^{K}\eta_{n,k} - 1) \quad (6.67)$$

对 $\boldsymbol{\eta}$ 求偏导，得到

$$\frac{\partial L}{\partial \eta_{n,k}} = \sum_{t=1}^{V} w_n^t(\Psi(\gamma_{k,t}) - \Psi(\sum_{t'=1}^{V}\gamma_{k,t'})) - \log\ \eta_{n,k} - 1 + v_n + \Psi(\gamma_k) - \Psi(\sum_{k'=1}^{K}\gamma_{k'}) \quad (6.68)$$

令上述导数为 0，得到

$$\eta_{n,k} \propto \exp(\sum_{t=1}^{V} w_n^t(\Psi(\gamma_{k,t}) - \Psi(\sum_{t'=1}^{V}\gamma_{k,t'})) + \Psi(\gamma_k) - \Psi(\sum_{k'=1}^{K}\gamma_{k'})) \quad (6.69)$$

省略不包含 $\boldsymbol{\gamma}$ 的项，构造关于 $\boldsymbol{\gamma}$ 的拉格朗日函数：

$$L_{\boldsymbol{\gamma}} = \sum_{n=1}^{N}\sum_{k=1}^{K}\eta_{n,k}(\Psi(\gamma_k) - \Psi(\sum_{k'=1}^{K}\gamma_{k'})) + \sum_{k=1}^{K}(\alpha_k - 1)(\Psi(\gamma_k) - \Psi(\sum_{k'=1}^{K}\gamma_{k'})) -$$

$$\log\ \Gamma(\sum_{k=1}^{K}\gamma_k) + \sum_{k=1}^{K}\log\ \Gamma(\gamma_k) - \sum_{k=1}^{K}(\gamma_k - 1)(\Psi(\gamma_k) - \Psi(\sum_{k'=1}^{K}\gamma_{k'}))$$

$$= \sum_{k=1}^{K}(\Psi(\gamma_k) - \Psi(\sum_{k'=1}^{K}\gamma_{k'}))(\sum_{n=1}^{N}\eta_{n,k} + \alpha_k - \gamma_k) - \log\Gamma(\sum_{k=1}^{K}\gamma_k) + \sum_{k=1}^{K}\log\Gamma(\gamma_k) \tag{6.70}$$

对 $\boldsymbol{\gamma}$ 求偏导，并令其为 0，得到

$$\frac{\partial L}{\partial \gamma_k} = (\Psi(\gamma_k) - \Psi(\sum_{k'=1}^{K}\gamma_{k'}))(\sum_{n=1}^{N}\eta_{n,k} + \alpha_k - \gamma_k) \tag{6.71}$$

$$\gamma_k = \alpha_k + \sum_{n=1}^{N}\eta_{n,k} \tag{6.72}$$

省略不包含 $\boldsymbol{\lambda}$ 的项，构造关于 $\boldsymbol{\lambda}$ 的拉格朗日函数：

$$L_{\boldsymbol{\lambda}} = \sum_{k=1}^{K}\sum_{t=1}^{V}(\beta_t - 1)(\Psi(\lambda_{k,t}) - \Psi(\sum_{t'=1}^{V}\lambda_{k,t'})) + \sum_{n=1}^{N}\sum_{k=1}^{K}\sum_{t=1}^{V}\eta_{n,k}w_n^t(\Psi(\lambda_{k,t}) - \Psi(\sum_{t'=1}^{V}\lambda_{k,t'})) - \sum_{k=1}^{K}(\log\Gamma(\sum_{t=1}^{V}\lambda_{k,t}) - \sum_{t=1}^{V}\log\Gamma(\lambda_{k,t})) - \sum_{k=1}^{K}\sum_{t=1}^{V}(\lambda_{k,t} - 1)(\Psi(\lambda_{k,t}) - \Psi(\sum_{t'=1}^{V}\lambda_{k,t'})) \tag{6.73}$$

对 $\boldsymbol{\lambda}$ 求偏导，并令其为 0，得到

$$\frac{\partial L}{\partial \lambda_{k,t}} = (\Psi'(\gamma_{k,t}) - \Psi'(\sum_{t'=1}^{V}\gamma_{k,t'}))(\beta_t + \sum_{n=1}^{N}\eta_{n,k}w_n^t - \lambda_{k,t}) \tag{6.74}$$

$$\lambda_{k,t} = \beta_t + \sum_{n=1}^{N}\eta_{n,k}w_n^t \tag{6.75}$$

但是参数 $\boldsymbol{\lambda}$ 决定了 $\boldsymbol{\varphi}$ 分布，对于整个训练语料来说，$\boldsymbol{\varphi}$ 是共有的，因此参数 $\boldsymbol{\lambda}$ 实际应该按照如下公式更新：

$$\lambda_{k,t} = \beta_t + \sum_{m=1}^{M}\sum_{n=1}^{N_m}\eta_{m,n,k}w_{m,n}^t \tag{6.76}$$

3. EM 算法之 M 步

现在该固定变分参数，极大化 ELBO 得到最优的模型参数 $\boldsymbol{\alpha}$ 和 $\boldsymbol{\beta}$。求解最优模型参数的方法有梯度下降法、牛顿法等，这里采用的是牛顿法，即通过求解 ELBO 关于 $\boldsymbol{\alpha}$ 和 $\boldsymbol{\beta}$ 的一阶导数和二阶导数，迭代求解最优解。

从下界 $L(\boldsymbol{\gamma},\boldsymbol{\lambda},\boldsymbol{\eta};\boldsymbol{\alpha},\boldsymbol{\beta})$ 中提取出仅含 $\boldsymbol{\alpha}$ 的项得到式（6.77），需要特别注意的是，这里是基于 M 篇文档的。

$$L_{\boldsymbol{\alpha}} = \sum_{m=1}^{M}(\log\Gamma(\sum_{k=1}^{K}\alpha_k) - \sum_{k=1}^{K}\log\Gamma(\alpha_k)) + \sum_{m=1}^{M}\sum_{k=1}^{K}(\alpha_k - 1)(\Psi(\gamma_k) - \Psi(\sum_{k'=1}^{K}\gamma_{k'})) \tag{6.77}$$

对于 $\boldsymbol{\alpha}$，它的一阶导数和二阶导数为

$$\nabla_{\alpha_k}L = \frac{\partial L}{\partial \alpha_k} = M(\Psi(\sum_{k'=1}^{K}\alpha_{k'}) - \Psi(\alpha_k)) + \sum_{m=1}^{M}(\Psi'(\gamma_{m,k}) - \Psi'(\sum_{k'=1}^{K}\gamma_{m,k'})) \tag{6.78}$$

$$\nabla_{\alpha_k\alpha_j}L = \frac{\partial^2 L}{\partial \alpha_k \partial \alpha_j} = M(\Psi'(\sum_{k'=1}^{K}\alpha_{k'}) - \delta(k,j)\Psi'(\alpha_k)) \tag{6.79}$$

式中，$\delta(k,j)$ 为指示函数，当且仅当 $k=j$ 时，$\delta(k,j)=1$，否则 $\delta(k,j)=0$。

从下界 $L(\boldsymbol{\gamma},\boldsymbol{\lambda},\boldsymbol{\eta};\boldsymbol{\alpha},\boldsymbol{\beta})$ 中提取出仅包含 $\boldsymbol{\beta}$ 的项：

$$L_{\boldsymbol{\beta}}=K\cdot\log\Gamma(\sum_{t=1}^{V}\beta_t)-K\cdot\sum_{t=1}^{V}\log\Gamma(\beta_t)+\sum_{k=1}^{K}\sum_{t=1}^{V}(\beta_t-1)(\Psi(\lambda_{k,t})-\Psi(\sum_{t'=1}^{V}\lambda_{k,t'}))\tag{6.80}$$

对于$\boldsymbol{\beta}$，它的一阶导数和二阶导数为

$$\nabla_{\beta_t}L=\frac{\partial L_{\boldsymbol{\beta}}}{\partial\beta_t}=K(\Psi(\sum_{t'=1}^{V}\beta_{t'})-\Psi(\beta_t))+\sum_{k=1}^{K}(\Psi'(\lambda_{k,t})-\Psi'(\sum_{t'=1}^{V}\lambda_{k,t'}))\tag{6.81}$$

$$\nabla_{\beta_t\beta_j}L=\frac{\partial^2 L_{\boldsymbol{\beta}}}{\partial\beta_t\,\partial\beta_j}=K(\Psi'(\sum_{t'=1}^{V}\beta_{t'})-\delta(i,j)\,\Psi'(\beta_t))\tag{6.82}$$

最终的牛顿迭代公式为

$$\alpha_k=\alpha_k+\frac{\nabla_{\alpha_k}L}{\nabla_{\alpha_k\alpha_j}}\tag{6.83}$$

$$\beta_t=\beta_t+\frac{\nabla_{\beta_t}L}{\nabla_{\beta_t\beta_j}}\tag{6.84}$$

4. LDA 变分推断 EM 算法总结

LDA 变分推断 EM 算法的具体步骤如图 6－10 所示。

输入：M 个文档数据集与对应的词数 N_m，主题个数 K
输出：模型参数 $\boldsymbol{\alpha}$ 和 $\boldsymbol{\beta}$，近似的文档主题的分布 $\boldsymbol{\gamma}$ 和主题词分布 $\boldsymbol{\lambda}$
1. 初始化模型参数 $\boldsymbol{\alpha}$ 和 $\boldsymbol{\beta}$；
2. Repeat
3. (a) 初始化 $\boldsymbol{\lambda}$、$\boldsymbol{\eta}$ 和 $\boldsymbol{\gamma}$，进行 E 步迭代循环，直到 $\boldsymbol{\lambda}$、$\boldsymbol{\eta}$ 和 $\boldsymbol{\gamma}$ 收敛
4. (i) for $m=1$ 至 M
5. for $n=1$ 至 N_m
6. for $k=1$ 至 K
7. 利用公式（6.69）更新 $\eta_{n,k}$
8. end
9. 标准化 $\eta_{n,k}$，使该向量各项和为 1
10. end
11. 利用公式（6.72）更新 $\gamma_{m,k}$
12. end
13. for $k=1$ 至 K
14. for $t=1$ 至 V
15. 利用公式（6.76）更新 $\lambda_{k,t}$
16. end
17. end
18. 如果 $\boldsymbol{\lambda}$、$\boldsymbol{\eta}$ 和 $\boldsymbol{\gamma}$ 均收敛，则跳出（a），否则回到步骤（i）
19. (b) 进行 LDA 的 M 步迭代循环，直到 $\boldsymbol{\alpha}$ 和 $\boldsymbol{\beta}$ 收敛
20. 利用公式（6.83）（6.84）更新参数 $\boldsymbol{\alpha}$ 和 $\boldsymbol{\beta}$
21. Until 收敛

图 6－10　LDA 变分推断 EM 算法的具体步骤

6.4.5 LDA 与 PLSA 模型的联系

从本质上来说，以 PLSA 为基础，LDA 将狄利克雷分布引入文档-主题分布和主题-词分布中，模型的学习和推断从最大似然估计转换为了贝叶斯估计[21]。

在 PLSA 中，p(主题｜文档) 和 p(词｜主题) 分布可以利用最大似然估计方法从

数据集中估计得到。在生成文本时，PLSA 首先根据 p(主题 | 文档) 分布，为每个词选择一个主题，再根据 p(词 | 主题) 分布产生一个具体的词。

在 LDA 模型中，p(主题 | 文档) 分布的参数 $\boldsymbol{\theta}_m$ 是不确定的，是根据参数 $\boldsymbol{\alpha}$ 由 Dirichlet 分布抽取出来的，它不像在 PLSA 模型中是必须学习的参数，因此参数空间不会随着文档数的增加而增加。但是，在实际应用中仍然需要计算 $\boldsymbol{\theta}_m$ 的统计量(如期望)作为对文档-主题分布的估计。同样的，p(词 | 主题) 分布参数 $\boldsymbol{\varphi}_k$ 也是事先不确定的，是根据参数 $\boldsymbol{\beta}$ 由 Dirichlet 分布抽取出来的。

综上所述，PLSA 基于最大似然对参数进行估计，而 LDA 则基于贝叶斯推断对参数后验分布进行估计。

6.4.6 使用 sklearn 库中的 LDA 模型

在 sklearn 库中，LDA 主题模型的类在 sklearn.decomposition.LatentDirichletAllocation 包中，其算法实现主要基于变分推断 EM 算法，而没有基于 Gibbs 采样的 LDA 算法。

具体到变分推断 EM 算法，scikit-learn 除了我们讲到的标准的变分推断 EM 算法，还实现了另一种在线变分推断 EM 算法，它在变分推断 EM 算法的基础上，为了避免文档内容太多太大而超过内存大小，而提供了分步训练的方法（partial _ fit 函数），即一次训练一小批样本文档，逐步更新模型，最终得到所有文档 LDA 模型。

```
sklearn.decomposition.LatentDirichletAllocation(n_components=10, *, doc_topic_prior=None,
topic_word_prior=None, learning_method='batch', learning_decay=0.7, learning_offset=10.0,
max_iter=10, batch_size=128, evaluate_every=-1, total_samples=1000000.0, perp_tol=0.1,
mean_change_tol=0.001, max_doc_update_iter=100, n_jobs=None, verbose=0, random_state
=None)
```

参数说明：

n _ components：即隐含主题数 K，需要调参。K 的大小取决于使用者对主题划分的需求，比如目标是类似区分是动物、植物还是非生物这样的粗粒度需求，那么 K 值可以取得很小，个位数即可。如果目标是类似区分不同的动物、不同的植物以及不同的非生物这样的细粒度需求，则 K 值需要取得很大，比如上千上万，此时要求训练文档数量要非常多。一般默认取值为 10。

doc _ topic _ prior：即文档主题先验 Dirichlet 分布 $\boldsymbol{\theta}$ 的参数 $\boldsymbol{\alpha}$。一般地，如果没有主题分布的先验知识，可以使用默认值 $1/K$。

topic _ word _ prior：即主题词先验 Dirichlet 分布 $\boldsymbol{\varphi}_k$ 参数 $\boldsymbol{\beta}$。一般地，如果没有主题分布的先验知识，可以使用默认值 $1/K$。

learning _ method：即 LDA 的求解算法。有'batch'和'online'两种选择。'batch'即变分推断 EM 算法，而'online'为在线变分推断 EM 算法，在'batch'的基础上引入了分步训练，将训练样本分批，逐步一批批地用样本更新主题词分布的算法。一般默认是'online'。选择了'online'，则使用者可以在训练时使用 partial _ fit 函数分布训练。不过在 scikit-learn0.20 版本中默认算法会改回到'batch'。建议样本量不大只是用来学习的话，用

'batch'比较好，这样可以少很多需要调的参数。如果样本太多太大的话，则'online'是首选。

learning _ decay：仅仅在算法使用'online'时有意义，取值最好在（0.5,1.0］的范围内，以保证'online'算法渐近收敛。主要控制'online'算法的学习率，默认值是0.7，一般不用修改这个参数。

learning _ offset：仅仅在算法使用'online'时有意义，取值要大于1。用来减小前面训练样本批次对最终模型的影响。

max _ iter：EM算法的最大迭代次数。

batch _ size：仅仅在算法使用'online'时有意义，即每次EM算法迭代时使用的文档样本的数量。

total _ samples：仅仅在算法使用'online'时有意义，即分步训练时每一批文档样本的数量。在使用partial _ fit函数时需要用到。

mean _ change _ tol：即E步更新变分参数的阈值，所有变分参数更新小于阈值则E步结束，转入M步。一般不用修改默认值。

max _ doc _ update _ iter：即E步更新变分参数的最大迭代次数，如果E步迭代次数达到阈值，则转入M步。

从上面可以看出，如果learning _ method使用'batch'算法，则需要注意的参数较少；如果使用'online'，则需要注意learning _ decay、learning _ offset、total _ samples和batch _ size等参数。无论是使用'batch'还是'online'，n _ topics(K)、doc _ topic _ prior(α)、topic _ word _ prior(β)都要注意。如果没有先验知识，则主要关注主题数K。可以说，主题数K是LDA模型最重要的超参数。

实例：

下面的文档语料作为数据语料，存放在data.txt文件中，目的是利用sklearn库中的LDA提取文档的主题。

```
酒店环境和服务都还不错，地理位置也不错
酒店经理的态度很好，会帮助解决问题
房间很整洁，尤其是床上的靠枕是我以前所住过宾馆没有的
酒店员工的服务态度很亲切
算是海口市比较好的酒店了。处于市中心，购物方便。服务态度好
准确的说，酒店的环境很漂亮，房间设施也还行，可以算4星标准
房间硬件只是准2星的吧，卫生间淋浴头在马桶上方
旧楼改建的酒店，期望不要太高
首次入住该酒店，环境雅致，服务非常不错
一直在吃，烟台苹果，味道不错，物流快
包装完好，没有烂果，就是个小，卖相不好。
吃第一个就是烂的，而且是烂透了的
好吃真心的好吃赞了，快递特快，继续关注，会回购的
多次购买新鲜爽甜，物流超快
```

特别好吃的苹果，甜甜的水分还足而且还很脆
苹果不大，但很脆甜。检查了一下，没有烂的
买了几次了，价格实惠，口感不错，保鲜好！

步骤 1：首先对文本进行分词，并从文件导入停用词表。

```
#-*- coding: utf-8 -*-
import jieba

#分词
corpus = []
with open('./data.txt', encoding = 'UTF-8') as f:
    documents = f.read().split('\n')
    for document in documents:
        document_cut = jieba.cut(document)
        res = ' '.join(document_cut)
        corpus.append(res)
#从文件导入停用词表
stpwrd_f = open("中文停用词表.txt", encoding = 'UTF-8', errors = 'ignore')
stpwrd_content = stpwrd_f.read()
#将停用词表转换为 list
stpwrdlst = stpwrd_content.splitlines()
stpwrd_f.close()
```

步骤 2：接着把词转化为词频向量，由于 LDA 是基于词频统计的，因此一般不用 TF-IDF 来做文档特征。

```
#构造词频向量
from sklearn.feature_extraction.text import CountVectorizer
from sklearn.decomposition import LatentDirichletAllocation
cntVector = CountVectorizer(stop_words = stpwrdlst)
cntTf = cntVector.fit_transform(corpus)
dic = cntVector.get_feature_names()
```

步骤 3：有了这个词频向量，就可以做 LDA 模型了。选择主题数 $K=2$。

```
#LDA 主题模型
n_topics = 2
lda = LatentDirichletAllocation(n_components = n_topics, learning_offset = 5, random_state =
0)
docres = lda.fit_transform(cntTf)
```

通过 fit_transform 函数，我们就可以得到文档的主题模型分布在 docres 中。而主

题词分布则在 lda.components _ 中。将其打印出来的代码示例如下：

```
print("文档主题分布概率:\n",docres)
#提取每个 topic 中排在前 5 的关键词的索引
n_keywords = 10
topic_keywords_id = [lda.components_[t].argsort()[:-(n_keywords +1):-1] for t in range(n_topics)]
#打印输出各个 topic 的关键词
print("主题:关键词\n")
for t in range(n_topics):
    print("topic %d:" % t)
    print("    keywords: %s" % ", ".join(dic[topic_keywords_id[t][j]] for j in range(n_keywords)))
```

文档主题关键词分布如下：

```
主题:关键词
topic 0:
    keywords: 好吃, 苹果, 物流, 快递, 关注, 特快, 真心, 回购, 继续, 特别
topic 1:
    keywords: 酒店, 房间, 环境, 服务态度, 服务, 比较, 市中心, 处于, 算是, 海口市
```

从文档主题关键词分布来看，被分析的文档讨论了两方面的主题，一类是购物相关的话题，一类是酒店评价相关的话题。

6.5 小结

主题模型也是非监督的算法，目的是得到文本按照主题的概率分布。从这个方面来说，主题模型和普通的聚类算法非常类似，但又存在区别。聚类算法关注从样本特征的相似度方面将数据聚类，而主题模型是对文本中隐含主题的一种建模方法。本章主要介绍了基于矩阵分解的 LSI 和 NMF 模型及相关工具包的使用，另外，在此基础上还介绍了 PLSA 和 LDA 模型的理论知识和相关工具的使用。

7　文本数据可视化

文本数据的可视化是将文本中复杂的或者难以通过文字表达的内容和规律以图表的形式表达出来，使人们能够快速获取大数据中所蕴含的关键信息。前面章节介绍了文本数据结构化处理及分析的基本方法，本章将在此基础上对这些整合过的信息进行可视化展示，根据文本数据可视化对象的不同将其分为文本内容可视化、文本主题可视化及基于时间信息的数据可视化三类。

7.1　文本内容可视化

文本内容可视化旨在快速展示文本的大致内容，快速直观地为文本阅读者提取文本内容的重点，对进一步进行复杂文本数据的分析具有指导意义。最常用的是基于词频的可视化，其基本原理是将文本看成词汇的集合，用词频表现文本特征，然后用图表对词频进行展示。柱状图和词云（标签云）是两种常见的文本内容可视化形式。

matplotlib是基于Python的二维绘图库，其中的pyplot模块提供了可以直接调用的编程接口支持MATLAB形式的绘图框架。该模块下定义了许多图形绘制的函数，这里只介绍柱状图的使用。

7.1.1　柱状图

在matplotlib的pyplot模块下提供了bar函数来进行柱状图的绘制，调用方式如下：

```
bar(left, height, width=0.8, bottom=None, **kwargs)
```

参数说明：

left：柱状图中每个矩形左起点横坐标，取值为数值序列或者标量。

height：柱状图中每个矩形的高度，取值为数值序列或者标量。

width：柱状图中每个矩形的宽度，默认取值为0.8。

bottom：柱状图中每个矩形底边纵坐标。

其他部分参数：

color：柱状图填充颜色，取值为标量或者数组。

edgecolor：柱状图框线颜色。

linewidth：柱状图框线宽度，默认取值为 None，使用默认宽度；若取值为 0 时，则不绘制框线。

align：设置横坐标对齐方式，有两种取值｛'center'，'edge'｝。'center'指横坐标位于柱状图每个矩形底边的中间位置，'edge'指横坐标位于柱状图每个矩形底边的左侧。

orientation：设置柱状图的方向，有两种取值｛'vertical'，'horizontal'｝。

label：图例标签。

注意，color、edgecolor、linewidth 这些参数取值既可以是常数，也可以是长度为柱状图矩形个数的序列。当取值为常数时，表示所有矩形参数取值一致；当取值为序列时，可以为每个矩形设置不同的参数取值。此外，在绘图过程中，为了增强图像的可读性、美观性，经常需要进行一些细节调整，可以利用 pyplot 模块下定义的相关函数。

实例：

这里使用 6.4 节 LDA 模型实例部分的数据进行实验，先进行分词和去停用词，接着统计词频，提取词频排序前 20 的词绘制柱状图。代码示例如下：

```
import sklearn
import jieba
import matplotlib.pyplot as plt

#从文件导入停用词表
stpwrd_f = open("中文停用词表.txt", encoding = 'UTF-8', errors = 'ignore')
stpwrd_content = stpwrd_f.read()
#将停用词表转换为 list
stpwrdlst = stpwrd_content.splitlines()
stpwrd_f.close()
#读入文本数据并进行分词去停用词
texts = []
with open('./data.txt', encoding = 'UTF-8') as f:
    documents = f.read().split('\n')
    for document in documents:
        document_cut = jieba.cut(document)
        res = []
        for i in document_cut:
            if i not in stpwrdlst:
                res.append(i)
        texts.append(res)

#统计词频
corpus = {}
for item in texts:
```

```
    for i in item:
        if i in corpus:
            corpus[i] += 1
        else:
            corpus[i] = 1
#按照词频排序
d = sorted(corpus.items(), key = lambda k: k[1], reverse = True)
sort_20 = d[0:20]   # 取排序靠前的 20 个词
X = []
Y = []
for item in sort_20:
    X.append(item[0])
    Y.append(item[1])
#为了显示中文添加下面的两句
plt.rcParams['font.sans-serif'] = ['SimHei']
plt.rcParams['axes.unicode_minus'] = False
#绘制柱形图
plt.bar(X, Y, width = 0.8, color = "g", align = "center")
plt.xticks(rotation = 45)
plt.ylabel("频次")
plt.savefig('bar.jpg')
plt.show()
```

运行结果如图 7-1 所示。

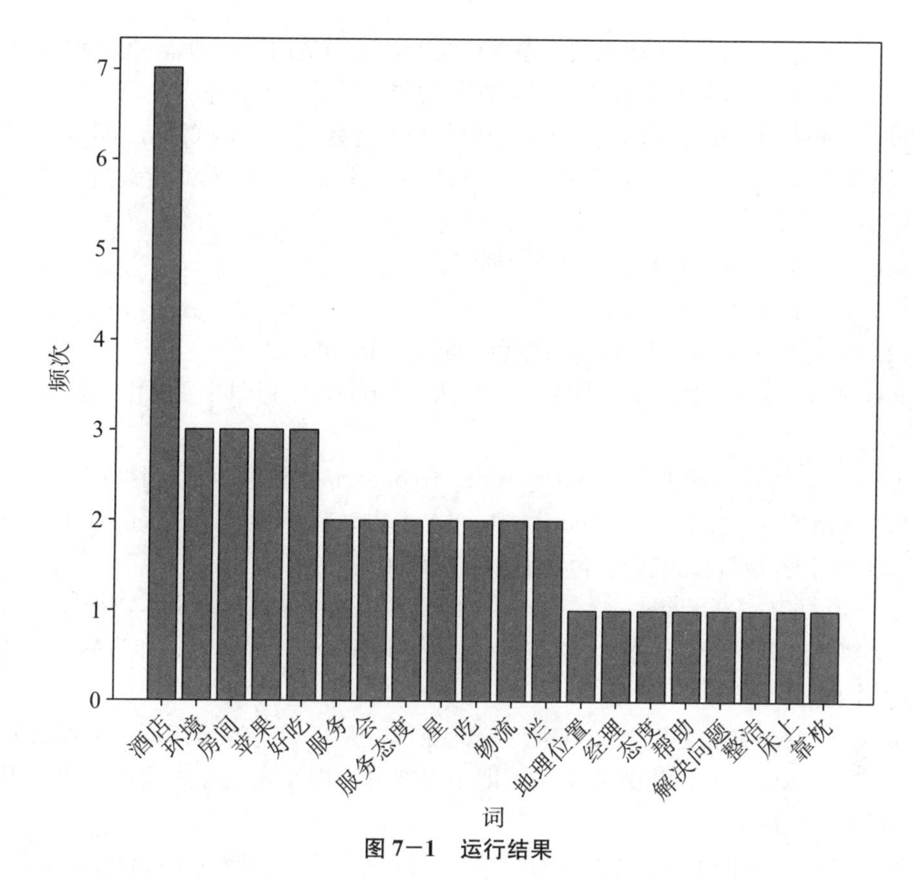

图 7-1　运行结果

7.1.2　词云图

词云图将关键词按照一定的顺序和规则排列，以文字的大小代表词语的重要性，直观、快速地展示重要文本信息。WordCloud 是较为常用的 Python 词云绘制包，利用其定义 WordCloud 类即可实现词云图的绘制。此外，还可以通过 ImageColorGenerator 类使用指定的图片定义词云图形状和颜色，当然，在使用之前必须先安装 wordcloud 这个工具包。下面将对这两个类的初始化方式及相关方法作重点介绍。

1. WordCloud 类初始化方式

wordclund 工具包中 WordCloud 类的初始化方式如下：

```
WordCloud(font_path=None, width=400, height=200, margin=5, ranks_only=False, prefer_horizontal=0.9, mask=None, max_words=200, stopwords=None, random_state=None, background_color='black', max_font_size=None)
```

参数说明：

font_path：词云图使用的字体路径。

width：画布宽度。

height：画布高度。

margin：画布边缘空白宽度。

ranks _ only：是否按照词汇的排序进行绘图，而不是词频，默认取值为 False。

prefer _ horizontal：词云图中词汇横向呈现与纵向呈现的比率。

mask：用于绘制词云图的背景图片，取值类型为数组（scipy 的 imread 函数可以将图片转换为数组形式），若指定该参数，将忽略词云图原有宽度和高度设置，而直接使用图片形状，并且不会在白的背景位置绘制词汇。

max _ words：词云图中显示的最大词汇数。

stopwords：不在词云图中显示的词汇集合。

background _ color：词云图背景颜色，默认取值为'black'。

max _ font _ size：最大的字体大小，默认为 None，使用图片高度作为限制。

主要方法：

fit _ words 方法（或者 generate _ from _ frequencies 方法）可以根据词汇词频绘制词云图。调用方式：实例. fit _ words(frequencies)，其中参数 frequencies 即为词频，取值类型为列表，列表元素为包含词汇和相应词频的元组。

generate 方法（或者 generate _ from _ text 方法）可以直接将文本数据展示为词云图，不必事先计算词频。调用方式：实例. generate(text)，参数 text 即为需要可视化展示的文本内容。

process _ text 方法可以对文本进行分词处理，并自动过滤停用词。调用方式：实例. process _ text(text)，其中参数 text 即为需要分词的文本，该方法可以直接返回分词结果以及对应的词频。

recolor 方法用于改变当前词云图的颜色。调用方式：实例. recolor(random _ state =None，color _ func=None)，其中参数 random _ state 为随机配色方案法的种子，取值类型为整数，默认取值为 None；参数 color _ func 为根据词频、字体等生成新配色的函数，若不设置，则默认使用 self. color _ func。

2. ImageColorGenerator 类初始化方式

除了在绘图过程中选择不同的配色方案种子，也可以通过 ImageColorGenerator 类根据图片生成配色方案，词云图中的文字颜色由其所在图片位置的颜色决定。调用方式：实例. ImageColorGenerator(image)，其中参数 Image 为图片的数组形式。

3. 实例

这里采用的数据是清华大学的新闻训练数据集，将类别标签去掉后存放在文件 cnews. txt 中，通过统计词频生成词云图。另外，需要注意的是 WordCloud 对中文的支持不太好，需要使用者自己设置字体，ttf 字体可以在 Windows 系统中提取。代码示例如下：

```
import wordcloud
from wordcloud import WordCloud
import matplotlib.pyplot as plt
from sklearn.feature_extraction.text import CountVectorizer
import jieba
import re

#分词并去停用词处理
def word_segmentation(text):
    stop_list = [line[:-1] for line in open("中文停用词表.txt", encoding = 'UTF-8', errors = '
ignore')]
    result = []
    for each in text:
        each = re.sub("[A-Za-z0-9 \xa0]", "", each)  #去掉句子中的英文和数字字符还有特殊字
符\ax0
        each_cut = jieba.cut(each)
        each_result = [word for word in each_cut if word not in stop_list]  #去停用词
        s = ''.join(each_result)
        result.append(s)
    return result

if __name__ == '__main__':
    with open('cnews.txt', encoding = 'UTF-8', errors = 'ignore') as f:
        datas = f.read().split('/n')
    seg_result = word_segmentation(datas)
    font = r'C:\Windows\Fonts\simfang.ttf'
    wc = WordCloud(collocations = False, font_path = font, width = 1400, height = 1400, margin
= 2, background_color = 'white')
    wc.generate(str(seg_result))
    plt.imshow(wc)  #在坐标轴上显示图像
    plt.axis("off")  #去除图像坐标轴
    plt.show()  #显示词云图
```

运行结果如图 7-2 所示。

图 7－2　运行结果

通过 ImageColorGenerator 类根据图片生成配色方案，下面的代码将用于生成配色方案和形状的图片命名为 mask. jpg，运行结果是一个红色心形的图片，如图 7－3 所示。

```
import wordcloud
from wordcloud import WordCloud
import matplotlib.pyplot as plt
from sklearn.feature_extraction.text import CountVectorizer
import jieba
from imageio import imread

if __name__ == '__main__':
    with open('cnews.txt', encoding='UTF-8', errors='ignore') as f:
        datas = f.read().split('/n')
    #使用 imread 函数将图片转换为数组形式
    mask = imread("mask.jpg")
    #将图片设置为词云图背景图片
    font = r'C:\Windows\Fonts\simfang.ttf'
    wc = WordCloud(background_color="white", mask=mask, font_path=font)
    image_colors = wordcloud.ImageColorGenerator(mask)
    seg_result = word_segmentation(datas)
    wc.generate(str(seg_result))
    #使用图片颜色对词云图进行调色
    plt.imshow(wc.recolor(color_func=image_colors))
    plt.imshow(wc)  #在坐标轴上显示图像
    plt.axis("off")  #去除图像坐标轴
    plt.show()  #显示词云图
```

图 7-3 运行结果

从运行结果（图 7-3）可以看出，在去停用词后，一些出现频率比较高的词汇的字号变得比较大，我们能清楚地看到有“中国”“美国”“项目”“电影”“工作”等词，如此可以猜想，该语料库的主题是关于时事政治、影视娱乐、学生教育、市场经济、游戏等相关类别的文本。

7.2 文本主题可视化

pyLDAvis 是 Python 中的一个对 LDA 模型进行交互可视化的库，它可以将建立的主题模型结果制作成一个网页交互版的结果分析工具。该库中不仅定义了由 gensim 模块来可视化通过 gensim 库构建的 LDA 模型，还定义了由 sklearn 模块来可视化通过 sklearn 库构建的 LDA 模型，利用对应模块下定义的 prepare 函数即可实现可视化。

7.2.1 可视化 gensim 库构建 LDA 模型

pyLDAvis 库中提供了可视化 gensim 库中的 LDA 模型，其调用方式如下：

```
pyLDAvis.gensim.prepare(topic_model, corpus, dictionary, doc_topic_dist=None)
```

参数说明：

topic_model：训练得到的 LDA 模型对象。

corpus：用于训练主题模型的语料。

dictionary：用于构建词袋模型的字典，即 gensim Dictionary 对象。

doc_topic_dist：可选参数，用于传入 LDA 模型的文档主题分布，默认取值为 None。当需要多次调用 prepare 函数时，可以传入该参数。

实例：

本例利用 6.4 节 LDA 模型实例中的数据 data.txt，通过 gensim 库来提取主题模型，并进行可视化。代码示例如下：

```
import gensim
import jieba
import pyLDAvis
import pyLDAvis.gensim
from gensim import corpora,models
from gensim.models.ldamodel import LdaModel

#从文件导入停用词表
stpwrd_f = open("中文停用词表.txt", encoding = 'UTF-8', errors = 'ignore')
stpwrd_content = stpwrd_f.read()
#将停用词表转换为 list
stpwrdlst = stpwrd_content.splitlines()
stpwrd_f.close()
#读入文本数据并进行分词去停用词
texts = []
with open('./data.txt', encoding = 'UTF-8') as f:
    documents = f.read().split('\n')
    for document in documents:
        document_cut = jieba.cut(document)
        res = []
        for i in document_cut:
            if i not in stpwrdlst:
                res.append(i)
        texts.append(res)

#构建词典
dictionary = corpora.Dictionary(texts)
#得到词汇词频
corpus = [dictionary.doc2bow(text) for text in texts]
#构建 TF-IDF 矩阵
tfidf_model = models.TfidfModel(corpus)
corpus_tfidf = tfidf_model[corpus]
#构建 LDA 模型
lda = LdaModel(corpus = corpus_tfidf, id2word = dictionary, num_topics = 3)
#输出各个主题的词汇分布
print(lda.show_topics(2))

#可视化主题模型
vis_data = pyLDAvis.gensim.prepare(lda, corpus, dictionary)
#pyLDAvis.display(vis_data)    #在 notebook 的输出单元中显示
pyLDAvis.show(vis_data)    #在浏览器中打开界面
```

运行结果如图 7－4 所示。

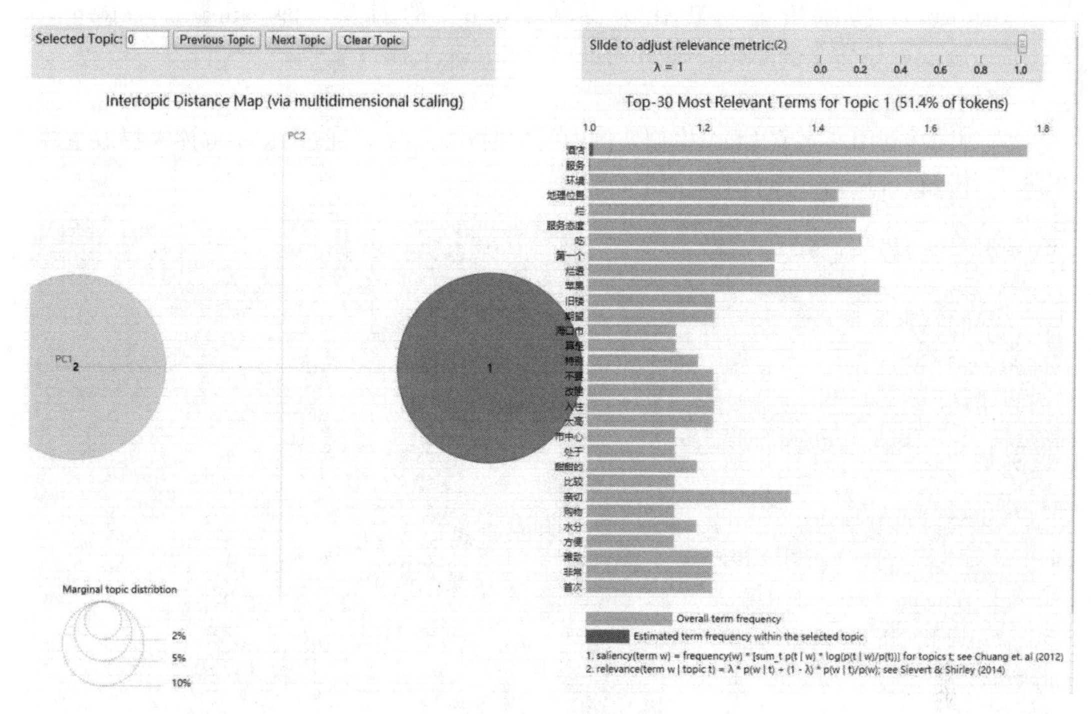

图 7－4 运行结果

这里需要注意的是，若使用者在 notebook 中显示可视化结果，需要调用 display 方法，或者执行 pyLDAvis. enable _ notebook()命令，如此可在 notebook 中自动展示可视化结果。若是在浏览器中显示可视化结果，则应使用 pyLDAvis. show()方法。另外，还要特别注意的是，gensim 工具包要求输入的文本分词后的格式与 sklearn 中的是不一样的，gensim 要求输入的是列表的形式，而不是一个字符串格式。

我们可以看到，图 7－4 给出了包括所有主题在内的全局视图，输出结果分为左右两部分：左侧为“主题距离地图”，展示各个主题之间的差异，图中带有数字编号的圆形即代表各个主题，圆形的面积与该主题出现的可能性成正比，并且按照面积大小自动进行编号；右侧为各个主题前 30 个最相关的词汇，对各个主题进行解释说明，以水平柱状图的形式展示，蓝色表示整体词频，红色表示主题词频，当将鼠标光标移至某个主题圆形上方时，右侧将会显示该主题对应的词汇，也可以在左上角“Selected Topic”输入框中输入主题编号得到同样的效果。

7.2.2 可视化 sklearn 库构建 LDA 模型

pyLDAvis 库中提供了可视化 sklearn 库中的 LDA 模型，其调用方式如下：

```
pyLDAvis. sklearn. prepare(lda _ model, dtm, vectorizer, doc _ topic _ dist=None)
```

参数说明：

lda _ model：利用参数“dtm”构建的 LDA 模型。

dtm：用于构建 LDA 模型的矩阵，可以是 dtm 矩阵，也可是 tf-idf 矩阵。

vectorizer：将原始语料转化为参数“dtm”的对象，即 sklearn. feature _ extraction. text 下定义的 CountVectorizer 或 TfIdfVectorizer 实例。

实例：

本例同样利用 6.4 节 LDA 模型实例中的数据 data. txt，通过 sklearn 库来提取主题模型，并进行可视化。代码示例如下：

```
import sklearn
import jieba
import pyLDAvis
import pyLDAvis.sklearn
from sklearn.feature_extraction.text import CountVectorizer
from sklearn.decomposition import LatentDirichletAllocation

#从文件导入停用词表
stpwrd_f = open("中文停用词表.txt", encoding = 'UTF-8', errors = 'ignore')
stpwrd_content = stpwrd_f.read()
#将停用词表转换为 list
stpwrdlst = stpwrd_content.splitlines()
stpwrd_f.close()
#读入文本数据并进行分词去停用词
texts = []
with open('./data.txt', encoding = 'UTF-8') as f:
    documents = f.read().split('\n')
    for document in documents:
        document_cut = jieba.cut(document)
        res = ' '.join(document_cut)
        texts.append(res)

cntVector = CountVectorizer(stop_words = stpwrdlst)
texts_dtm = cntVector.fit_transform(texts)
dic = cntVector.get_feature_names()
#LDA 主题模型
n_topics = 2
lda = LatentDirichletAllocation(n_components = n_topics, learning_offset = 5, random_state =
0)
docres = lda.fit_transform(texts_dtm)

#可视化主题模型
vis_data = pyLDAvis.sklearn.prepare(lda, texts_dtm, cntVector)
```

```
#pyLDAvis.display(vis_data)  #在 notebook 的输出单元中显示
pyLDAvis.show(vis_data)  #在浏览器中打开界面
```

运行结果如图 7—5 所示。

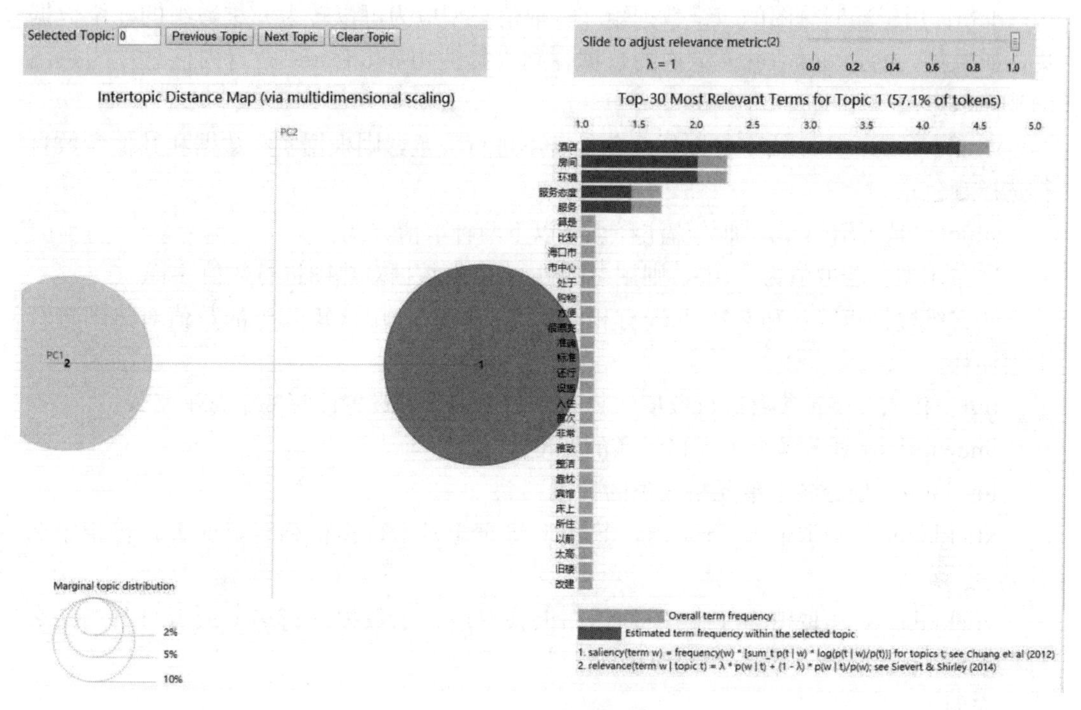

图 7—5 运行结果

从运行结果（图 7—5）可以看出，gensim 库和 sklearn 库中实现的 LDA 模型虽存在差异，但基本是一致的。

7.3 基于时间信息的数据可视化

除了单纯的文本信息外，结合其他方面的信息对文本数据进行考量可以帮助读者更加全面、深入地理解文本数据，时间信息就是不容忽视的一种。在邮件、新闻、电子商务平台顾客评论等文本信息中，几乎都会涉及相关的时间信息，结合时间信息可以了解文本内容的变化规律。近年来，基于时间信息的数据可视化受到越来越多的关注。

7.3.1 热图

热图可以用颜色变化来反映二维矩阵或表格中的数据信息，直观地将数据值的大小以定义的颜色深浅表示出来，时间是常用的维度信息。Python 的数据可视化库 seaborn 的 matrix 模块下的函数 heatmap 可以进行热图的绘制，该函数可以将二维数据矩阵对应转化为热图，调用方式如下：

```
heatmap(data, vmin=None, vmax=None, annot=None, fmt='.2g', linewidths=0, linecolor='white',
xticklabels=True, yticklabels=True)
```

参数说明：

data：用于绘制热图的二维数据矩阵，取值类型应为可以转为 n 维数组的二维数据集，如果传入的是 dataframe 结构的数据，则直接使用 dataframe 的行列信息作为热图的坐标信息。

vmin/vmax：用于锚定热图的颜色，若不进行设置，则根据实际数据和其他参数自行选择颜色。

annot：是否给热图添加数值注释，有以下两种取值方式：

①布尔型：若取值为 True，则用参数 data 中的数据对热图进行数值注释。

②二维数据矩阵：和参数 data 有相同维度的矩阵，用该矩阵中的数值对热图进行数值注释。

fmt：传入 annot 参数进行数值注释时，利用该参数设置注释的字符串格式。

linewidths：划分各个单元格线条的宽度。

linecolor：划分各个单元格线条的颜色。

xticklabels：当取值为 True 时，热图上将对应显示数据框列名，或者自行指定名称列表。

yticklabels：当取值为 True 时，热图上将对应显示数据框行名，或者自行指定名称列表。

实例：

这里采用从网上下载的“基于社交媒体的海南旅游景区评价数据集”。同 3.4 节一样，只使用“美团”网上的评论，将“美团”文件夹下的所有 excel 文件进行合并，得到“train_excel.xlsx”文件。

这里我们绘制了不同年度各个月份的评论数热图，需要先提取文件中的“commenttime”列，然后在原始数据的基础上计算不同年度各个月份的累计评论数。为了便于计算，先将原时间数据由“年-月-日”拆分为“年”“月”“日”三列，并添加评论数计数列，代码示例如下：

```
import pandas as pd
import matplotlib.pyplot as plt
import seaborn as sns

def getTime(filename):
    df = pd.read_excel(filename)
    df_commenttime = list(df['commenttime'])
    return df_commenttime
df_commenttime = getTime("train_excel.xlsx")
print(df_commenttime[0:10])    #打印前10行数据查看
```

```
#创建空列表用于存放拆分得到的年、月、日数据
test_dict = {}
df_review = pd.DataFrame(test_dict)

year = []
month = []
day = []
for date_ in df_commenttime:
    tmp = date_.strftime('%Y-%m-%d %H:%M:%S')
    year.append(tmp[0:4])  #拆分出年度数据
    month.append(tmp[5:7])  #拆分出月数据
    day.append(tmp[8:10])  #拆分出日数据
#将拆分得到的数据保存
df_review["year"] = year
df_review["month"] = month
df_review["day"] = day
#创建评论计数列,每条评论对应的都是"1"
df_review["count"] = len(df_commenttime) * [1]
print(df_review.head(5))  #打印前 5 行数据查看
```

运行上述代码，得到如下结果：

```
year  month  day  count
0  2018     10   11      1
1  2018     10   11      1
2  2018     10   10      1
3  2018     10   10      1
4  2018     10   10      1
```

绘制热图，需要先构造二维数据表，因此，这里可以通过创建数据透视表的方式得到所需的二维矩阵。pandas 库中的 pivot_table 函数即可实现这一需求。调用方式如下：

```
pivot_table(data, values=None, index=None, columns=None, aggfunc='mean', fill_value=None, margins=False, dropna=True, margins_name='All')
```

参数说明：

data：用于创建数据透视表的数据框。

values：可选参数，指定用于聚合的数据列。

index：数据透视表的行。

columns：数据透视表的列。

aggfunc：数据聚合函数，默认取值为'mean'，即求均值。

fill _ value：缺失值的替换值。

下面以数据框 df _ review 中的“year”和“month”为数据透视表的两个维度，评论计数“count”为汇总对象，汇总方式为求和，构造数据透视表，代码示例如下：

```
dataset_ym = pd.pivot_table(df_review, values='count', index='year', columns='month', fill_value=0, aggfunc='sum')
print(dataset_ym)
```

运行结果如下：

```
month   01    02    03    04    05    06    07    08    09    10    11    12
year
2012    0     0     0     0     0     0     0     0     28    17    13    9
2013    28    37    56    56    41    57    56    56    65    166   192   229
2014    258   376   524   390   478   430   418   440   447   769   1543  1268
2015    1661  2169  1926  1339  1133  854   1002  1159  1282  1776  1362  2245
2016    3321  5200  3395  2745  2671  2304  3123  3661  3070  4863  4666  7955
2017    8683  12909 6788  6279  7003  6049  5638  5666  4087  4840  3541  4220
2018    3815  5732  4668  4399  4547  3522  3655  3808  2718  1527  0     0
```

由运行结果可以看到，得到的数据透视表清晰地展示了不同年份各个月份的累计评论数，利用该数据透视表可以直接绘制相应的热图：

```
#绘制热图
sns.heatmap(dataset_ym, annot = True, fmt = "n", linewidths = .5)
plt.show()
```

运行结果如图 7-6 所示。

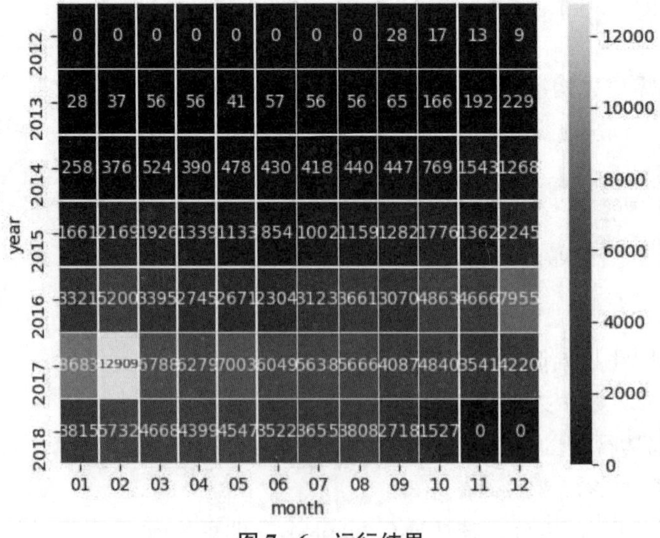

图 7-6　运行结果

从图 7-6 可以看出，2016—2018 年这三年的评论数比较多，评论数最多的是在 2017 年的 2 月份。除了统计不同时间的累计评论数，还可以计算不同时间热门词汇出现的次数，感兴趣的读者可以自己编写代码进行实验。

7.3.2　折线图

折线图可以显示随时间而变化的数据，因此非常适用于显示在相等时间间隔下数据的变化趋势。下面通过绘制不同时间点的累计评论数的折线图来查看人们的评论行为趋势。

仍然采用 7.3.1 节实例中的数据，现在需要提取“commenttime”列中的时间，然后进行各时间点的评论数统计。这里使用的汇总方法是序列方法——value_counts，该方法可以直接返回序列中各个唯一值的出现次数。代码示例如下：

```
#coding = 'UTF-8'
import pandas as pd
import matplotlib.pyplot as plt
import seaborn as sns
#提取语料中的 commenttime 列
def getTime(filename):
    df = pd.read_excel(filename)
    df_commenttime = list(df['commenttime'])
    return df_commenttime
df_commenttime = getTime("train_excel.xlsx")
print(df_commenttime[0:10])  #打印前 10 行数据查看

#创建空列表用于存放拆分得到的年、月、日数据
test_dict = {}
df_review = pd.DataFrame(test_dict)

hour = []
for date_ in df_commenttime:
    tmp = date_.strftime('%Y-%m-%d %H:%M:%S')
    hour.append(tmp[11:13])  #拆分出时数据
#将拆分得到的数据保存
df_review["hour"] = hour
#统计各时间点的评论数
time_count = df_review["hour"].value_counts()
x = time_count.index.tolist()
x = list(map(int, x))
#为了显示中文添加下面的两句
plt.rcParams['font.sans-serif'] = ['SimHei']
```

```
plt.rcParams['axes.unicode_minus'] = False

plt.xticks(x)    #设置图的 x 轴标签
time_count.plot(kind = 'line', grid = True, style = '--')
plt.xlabel("时间点")
plt.ylabel("评论数")
plt.show()
```

运行结果如图 7—7 所示。

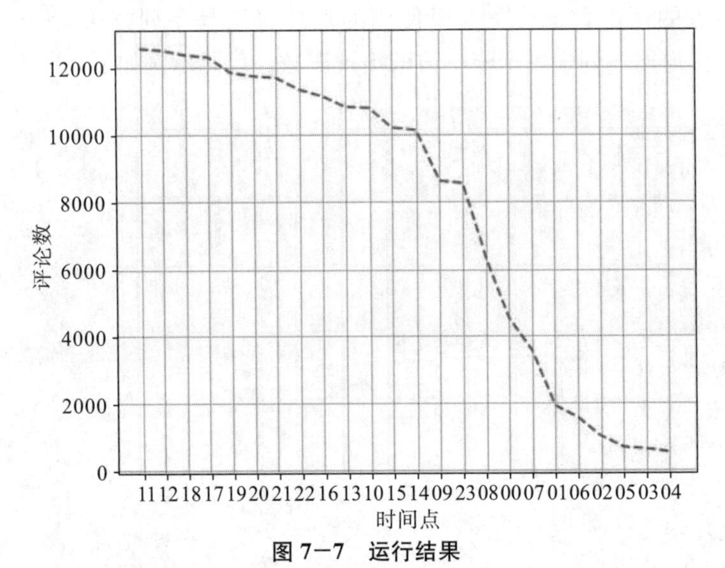

图 7—7　运行结果

从运行结果（图 7—7）可以看出，人们评论的时间大多集中在 11:00—12:00；另外，在 18:00 至 22:00 这段时间，评论数也比较多。这很符合人们的生活习惯，人们一般是在上午旅途休息或吃午饭时间进行评论，或者在下午到晚上休息的时候进行评论。

7.4　小结

以图表的方式可以更加直观地表达文本数据信息，发现潜在的有价值的信息。本章主要介绍了基于文本内容的词云图构建方法（文本内容可视化）、基于 LDA 主题的可视化方法（文本主题可视化）以及基于时间信息的数据可视化方法。

参考文献

[1] Bengio Y，Ducharme R，Vincent P，et al. A neural probabilistic language models [J]. Journal of Machine Learning Research，2003 (3)：1137-1155.

[2] Mikolov T，Martin K，Burget L，et al. Recurrent neural network based language model [C] //INTERSPEECH-2010，September 26-30，2010，Makuhari，Chiba，Japan，2010：1045-4048.

[3] Mikolov T，Corrado G，Chen K，et al. Efficient estimation of word representations in vector space [C] //ICLR-2013，May 2-4，2013，Scottsdale，Arizona，USA，2013.

[4] Joulin A，Grave E，Bojanowski P，et al. Bag of tricks for efficient text classification [C] //EACL-2017，April 3-7，2017 (2)，Valencia，Spain，2017：427-431.

[5] Pennington J，Socher R，Manning C. Glove：Global vectors for word representation [C] //EMNLP-2014，October 25-29，2014，Doha，Qatar，2014：1532-1543.

[6] Kiros R，Zhu Y，Salakhutdinov R R，et al. Skip-Thought vectors [EB/OL]. [2020-12-05]. https://www.researchgate.net/publication/279068396_Skip-Thought_Vectors.

[7] Logeswaran L，Lee H. An efficient framework for learning sentence representations [C] //ICLR-2018. April 30 -May 3，2018，Vancouver Convention Center，Vancouver，BC，Canada，2018.

[8] Le Q，Mikolov T. Distributed representations of sentences and documents [C] //ICML-2014，June 21-26，2014，Beijing，China，2014 (2)：1188-1196.

[9] Kim Y. Convolutional neural networks for sentence classification [C] //EMNLP-2014，October 25-29，2014，Doha，Qatar，2014：1746-1751.

[10] Zhang Y，Wallace B. A sensitivity analysis of (and practitioners' guide to) convolutional neural Networks for sentence classification [EB/OL]. [2020-12-19]. https://www.researchgate.net/publication/282906526_A_Sensitivity_Analysis_of_and_Practitioners'_Guide_to_Convolutional_Neural_Networks_for_Sentence_Classification.

[11] Kalchbrenner N，Grefenstette E，Blunsom P. A convolutional neural network for modelling sentences [EB/OL]. [2020-12-20]. https://www.researchgate.net/publication/261475541_A_Convolutional_Neural_Network_for_Modelling_Sentences.

[12] Zhang X，Zhao J，LeChun Y. Character-level convolutional networks for text classification [C] //Neural Information Processing Systems，December 7-12，2015，Montreal，Quebec，Canada，2015：649-657.

[13] Zhou P，Shi W，Tian J，et al. Attention-based bidirectional long short-term memory networks for relation classification [C] //Proceedings of the 54th Annual Meeting of the Association for

Computational Linguistics，August 7-12，2016，Berlin，Germany，2016 (2)：207-212.

[14] Yang Z，Yang D，Dyer C，et al. Hierarchical attention networks for document classification [C] //Proceedings of the 2016 Conference of the North American，June 12-17，2016，San Diego，California，2016：1480-1489.

[15] Dumais S T，Furnas G W，Landauer T K，et al. Using latent semantic analysis to improve access to textual information [C] //SIGCHI，New York：Association for Computing Machinery，1998：281-285.

[16] Kalman D. A singularly valuable decomposition：the SVD of a matrix [J]. The College of Mathematics Journal，1996，27 (1)：2-23.

[17] Lee D D，Seung H S. Learning the parts of objects by non-negative matrix factorization [J]. Nature，1999 (401)：788-791.

[18] Hofmann T. Probabilistic latent semantic indexing [C] //SIGIR99，New York：Association for Computing Machinery，1999：50-57.

[19] Mei Q Z，Zhai C X. A note on EM algorithm for probabilistic latent semantic analysis [EB/OL]. [2020-12-01]. http://times. cs. uiuc. edu/course/598f16/plsa-note. pdf.

[20] Blei D M，Lafferty J D. Latent dirichlet allocation [J]. The Annals of Applied Statistics，2007，1 (1)：17-35.

[21] Girolami M，Kabán A. On an equivalence between plsi and lda [C] //SIGIR03，New York：Association for Computing Machinery，2003：433-434.